Go语言+Vue.js实战派

——基于Gin框架

廖显东◎著

電子工業出版社
Publishing House of Electronics Industry
北京•BEIJING

内 容 简 介

本书涵盖从 Go 语言入门到 Gin 框架编程，再到 Go+Vue.js 全栈开发所需的核心知识、方法和技巧，共分 4 篇。

第 1 篇“Go 语言快速入门”包括 2 章：Go 语言基础入门、Go 语言进阶。本篇详细介绍 Go 语言的基础语法，即使是没有 Go 语言基础的读者也可以学习本书。

第 2 篇“Gin 基础”包括 5 章：Web 与 Gin 基础、通过 Gin 处理 HTTP 请求、Gin 中间件、Gin GORM 操作数据库、Gin RESTful API 开发。本篇能使读者快速掌握用 Gin 进行 Web 开发的基础知识。

第 3 篇“前端框架 Vue.js”包括 3 章：Vue.js 基础应用、Vue.js 进阶应用、Vue.js 高级应用。本篇能使读者使用前端框架 Vue.js 快速开发各种 Web 前端应用。

第 4 篇“Gin+Vue.js 综合项目实战——博客系统”包括 2 章：【实战】博客系统后端 API 开发、【实战】博客系统前端开发。本篇详细介绍了开发一个 Gin+Vue.js 博客系统的全过程，让读者真正了解 Gin+Vue.js 博客的架构原理及实现方法，并开放了源码，可以帮助读者向 Go+Vue.js 全栈开发高手的方向迈进。

本书可作为 Go 语言初学者、Vue.js 前端开发初学者、Web 开发工程师的自学用书，也可作为培训机构和相关院校的教材。

图书在版编目（CIP）数据

Go 语言+Vue.js 实战派 ： 基于 Gin 框架 / 廖显东著.
北京 ： 电子工业出版社, 2025. 3. -- ISBN 978-7-121
-49715-5

Ⅰ. TP312; TP393.092.2

中国国家版本馆 CIP 数据核字第 2025KX7530 号

责任编辑：吴宏伟
文字编辑：孙奇俏
印　　刷：三河市良远印务有限公司
装　　订：三河市良远印务有限公司
出版发行：电子工业出版社
　　　　　北京市海淀区万寿路 173 信箱　　邮编：100036
开　　本：787×980　1/16　印张：25.25　字数：626.2 千字
版　　次：2025 年 3 月第 1 版
印　　次：2025 年 3 月第 1 次印刷
定　　价：118.00 元

凡所购买电子工业出版社图书有缺损问题，请向购买书店调换。若书店售缺，请与本社发行部联系，联系及邮购电话：（010）88254888，88258888。

质量投诉请发邮件至 zlts@phei.com.cn，盗版侵权举报请发邮件至 dbqq@phei.com.cn。

本书咨询联系方式：faq@phei.com.cn。

前言

为什么要使用 Go 语言+Vue.js（基于 Gin 框架）进行全栈开发

Go 语言是一种由谷歌开发的静态类型、编译型语言，主打并发编程和高性能。它简洁的语法和内置的并发模型（Goroutine）使其非常适用于开发高效的服务器和分布式系统。

Gin 是 Go 语言的一个轻量级、高性能的 Web 框架，擅长处理高并发 HTTP 请求。它通过简单的路由设计和中间件机制，帮助开发者快速构建 RESTful API 服务，同时保持高效和易于维护的优势。

Vue.js 是一个渐进式的 JavaScript 框架，专注于构建用户界面和单页应用（SPA）。它以组件化开发为核心，具有高效的双向数据绑定和虚拟 DOM 机制，简化了前端开发流程，同时提高了应用的性能与可维护性。

Go 语言、Gin 和 Vue.js 全栈工程师的实战开发涉及后端和前端的深度集成。Gin 框架提供了简单易用的路由机制、请求处理和中间件功能，能够快速构建 RESTful API，处理复杂的业务逻辑。开发者可以利用 Go 语言的高效编译、垃圾回收和内存管理等特性，确保服务在高并发场景下的稳定性与性能。Gin 和 Vue.js 作为全栈开发的技术组合，有以下几大优势。

（1）高性能。

- Gin：Gin 基于 Go 语言开发，其原生的并发处理能力和轻量级架构让它在处理大量并发请求时非常高效。Gin 本身的框架设计就很简单，减少了不必要的开销，使开发者能够以较低的成本实现高性能的 API 服务。
- Vue.js：Vue.js 的渐进式框架设计使得它的核心库轻量、性能卓越，适合构建响应迅速的单页应用。Vue.js 的虚拟 DOM 机制和高效的组件更新逻辑，使得其在复杂应用场景下表现出色。

（2）开发效率高。

- Gin：Gin 拥有直观的 API 设计和丰富的中间件生态，开发者可以快速上手，并且通过中间件实现日志开发、错误处理、身份验证等常见功能，减少重复编码，提高开发效率。

- Vue.js：Vue.js 采用组件化开发模式，开发者可以通过复用组件和模块化管理，使前端代码更加简洁、易于维护。其生态中的 Vue CLI、Vue Router 和 Vuex 等工具，也显著加快了项目搭建和开发的速度。

（3）灵活性与扩展性强。

- Gin：Gin 提供了高度的灵活性，开发者可以根据项目需求定制中间件和路由机制，轻松集成数据库、缓存和外部服务。同时，Gin 也适用于微服务架构开发，便于应用横向扩展。
- Vue.js：Vue.js 的渐进式框架特性意味着开发者可以逐步引入它，开始时可能只用它开发某个页面的部分功能，之后可以扩展为开发整个应用。其丰富的插件生态（如 Vuex、Vuetify），以及与第三方库的良好兼容性，让开发者能够灵活扩展应用的功能。

（4）全栈联调便捷。

Gin 和 Vue.js 的搭配非常自然，前端 Vue.js 发出的 API 请求能够通过简单的 RESTful API 与 Gin 后端服务进行交互。Gin 提供快速的 API 响应，Vue.js 提供动态的数据展示，这种紧密结合的前后端开发体验使得联调非常顺畅，大大降低了开发和维护的复杂性。

（5）社区支持和生态系统丰富。

- Gin：Go 语言社区的支持使得 Gin 拥有了大量开源的中间件和工具库，开发者可以轻松找到解决方案。Gin 的生态系统也在不断发展，确保最新技术和最佳实践能够迅速被引入项目。
- Vue.js：Vue.js 拥有一个庞大的社区和良好的文档支持，且拥有众多的 UI 组件库（如 ElementUI、Ant Design Vue 等）和周边工具，使开发者在开发过程中可以利用丰富的现有资源，减少重复工作。

Gin 和 Vue.js 的结合为全栈开发提供了性能、效率、灵活性、扩展性、便捷性和社区支持等多方面的优势，特别适合快速开发高并发、可扩展的 Web 应用。

本书特色

本书聚焦于“Go 语言+Vue.js”在 Web 开发中的使用场景和实战应用，以深入浅出的方式讲解 Go 语言+Vue.js 编程的核心知识。以下是本书的主要特色。

（1）深入实战，贴近实战。本书以实战为核心，通过大量真实的企业级应用实例，帮助读者了解 Go 语言+Vue.js 在 Web 开发中的实际应用场景。所有代码均基于 Go 语言目前的最新稳定版本（1.23.1 版本）编写，Node.js 的版本为 22.2.0，以确保其现代性和实用性。

（2）循序渐进，逐步进阶。无论是对于初学者还是有经验的开发者，本书都会提供从入门到精通的指导。内容覆盖 Go 语言基础入门、Go 语言进阶、Web 与 Gin 基础、通过 Gin 处理 HTTP

请求、Gin 中间件、Gin GORM 操作数据库、Gin RESTful API 开发、Vue.js 基础应用、Vue.js 进阶应用、Gin 高级应用、【实战】博客系统后端 API 开发、【实战】博客系统前端开发，通过分步骤讲解，引导读者掌握 Go 语言+Vue.js 开发的核心技能。

（3）**高效学习，简单实用**。本书采用精练的语言和大量的代码示例，帮助读者快速理解和掌握关键概念，减轻阅读压力，提高学习效率。

（4）**重点解析，实战为王**。本书对重点和难点内容进行深入剖析，特别关注 Go 语言+Vue.js 在 Web 开发中常见的陷阱和最佳实践，以帮助读者避免常见错误，提升开发能力。

（5）**丰富实例，便于实战**。本书提供了大量实际项目代码和实战案例，这些代码可以直接用于项目开发或作为基础代码进行二次开发。特别是第 11 章、第 12 章的内容，读者将学习如何构建一个完整的博客系统，从而具备直接部署和开发项目的能力。

（6）**群组支持，持续更新**。本书提供 QQ 群、公众号等技术支持服务，所有示例代码均可通过指定方式下载，并且书中的内容会根据 Go、Vue.js 社区的发展和技术的更新，持续进行补充和完善，以确保读者始终处于技术前沿。

希望本书能帮助开发者在“Go 语言+Vue.js”编程的道路上走得更远，无论是初学者还是有经验的开发者，希望大家都能从本书中获得实用的知识和技能！

技术交流

假如读者在阅读本书的过程中有疑问，请关注“源码大数据”公众号，并按照提示输入问题，作者会第一时间为读者解答。

关注“源码大数据”公众号后，回复“go vue.js codes”，可获得本书源码、学习资源、面试题库等；回复“更多源码”，可免费获取大量学习资源，包括但不限于电子书、源码、视频教程等。

读者也可以加入 QQ 群（群号 892543253），和其他读者共同交流学习，作者将在线提供关于本书的疑难解答服务，帮助读者无障碍快速学习本书。

读者可以在抖音、知乎、百家号等自媒体平台搜索“廖显东-ShirDon”，免费观看最新的视频教程。

由于作者水平有限，书中难免有纰漏之处，欢迎读者通过“源码大数据”公众号或 QQ（823923263）与作者联系，给予批评指正。

致谢

特别感谢电子工业出版社的吴宏伟编辑，是他推动了这本书的出版，并在我写书过程中提出了许多宝贵的意见和建议。

感谢我的家人，他们一直在背后坚定地支持我热爱的写作事业。感谢我的女儿，她给了我更多的写作动力和快乐，希望她能够健康快乐地成长。感谢我的妻子，在我写作期间，她给予了我许多意见和建议，并坚定地支持我，这才使得我更加专注而坚定地写作。没有她的支持，这本书就不会这么快完稿。

廖显东

2024 年 11 月

目录

第1篇　Go语言快速入门

第 2 篇　Gin 基础

第 3 篇　前端框架 Vue.js

第 1 篇
Go 语言快速入门

第 1 章 Go 语言基础入门

本章将介绍 Go 语言基础知识，让读者快速入门，为进行 Web 开发做好准备。

1.1 安装 Go 程序

安装 Go 程序非常简单：访问 Go 语言官方网站，下载相应操作系统的安装包文件，然后按照提示逐步进行安装即可。

1. 在 Windows 系统中安装

（1）用浏览器打开 Go 语言官方网站，单击左下角的“Microsoft Windows”安装包镜像文件 go1.23.1.windows-amd64.msi（版本可能会有更新，以官方文件版本为准）并下载，如图 1-1 所示。

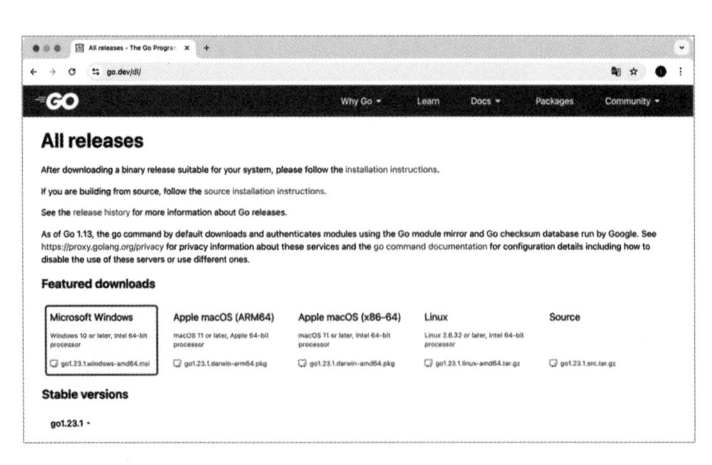

图 1-1

（2）下载完成后，进入下载文件所在目录，安装 go1.23.1.windows-amd64.msi 文件。单击“Install”按钮，然后按照提示依次单击“Next”按钮即可。系统推荐将 Go 程序安装到默认路径（C:\Go\）下，也可以自己选择安装路径。这里选择安装到默认路径下。

（3）安装成功后打开 cmd 命令行，输入“go”，会返回 Go 语言的提示信息。

> 提示　如果要全局运行 go 命令，则需要配置环境变量 PATH。请读者自行查阅配置方法。

2. 在 macOS 系统中安装

（1）在 Go 语言官方网站中，单击页面下方的 Apple macOS 安装包进行下载。

（2）下载完成后，按照提示依次单击“继续”按钮进行安装，如图 1-2 所示。

图 1-2

安装完成后，在命令行中输入“go version”来检验是否安装成功：

```
$ go version
go version go1.23.1 darwin/amd64
```

3. 在 Linux 系统中安装

（1）访问 Go 语言官方网站，单击页面下方的 Linux 安装包进行下载，也可以在命令行中通过 wget 命令下载。

（2）在安装包所在的命令行下运行解压缩命令：

```
$ tar -zvxf go1.23.1.linux-amd64.tar.gz
```

（3）解压缩完成后，在当前目录下会有一个名为“go”的文件夹。移动文件夹到开发者常用的目录下（如/usr/local），命令如下：

```
$ mv ./go /usr/local
```

（4）打开文件/etc/profile，配置 Go 语言环境变量，命令如下：

```
$ sudo vim /etc/profile
```

（5）在/etc/profile 文件中加入如下命令来配置 Go 语言环境变量：

```
export GOROOT=/usr/local/go
export GOPATH=/usr/share/nginx/go
export PATH=$PATH:$GOROOT/bin:$GOPATH/bin
```

（6）运行如下命令让环境变量生效：

```
$ source /etc/profile
```

（7）输入“go version”检验是否安装成功。

1.2 【实战】Go 语言的第一个程序

创建一个名为 1.2-helloWorld.go 的文件，代码如下：

```
package main

import "fmt"

func main() {
    fmt.Println("Hello World~")
}
```

在源文件所在目录下打开命令行，输入如下命令：

```
$ go run 1.2-helloWorld.go
```

命令行中输出如下内容：

```
Hello World~
```

提示 也可以运行 go build 命令进行编译：
$ go build 1.2-helloWorld.go
编译成功后，运行如下命令：
$ ./1.2-helloWorld
Hello World～

接下来简单分析一下上面这段代码的结构。

1. 声明包

Go 语言以“包”为程序的管理单位。每个源文件都必须明确声明所属的包（通常在文件的第 1 行）。包的声明不仅能实现代码的模块化和组织化，还允许不同的包之间复用代码。如果源文件需要正常编译和运行，则必须在源文件的顶部使用 package 语句声明它属于哪个包。格式如下：

```
package xxx
```

其中，package 是声明包的关键字，xxx 是包名。

Go 语言的包具有以下特性：

- 一个目录下的同级文件属于同一个包。
- 包名可以与其目录名不同。
- main 包是 Go 语言可执行程序的入口包。一个 Go 语言程序必须有且仅有一个 main 包。如果一个程序没有 main 包，则在编译时会报错，无法生成可执行文件。

2. 导入包

在声明包之后，如果需要调用包的变量或方法，则需要使用 import 语句进行导入。通过 import 语句导入的包，其包名使用英文双引号（" "）包裹，格式如下：

```
import "package_name"
```

其中，import 是导入包的关键字，package_name 是导入包的包名。例如，代码 1.2-helloWorld.go 中的 import "fmt"语句表示导入 fmt 包，即告诉 Go 编译器——需要用到 fmt 包中的变量或函数等。

> **提示**　fmt 包是 Go 语言标准库提供的、用于格式化输入/输出的内容。在开发调试的过程中，会经常用到该包。
>
> 在实际编码中，为了让代码看起来更直观，一般会在 package 和 import 之间空一行。当然，这个空行不是必须有的，有没有都不影响程序执行。

在导入包的过程中要注意：如果导入的包没有被用到，则 Go 编译器会报编译错误。在实际编码中，集成开发环境（Integrated Development Environment，IDE）类编辑器（如 Goland 等）会白动提示哪些包没有使用。

可以用一个 import 关键字同时导入多个包。此时需要用括号“()”将包的名字括起来，并且每个包名占用一行，格式如下：

```
import(
   "os"
   "fmt"
)
```

也可以给导入的包设置别名，格式如下：

```
import(
    alias1 "os"
    alias2 "fmt"
)
```

这样就可以用别名 alias1 来代替 os，用别名 alias2 来代替 fmt 了。

如果只想初始化某个包，而不使用包中的变量或函数，则可以直接用下画线“_”代替别名：

```
import(
    _"os"
    alias2 "fmt"
)
```

> 提示 如果已经用下画线“_”代替了包的别名，那么当继续调用这个包时，就会提示“undefined:包名”。比如上面这段代码在编译时会提示“undefined: os”。

3. main()函数

代码 1.2-helloWorld.go 中的 func main()就是一个 main()函数。

main()函数是 Go 语言程序的入口函数。只能在 main 包中声明 main()函数，不能在其他包中声明该函数。在一个 main 包中，必须有且仅有一个 main()函数，这和 C/C++类似。

main()函数是自定义函数的一种。在 Go 语言中，所有函数都以关键字 func 开头，示例如下：

```
func 函数名 (参数列表) (返回值列表){
    函数体
}
```

具体说明如下。

- 函数名：由字母、数字、下画线组成。其中第 1 位不能为数字，并且在同一个包内函数名不能相同。
- 参数列表：一个参数由参数变量和参数类型组成，例如 func foo(name string,age int)。
- 返回值列表：可以是返回值类型列表，也可以是参数列表那样的变量名与类型的组合列表。在函数有返回值时，必须在函数体中使用 return 语句返回该值。
- 函数体：用花括号括起来的若干语句，用于实现一个函数的具体功能。

> 提示 Go 语言函数的左花括号“{”必须和函数名在同一行，否则会报错。

下面再分析一下代码 1.2-helloWorld.go 中的 fmt.Println("Hello World ~ ") 这行代码。Println()是 fmt 包中的一个函数，用来格式化输出数据，比如以字符串、整数、小数等类型输出，类似于 C 语言中的 printf()函数。可以使用 Println()函数来打印字符串（即()里面使用" "包裹的部分）。

> **提示** Println()函数打印完成后会自动换行。ln 是 line 的缩写。

和 Java 类似，fmt.Println()中的点号（.）表示调用 fmt 包中的 Println()函数。

在函数体中，每一行语句的结尾处不需要用英文分号（;）作为结束符，Go 编译器会自动帮我们添加。当然，加上英文分号（;）也是可以的。

1.3　Go 语言基础语法

在学习 Go 语言时，掌握基础语法是编写程序的第 1 步。本节将详细介绍 Go 语言的基本元素和使用方法，包括基础语法、变量、常量、运算符及流程控制语句等。

1.3.1　基础语法

1. Go 语言标记

Go 语言由关键字、标识符、常量、字符串、符号等标记组成。例如，Go 语言语句 fmt.Println("Hi, Go Web～") 由 6 个标记组成，如图 1-3 所示。

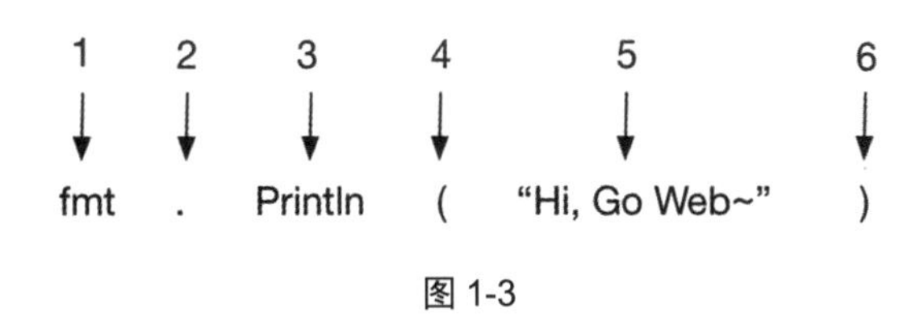

图 1-3

2. 行分隔符

在 Go 程序中，一般一行就是一条语句，不用像 Java、PHP 等语言那样以英文分号（;）区分行，因为“区分行”的工作将由 Go 编译器自动完成。但如果将多条语句写在同一行，则必须使用英文分号（;）将它们隔开。在实际开发中并不鼓励这种写法。

以下写法表示两条语句：

```
fmt.Println("Hello, Let's Go!")
fmt.Println("Go 语言设计模式")
```

3. 注释

在 Go 程序中，注释分为单行注释和多行注释。

（1）单行注释。最常见的注释形式，以双斜线“//”开头，可以在任何地方使用，比如：

```
// 单行注释
```

（2）多行注释。也被称为“块注释”，以“/*”开头，以“*/”结尾，比如：

```
/*
 多行注释
 多行注释
 */
```

4. 标识符

标识符通常用来对变量、类型等程序实体进行命名。

标识符是由一个或多个字母（A~Z 和 a~z）、数字（0~9）、下画线（_）组成的字符串序列。标识符不能是 Go 语言中的关键字，其中不能含有运算符，其第 1 个字符不能是数字。

以下是正确命名的标识符：

```
product、user、add、user_name、abc_123、resultValue、name1、_tmp、k
```

以下是错误命名的标识符：

```
switch  （错误命名：Go 语言中的关键字）
3ab     （错误命名：以数字开头）
c-d     （错误命名：含有运算符）
```

5. 字符串连接

通过加号“+”连接 Go 语言的字符串，示例如下：

```
package main

import "fmt"

func main() {
    fmt.Println("Go 语言" + "设计模式")
}
```

运行以上代码的结果如下：

```
Go 语言设计模式
```

6. 关键字与预定义标识符

在 Go 语言中有以下 25 个关键字（或称保留字）。

continue	For	import	return	var
Const	Fallthrough	if	range	type

Chan	Else	goto	package	switch
case	Defer	go	map	struct
break	Default	func	interface	select

除以上关键字外，在 Go 语言中还有 3 类预定义标识符。

（1）与常量相关的预定义标识符：true、false、iota、nil。

（2）与类型相关的预定义标识符：int、int8、int16、int32、int64、uint、uint8、uint16、uint32、uint64、uintptr、float32、float64、complex128、complex64、bool、byte、rune、string、error。

（3）与函数相关的预定义标识符：make、len、cap、new、append、copy、close、delete、complex、real、imag、panic、recover。

7. 空格

在 Go 语言中，声明多个变量时必须用空格将它们隔开，比如：

```
var name string
```

在函数体语句中，适当使用空格能让代码更易阅读。以下语句中无空格，看起来不直观：

```
name=shirdon+liao
```

在变量与运算符间加入空格，能使程序看起来更加直观，比如：

```
name = shirdon + liao
```

在开发过程中，变量与运算符间的空格一般可以用编辑器的格式化命令快速自动加入。作者使用的是 Goland 编辑器，可以使用“Ctrl+Alt+L”快捷键快速格式化代码。

> **提示** 在开发过程中，可以先专注开发程序的逻辑，最后通过快捷键进行格式化，这样可以显著提升开发效率。

1.3.2　变量

变量来源于数学，是计算机语言中能存储计算结果或表示值的抽象概念。

在数学中，变量表示没有固定值的数。但从计算机系统实现的角度来看，变量是一段或多段用来存储数据的内存。

Go 语言是静态类型语言：变量（variable）是有明确类型的，编译器会检查变量类型的正确性。

1. 声明变量

声明变量一般使用 var 关键字：

```
var name type
```

其中，var 是声明变量的关键字，name 是变量名，type 是变量的类型。

> **提示** Go 语言和许多其他编程语言不同，Go 语言在声明变量时将变量的类型放在变量名之后。

例如，要在 Go 语言中声明整型指针类型的变量，格式如下：

```
var c, d *int
```

在声明一个变量后，系统自动赋予变量该类型的零值或空值，例如，int 类型为 0，float 类型为 0.0，bool 类型为 false，string 类型为空字符串，指针类型为 nil 等。

> **提示** 变量的命名遵循“骆驼”命名规则，即首个单词小写，之后每个单词的首字母大写，例如 productTotalPrice、discountTotalPrice。

当然，命名规则不是强制性的，开发者可以按照自己的习惯制定自己的命名规则。

声明变量的格式分为标准格式、批量格式、简短格式这 3 种。

（1）标准格式。

声明 Go 语言变量的标准格式如下：

```
var 变量名称 变量类型
```

注意，在行尾无须使用分号。

标准格式往往用于需要显式指定变量类型的场景，或因变量稍后会被重新赋值所以初始值无关紧要的场景。

（2）批量格式。

利用这种格式，可以更加高效地批量声明变量——用关键字 var 和括号将一组变量定义放在一起，格式如下：

```
var (
    age int
    name string
    balance float32
)
```

（3）简短格式。

这种格式可以更加简短地声明变量并初始化变量，格式如下：

```
名字 := 表达式
```

需要注意的是，简短格式有以下限制：

- 只能用来定义变量，同时会显式地进行变量初始化。
- 不能提供数据类型。
- 只能用在函数内部，不能用来声明全局变量。

简短格式也可以用来声明和初始化一组变量（主要针对局部变量）：

```
name ,goodAt := "Shirdon", "Programming"
```

2. 给变量赋值

（1）给单个变量赋值。

给单个变量赋值的标准格式为：

```
var 变量名 (变量类型) = 变量值
```

如果不想声明变量类型，则可以将其省略，编译器会自动识别变量类型。例如：

```
var language string = "Go"
var language = "Go"
language := "Go"
```

（2）给多个变量赋值。

给多个变量赋值的标准格式为：

```
var (
    变量名1 (变量类型1) = 变量值1
    变量名2 (变量类型2) = 变量值2
    ...// 省略多个变量
)
```

或者，可以将多个变量的变量名和变量值放在同一行，中间用英文逗号“,”隔开：

```
var 变量名1,变量名2,变量名3 = 变量值1,变量值2,变量值2
```

例如，声明 3 个变量——年龄（age）、名字（name）、余额（balance），可以通过如下格式批量对变量赋值：

```
var (
    age     int = 18
    name    string = "shirdon"
    balance float32 = 999999.99
)
```

或者使用另一种格式：

```
var age,name,balance = 18,"shirdon",999999.99
```

甚至可以将关键字 var 省去，如下所示：

```
age,name,balance := 18,"shirdon",999999.99
```

以上三者是等价的。若要交换两个变量，则可以直接采用如下格式：

```
d, c := "D","C"
c, d = d, c
```

3. 局部变量和全局变量

在 Go 语言中，变量分为局部变量和全局变量。

（1）局部变量。

在函数体内声明的变量被称为局部变量，其作用域只是函数体内。参数和返回值变量也是局部变量。在以下示例中，main()函数使用了局部变量 local1、local2、local3：

```
package main

import "fmt"

func main() {
    // 声明局部变量
    var local1, local2, local3 int

    // 初始化参数
    local1 = 8
    local2 = 10
    local3 = local1 * local2

    fmt.Printf (" local1 = %d, local2 = %d and local3 = %d\n", local1, local2,
local3)
}
```

运行以上代码的结果如下：

```
local1 = 8, local2 = 10 and local3 = 80
```

（2）全局变量。

在函数体外声明的变量被称为全局变量。全局变量可以在整个包甚至外部包中使用，也可以在任何函数中使用。以下示例演示了如何使用全局变量：

```
package main

import "fmt"

// 声明全局变量
```

```
var global int

func main() {

    // 声明局部变量
    var local1, local2 int

    // 初始化参数
    local1 = 8
    local2 = 10
    global = local1 * local2

    fmt.Printf("local1 = %d, local2 = %d and g = %d\n", local1, local2, global)
}
```

运行以上代码的结果如下：

```
local1 = 8, local2 = 10 and local3 = 80
```

在 Go 语言程序中，全局变量与局部变量的名称可以相同，但是函数内的局部变量会被优先执行。示例如下：

```
package main

import "fmt"

// 声明全局变量
var global int = 8

func main() {
    // 声明局部变量
    var global int = 999

    fmt.Printf ("global = %d\n",  global)
}
```

运行以上代码的结果如下：

```
global = 999
```

1.3.3　常量

常量通过 const 关键字定义，是不可变值，可以是数值、字符串、布尔值等类型。

1. 常量的声明

常量一旦声明，其值在编译时确定，不能在运行时修改。

声明常量的语法格式和声明变量的语法格式类似，如下：

```
const 常量名 [类型] = 常量值
```

例如，声明一个常量 pi 的格式如下：

```
const pi = 3.14159
```

常量的值必须是编译时能被确定的，可以在其赋值表达式中体现计算过程，但是所有用于计算的值必须在编译期间就能被获得。

- 正确的写法：const c1 = 5/2
- 错误的写法：const url= os.GetEnv("url")

上面这个错误的写法会导致编译报错，因为 os.GetEnv("url")的返回结果只有在运行期间才能知道，而在编译期间并不会知道，所以 os.GetEnv("url")无法作为常量声明的值。

可以批量声明多个常量：

```
const (
    e = 2.7182818
    pi = 3.1415926
)
```

所有常量的运算都是在编译期间完成的，这样不仅可以减少运行时的工作量，还可以方便编译优化其他代码。当操作数是常量时，一些运行时的错误也可以在编译时被发现，例如整数除以零、字符串索引越界、产生无效浮点数的操作等。

常量间的所有算术运算、逻辑运算和比较运算的结果也是常量。比如，转换常量类型的操作或调用部分函数（len、cap、real、imag、complex 和 unsafe.Sizeof），都会返回常量结果，因为它们的值在编译期间就是确定的。以下示例利用常量 IPv4Len 来指定数组 p 的长度：

```
const IPv4Len = 4
// 利用 parseIPv4 解析一个 IP v4 地址(add.add.add.add)
func parseIPv4(s string) IP {
    var p [IPv4Len]byte
    // ...
}
```

2. 常量生成器 iota

在声明常量的过程中可以使用常量生成器 iota 来初始化常量。iota 用于以相同的规则初始化一组常量，但是不用在每行都写一遍初始化表达式。

iota 在每次遇到 const 关键字时会被重置为 0，每声明一个常量会自动递增 1。例如，对于“东南西北”4 个方向，可以首先定义一个 Direction 命名类型（在其他编程语言中，这种类型一般被称为“枚举类型”），然后为“东南西北”各定义一个常量，从 North 为 0 开始。如下：

```
type Direction int
const (
    North Direction = iota
    East
    South
    West
)
```

North 为 0，East 为 1，从上往下依次递增。

3. 延迟明确常量的具体类型

Go 语言的常量有一个不同寻常之处：虽然一个常量可以有一个明确的基础类型（例如 int 或 float64，或者 time.Duration 这样的基础类型），但是它也可以没有明确的基础类型。对于这些没有明确基础类型的数字常量，编译器为其提供了比基础类型更高精度的算术运算。可以认为算术运算至少有 256 bit 的运算精度。

例如，无明确基础类型的常量 math.Pi，可以直接用于任何需要浮点数或复数的场景：

```
var a float32 = math.Pi
var b float64 = math.Pi
var c complex128 = math.Pi
```

如果 math.Pi 被确定为特定类型（比如 float64），则结果精度可能会不一样。对于需要 float32 或 complex128 类型值的地方，则需要对 math.Pi 进行强制类型转换，将其变为 float32 类型或 complex128 类型：

```
const Pi64 float64 = math.Pi
var a float32 = float32(Pi64)
var b float64 = Pi64
var c complex128 = complex128(Pi64)
```

1.3.4　运算符

运算符是用来在程序运行时执行数学运算或逻辑运算的符号。在 Go 语言中，一个表达式可以包含多个运算符。当表达式中存在多个运算符时，会遇到优先级的问题，这由 Go 语言运算符的优先级来决定。

比如表达式：

```
var a, b, c int = 3, 6, 9
d := a + b * c
```

对于表达式 a + b * c 而言，如果按照数学规则推导，则应该先计算乘法，再计算加法。b * c

的结果为 54，a + 54 的结果为 57，所以 d 的值是 57。

实际上 Go 语言也是这样处理的——先计算乘法，再计算加法。这和数学中的规则一样，读者可以亲自验证一下。

先计算乘法，再计算加法，说明乘法运算符的优先级比加法运算符的优先级高。

Go 语言有几十种运算符，被分成十几个级别，有的运算符优先级不同，有的运算符优先级相同。Go 语言运算符的优先级和结合性如表 1-1 所示。

表 1-1

<table>
<tr><th>优先级</th><th>分类</th><th>运算符</th><th>结合性</th></tr>
<tr><td>1</td><td>逗号运算符</td><td>,</td><td>从左到右</td></tr>
<tr><td>2</td><td>赋值运算符</td><td>=、+=、-=、*=、/=、 %=、 >=、 <<=、&=、^=、|=</td><td>从右到左</td></tr>
<tr><td>3</td><td>逻辑“或”</td><td>||</td><td>从左到右</td></tr>
<tr><td>4</td><td>逻辑“与”</td><td>&&</td><td>从左到右</td></tr>
<tr><td>5</td><td>按位“或”</td><td>|</td><td>从左到右</td></tr>
<tr><td>6</td><td>按位“异或”</td><td>^</td><td>从左到右</td></tr>
<tr><td>7</td><td>按位“与”</td><td>&</td><td>从左到右</td></tr>
<tr><td>8</td><td>相等/不等</td><td>==、!=</td><td>从左到右</td></tr>
<tr><td>9</td><td>关系运算符</td><td><、<=、>、>=</td><td>从左到右</td></tr>
<tr><td>10</td><td>位移运算符</td><td><<、>></td><td>从左到右</td></tr>
<tr><td>11</td><td>加法/减法</td><td>+、-</td><td>从左到右</td></tr>
<tr><td>12</td><td>乘法/除法/取余</td><td>*（乘号）、/、%</td><td>从左到右</td></tr>
<tr><td>13</td><td>单目运算符</td><td>!、*（指针）、& 、++、--、+（正号）、-（负号）</td><td>从右到左</td></tr>
<tr><td>14</td><td>后缀运算符</td><td>( )、[ ]、-></td><td>从左到右</td></tr>
</table>

提示 在表 1-1 中，优先级列的值越大，表示优先级越高。

表 1-1 中的内容初看起来有点儿多，读者不必死记硬背，只要知道数学运算的优先级即可。Go 语言中大部分运算符的优先级和数学中是一样的，大家在以后的编程过程中也会逐渐熟悉起来。

提示 有一个诀窍——加括号的最优先，比如在 d := a + (b * c)中，(b * c)最优先。

如果有多个括号，则最内层的括号最优先。

运算符的结合性是指，当相同优先级的运算符在同一个表达式中且没有括号时，计算顺序通常有“从左到右”和“从右到左”两种。例如，加法运算符（+）的结合性是从左到右，那么表达式 a + b + c 则可以理解为（a + b）+ c。

1.3.5　流程控制语句

Go 语言的流程控制语句与其他编程语言类似，主要用于控制程序的执行顺序。Go 语言的主要流程控制语句如下。

1. if-else 语句

在 Go 语言中，if 语句用于测试某个条件（布尔型或逻辑型）是否成立。如果该条件成立，则会执行 if 后由花括号“{}”括起来的代码块，否则就忽略该代码块并继续执行后续代码。

```
if b > 10 {
    return 1
}
```

如果存在第 2 个分支，则可以在上面代码的基础上添加 else 关键字及另一个代码块，示例如下。这个代码块中的代码只有在条件不满足时才会执行。if{}和 else{}中的两个代码块是相互独立的分支，只能执行两者中的一个。

```
if b > 10 {
    return 1
} else {
    return 2.
}
```

如果存在第 3 个分支，则可以使用下面这种有 3 个独立分支的格式：

```
if b > 10 {
    return 1
} else if b == 10 {
    return 2
} else {
    return 3
}
```

一般来说，else-if 分支的数量是没有限制的。但是为了代码的可读性，最好不要在 if 后面加入太多的 else-if 分支。如果必须使用这种格式，则应尽可能把先满足的条件放在前面。

> **提示**　关键字 if 和 else 之后的左花括号（{）必须和关键字在同一行。
> 如果使用了 else-if 结构，则前段代码块的右花括号（}）必须和 else-if 关键字在同一行。
> 这两条规则都是编译器强制规定的，必须按照规则进行编写，否则编译不能通过。

2. for 循环语句

与多数编程语言不同的是，Go 语言中的循环语句只支持 for 结构，不支持 while 和 do-while 结构。for 关键字的基本使用方法与 C 语言和 C++语言中的非常接近：

```
product := 1
for i := 1; i < 5; i++ {
    product *= i
}
```

可以看到比较大的一个不同是，for 关键字后面的条件表达式不需要用圆括号“()”括起来，Go 语言还会进一步考虑到无限循环的场景，让开发者不用编写 for(;;){}和 do{}-while(1)，而是直接使用如下简化写法：

```
i := 0
for {
    i++
    if i > 50 {
        break
    }
}
```

在使用循环语句时，需要注意以下几点：

- 左花括号（{）必须与 for 处于同一行。
- Go 语言中的 for 循环与 C 语言一样，都允许在循环条件中定义和初始化变量。唯一的区别是，Go 语言不支持以逗号为间隔的多条赋值语句，必须使用平行赋值的方式来初始化多个变量。
- Go 语言中的 for 循环同样支持使用 continue 和 break 来控制，但它提供了一个更高级的 break，可以中断循环，示例如下：

```
JumpLoop:
    for j := 0; j < 5; j++ {
        for i := 0; i < 5; i++ {
            if i > 2 {
                break JumpLoop
            }
            fmt.Println(i)
        }
    }
```

在上述代码中，break 语句中断的是 JumpLoop 标签处的外层循环。for 循环中的初始语句是在第 1 次循环前执行的语句。一般使用初始语句进行变量初始化，如果变量在 for 循环中被声明，则其作用域只是该 for 循环。初始语句可以被忽略，但是初始语句之后的分号必须要写，代码如下：

```
j:= 2
for ; j > 0; j-- {
    fmt.Println(j)
}
```

在上面这段代码中，j 被放在 for 关键字的前面进行初始化，for 循环中没有初始语句，此时 j 的作用域比在初始语句中声明的作用域要大。

for 循环中的条件表达式是控制是否进行循环的开关。在每次循环开始前，都会计算条件表达式，如果表达式结果为 true，则循环开始；否则循环结束。条件表达式可以忽略，忽略条件表达式后默认形成无限循环。

下面的代码会忽略条件表达式，但是保留结束语句：

```
1 var i int
2 JumpLoop:
3 for ; ; i++ {
4     if i > 10 {
5       // println(i)
6       break JumpLoop
7     }
8 }
```

在以上代码的第 3 行中，for 语句没有设置 i 的初始值，两个英文分号“; ;”之间的条件表达式也被忽略。此时循环会一直持续下去，for 循环的结束语句为 i++，每次结束循环前都会调用 i++。在第 4 行中，如果判断 i 大于 10，则会通过 break 语句跳出 for 循环。

上面的代码还可以被改写为更美观的形式，如下：

```
1 var i int
2 for {
3    if i > 10 {
4       break
5    }
6    i++
7 }
```

在以上代码中，第 2 行的 for 关键字之后没有具体的条件，此时将执行无限循环。第 6 行，将 i++从 for 循环的结束语句位置移出并放置到函数体的末尾和之前是等效的，这样编写的代码更具有可读性。无限循环在收发处理中较为常见，但无限循环中需要有可以控制其退出的方式。

在以上代码的基础上进一步简化，将 if 判断条件整合到 for 循环中，写法如下：

```
1 var i int
2 for i <= 20 {
3    i++
4 }
```

在上面代码的第 2 行中，对之前使用的 if i>20{}判断表达式进行取反，变为 i 小于或等于 20 时持续循环。

上面这段代码其实类似于其他编程语言中的 while 语句：在 while 后添加一个条件表达式，如果满足条件，则持续循环，否则结束循环。

在 for 循环中，如果循环被 break、goto、return、panic 等语句强制退出，则之后的语句不会被执行。

3. for-range 循环语句

for-range 循环结构是 Go 语言特有的一种迭代结构，在许多情况下都非常有用。for-range 可以遍历数组、切片、字符串、map 及通道（channel）。

for-range 语法类似于 PHP 中的 foreach 语句，一般格式为：

```
for key, val := range 复合变量值 {
  ... // 逻辑语句
}
```

需要注意的是，val 始终是集合中对应索引值的一个复制值。因此，它一般只具有“只读”属性，对它所做的任何修改都不会影响集合中原有的值。字符串是 Unicode 编码的字符集合，因此也可以用它来迭代字符串：

```
for position, char := range str {
    ...// 省去逻辑语句
}
```

每个 rune 字符与索引在 for-range 循环中的值都是一一对应的，它能够自动根据 UTF-8 规则识别 Unicode 编码字符。

通过 for-range 遍历的返回值有一定的规律：

- 遍历数组、切片、字符串，返回索引和值。
- 遍历 map，返回键和值。
- 遍历通道，只返回通道内的数据。

（1）遍历数组、切片。

在遍历代码中，key 和 value 分别代表切片的下标及下标对应的值。

下面的代码展示了如何遍历切片，数组也采用类似的遍历方法：

```
for key, value := range []int{0, 1, -1, -2} {
    fmt.Printf("key:%d  value:%d\n", key, value)
}
```

运行以上代码的结果如下：

```
key:0  value:0
key:1  value:1
key:2  value:-1
key:3  value:-2
```

（2）遍历字符串。

Go 语言和其他语言类似，可以通过 for-range 对字符串进行遍历。在遍历时，key 和 value 分别代表字符串的索引和字符串中的一个字符。

下面的代码展示了如何遍历字符串：

```
var str = "hi 加油"
for key, value := range str {
    fmt.Printf("key:%d value:0x%x\n", key, value)
}
```

运行以上代码的结果如下：

```
key:0 value:0x68
key:1 value:0x69
key:2 value:0x20
key:3 value:0x52a0
key:6 value:0x6cb9
```

代码中的变量 value 的实际类型是 rune 类型，以十六进制数的形式打印出来就是字符的编码。

（3）遍历 map。

对于 map 类型，使用 for-range 进行遍历时，key 和 value 分别代表 map 的索引键 key 和索引对应的值。下面的代码演示了如何遍历 map：

```
m := map[string]int{
    "go": 100,
    "web": 100,
}
for key, value := range m {
    fmt.Println(key, value)
}
```

运行以上代码的结果如下：

```
web 100
go 100
```

提示　在对 map 进行遍历时，输出的键值是无序的，如果需要输出有序的键值对，则需要对结果进行排序。

（4）遍历通道。

通道可以通过 for-range 进行遍历。不同于切片和 map，在通过 for-range 遍历通道时，只输出一个值，即通道内的类型对应的数据。

下面的代码展示了如何遍历通道：

```
c := make(chan int) // 创建了一个整数类型的通道
go func() {          // 启动了一个 Goroutine
    c <- 7           // 将数据推送至通道
    c <- 8
    c <- 9
    close(c)
}()
for v := range c {
    fmt.Println(v)
}
```

运行以上代码的结果如下：

```
7
8
9
```

以上代码的执行逻辑如下：

① 创建一个整数类型的通道并将其实例化；

② 通过关键字 go 启动了一个 Goroutine；

③ 将数据 7、8、9 推送至通道；

④ 结束并关闭通道（Goroutine 在声明结束后马上被执行）；

⑤ 用 for-range 对通道进行遍历，即不断地从通道中取数据，直到通道被关闭。

在使用 for-range 遍历某个对象时，往往不需要同时使用 key 或 value 的值，而是只需要使用其中一个的值。这时可以采用一些技巧让代码变得更简单。

将前面的遍历 map 的代码修改一下，如下：

```
m := map[string]int{
    "shirdon": 100,
    "ronger": 98,
}
for _, value := range m {
    fmt.Println(value)
}
```

运行以上代码的结果如下：

```
100
98
```

在上面的示例中，key 变成了下画线（ _ ）。这个下画线就是“**匿名变量**”，可以将其理解为一个占位符。匿名变量本身不参与空间分配，也不会占用一个变量名。

在 for-range 中，可以将 key 设置为匿名变量，也可以将 value 设置为匿名变量。

下面来看一个匿名变量的示例：

```
for key, _ := range []int{9, 8, 7, 6} {
    fmt.Printf("key:%d \n", key)
}
```

运行以上代码的结果如下：

```
key:0
key:1
key:2
key:3
```

在该示例中，value 被设置为匿名变量，只使用了 key。而 key 本身就是切片的索引，所以代码输出的是索引值。

4. switch-case 语句

Go 语言中的 switch-case 语句比 C 语言中的 switch-case 语句更加通用，表达式的值不必为常量，甚至不必为整数。case 按照从上往下的顺序进行求值，直到找到匹配的项。可以将多个 if-else 语句改写成一个 switch-case 语句。Go 语言中的 switch-case 语句使用比较灵活，语法设计以使用方便为主。

Go 语言改进了 switch-case 语句的语法设计，case 与 case 之间是独立的代码块，不需要通过 break 语句跳出当前 case 代码块，以避免执行到下一行。示例代码如下：

```
var a = "love"
switch a {
case "love":
    fmt.Println("love")
case "programming":
    fmt.Println("programming")
default:
    fmt.Println("none")
}
```

运行以上代码的结果如下：

```
love
```

在上面的示例中，每一个 case 的类型都是字符串，且使用了 default 分支。Go 语言规定每个 switch 只能有一个 default 分支。

Go 语言还支持一些新的写法，比如同一分支中有多个值或使用分支表达式。

（1）同一分支中有多个值。

当需要将多个 case 放在一起时，case 表达式之间用逗号分隔。示例如下：

```
var language = "golang"
switch language {
case "golang", "java":
    fmt.Println("popular languages")
}
```

运行以上代码的结果如下：

```
popular languages
```

（2）使用分支表达式。

case 语句后既可以是常量，也可以是和 if 一样的表达式。示例如下：

```
var r int = 6
switch {
case r > 1 && r < 10:
    fmt.Println(r)
}
```

在这种情况下，switch 后面不再需要紧跟判断变量。

5. goto 语句

在 Go 语言中，可以通过 goto 语句来实现标签跳转，进行代码间的无条件跳转。另外，goto 语句在快速跳出循环、避免重复退出方面也有一定的帮助。使用 goto 语句能简化一些代码的实现。

如果在满足条件时需要连续退出两层循环，则传统的代码编写方式如下：

```
func main() {
    var isBreak bool
    for x := 0; x < 20; x++ {      // 外循环
        for y := 0; y < 20; y++ {  // 内循环
            if y == 2 {            // 在满足某个条件时退出循环
                isBreak = true     // 设置退出标记
                break              // 退出本次循环
```

```
        }
    }
    if isBreak {  // 根据标记还需要退出一次循环
        break
    }
  }
  fmt.Println("over")
}
```

对上面代码中的 goto 语句进行优化，如下：

```
func main() {
    for x := 0; x < 20; x++ {
        for y := 0; y < 20; y++ {
            if y == 2 {
                goto breakTag   // 跳转到标签
            }
        }
    }
    return
breakTag:// 标签
    fmt.Println("done")
}
```

在以上代码中，使用 goto 语句的 goto breakTag 标签跳转到指定的标签处。breakTag 是自定义的标签。标签只能被 goto 语句使用，但不影响代码的执行流程。在定义 breakTag 标签之前有一条 return 语句，此处如果不手动返回，则在不满足条件时也会执行 breakTag 代码。

日常开发中经常会遇到“多错误处理”的情况。在“多错误处理”中往往存在代码重复的问题，例如：

```
func main() {
    // 省略前面的代码
    err := getUserInfo()
    if err != nil {
        fmt.Println(err)
        exitProcess()
        return
    }
    err = getEmail()
    if err != nil {
        fmt.Println(err)
        exitProcess()
        return
    }
```

```
    fmt.Println("over")
}
```

在上面的代码中，有一部分是重复的错误处理代码。如果后期需要在这些代码中添加更多的判断条件，则需要在这些代码中重复进行修改，这样极易造成疏忽和错误。这时可以通过使用 goto 语句来处理：

```
func main() {
    // 省略前面的代码
    err := getUserInfo()
    if err != nil {
        goto doExit    // 将跳转到错误标签 doExit
    }
    err = getEmail()
    if err != nil {
        goto doExit    // 将跳转到错误标签 doExit
    }
    fmt.Println("over")
    return
doExit:   // 汇总所有流程，进行错误打印并退出进程
    fmt.Println(err)
    exitProcess()
}
```

以上代码在发生错误时将统一跳转至标签 doExit，汇总所有流程，进行错误打印并退出进程。

6. break 语句

Go 语言中的 break 语句可以结束 for、switch 和 select 代码块，还可以在 break 语句后面添加标签，表示退出某个标签对应的代码块。添加的标签必须定义在对应的 for、switch 和 select 代码块中。

通过指定标签跳出循环的示例如下：

```
package main

import "fmt"

func main() {
OuterLoop:   // 外层循环的标签
    for i := 0; i < 2; i++ {   // 双层循环
        for j := 0; j < 5; j++ {
            switch j {   // 用 switch 进行数值分支判断
            case 1:
                fmt.Println(i, j)
```

```
            break OuterLoop
        case 2:
            fmt.Println(i, j)
            break OuterLoop   // 退出 OuterLoop 对应的循环
        }
    }
  }
}
```

运行以上代码的结果如下：

```
0 1
```

7. continue 语句

Go 语言中的 continue 语句用于跳过当前循环中的剩余语句，直接进入下一次循环。它仅限在 for 循环内使用。在 continue 语句后添加标签表示开始标签对应的循环。使用 continue 语句的示例如下：

```
package main

import "fmt"

func main() {
OuterLoop:
    for i := 0; i < 2; i++ {
        for j := 0; j < 5; j++ {
            switch j {
            case 3:
                fmt.Println(i, j)
                continue OuterLoop   // 结束当前循环，开启下一次外层循环
            }
        }
    }
}
```

运行以上代码的结果如下：

```
0 3
1 3
```

在以上代码中，“continue OuterLoop”语句将结束当前循环，开启下一次外层循环。

1.4 Go 语言的数据类型

Go 语言的基本数据类型分为布尔型、数字类型、字符串类型、指针类型、复合类型这 5 种。其中复合类型又分为数组类型、结构体类型、切片类型、map 类型。Go 语言的基本数据类型如表 1-2 所示。

表 1-2

数据类型	说　明
布尔型	布尔型的值只可以是常量 true 或者 false。一个简单的示例：var b bool = true
数字类型	具体包括以下类型： uint8：无符号 8 位整型（0～255）。 uint16：无符号 16 位整型（0～65535）。 uint32：无符号 32 位整型（0～4294967295）。 uint64：无符号 64 位整型（0～18446744073709551615）。 int8：有符号 8 位整型（-128～127）。 int16：有符号 16 位整型（-32768～32767）。 int32：有符号 32 位整型（-2147483648～2147483647）。 int64：有符号 64 位整型（-9223372036854775808～9223372036854775807）。 float32：IEEE-754 32 位浮点型。 float64：IEEE-754 64 位浮点型。 complex64：32 位实数和虚数。 complex128：64 位实数和虚数。 byte：和 uint8 等价，另一种名称。 rune：和 int32 等价，另一种名称。 uint：32 位或 64 位。 int：大小与 uint 一样。 uintptr：无符号整型，用于存放一个指针
字符串类型	字符串就是由一串固定长度的字符连接起来的字符序列。Go 语言中的字符串是由单个字节连接起来的。Go 语言字符串的字节使用 UTF-8 编码标识 Unicode 文本
指针类型	指针类型用于存储变量的内存地址，可以通过指针间接访问和修改变量的值
复合类型	分为数组类型、结构体类型、切片类型、map 类型

1.4.1 布尔型

布尔型的值只可以是常量 true 或者 false。if 和 for 语句的条件部分都是布尔型的值，并且通过“==”和“<”等进行比较操作也会产生布尔型的值（以下简称“布尔值”）。

一元操作符（!）对应逻辑“非”操作，因此“!true”的值为 false。更复杂的写法是(!true==false)==true。在实际开发中，应尽量采用比较简单的布尔表达式写法：

```
var aVar = 100
fmt.Println(aVar == 50)  // false
fmt.Println(aVar == 100)  // true
fmt.Println(aVar != 50)  // true
fmt.Println(aVar != 100)  // false
```

提示　Go 语言对于值与值之间的比较有非常严格的限制，只有两个相同类型的值才可以进行比较。

- 如果值的类型是接口（interface），则它们必须都实现了相同的接口。
- 如果其中一个值是常量，则另一个值可以不是常量，但类型必须和该常量类型相同。
- 如果以上条件都不满足，则必须在将其中一个值的类型转换为与另一个值相同的类型之后才可以进行比较。

布尔值可以和&&（AND）、||（OR）操作符结合。如果操作符左边的值已经可以确定整个布尔表达式的值，则操作符右边的值将不再需要。因此，下面的表达式总是安全的：

```
str1 == "java" && str2 =="golang"
```

因为“&&”的优先级比“||”高（“&&”对应逻辑“乘法”，“||”对应逻辑“加法”，乘法比加法的优先级高），所以下面的布尔表达式可以不加小括号：

```
var c int
if 1 <= c && c <= 9 ||
   10 <= c && c <= 19 ||
   20 <= c && c <= 30 {
      ...// 此处省略代码
}
```

布尔值并不会被隐式转换为数字 0 或 1，反之亦然，必须使用 if 语句显式进行转换：

```
i := 0
b := true
if b {
    i = 1
}
```

如果需要经常做类似的转换，则可以将转换的代码封装成一个函数，示例如下：

```
// 如果 b 为真，则 boolToInt() 函数返回 1；如果 b 为假，则 boolToInt() 函数返回 0
// 将 bool 转换为 int 类型
func boolToInt(b bool) int {
    if b {
        return 1
    }
    return 0
}
```

从数字到布尔值的逆转换也非常简单，不过为了保持对称，也可以将转换过程封装成一个函数：

```
// intToBool()函数用于报告是否为非零数字
func intToBool(i int) bool { return i != 0 }
```

Go 语言中不允许将整型强制转换为布尔型，比如以下代码：

```
var d bool
fmt.Println(int(d) * 5)
```

上述代码编译错误，输出如下：

```
cannot convert d (type bool) to type int
```

布尔值无法参与数值运算，也无法与其他类型的值进行转换。

1.4.2 数字类型

Go 语言支持对整型和浮点型数字进行操作，并且原生支持复数，其中位运算采用补码。

Go 语言也有基于架构的类型，例如 int、uint 和 uintptr。这些类型的长度都是由运行程序所在的操作系统类型所决定的。在 32 位操作系统上，int 和 uint 类型的长度均为 32 位（4 字节）；在 64 位操作系统上，它们的长度均为 64 位（8 字节）。

Go 语言数字类型的符号和描述见表 1-3。

表 1-3

符 号	描 述
uint8	无符号 8 位整型（0~255）
uint16	无符号 16 位整型（0~65535）
uint32	无符号 32 位整型（0~4294967295）
uint64	无符号 64 位整型（0~18446744073709551615）
int8	有符号 8 位整型（-128~127）
int16	有符号 16 位整型（-32768~32767）
int32	有符号 32 位整型（-2147483648~2147483647）
int64	有符号 64 位整型（-9223372036854775808~9223372036854775807）
float32	IEEE-754 32 位浮点型
float64	IEEE-754 64 位浮点型
complex64	32 位实数和虚数
complex128	64 位实数和虚数
byte	和 uint8 等价，另一种名称
rune	和 int32 等价，另一种名称
uint	32 位或 64 位

续表

符　号	描　述
int	大小与 uint 一样
uintptr	无符号整型，用于存放一个指针

1.4.3 字符串类型

字符串是由一串固定长度的字符连接起来的字符序列。在 Go 语言中，字符串是由单个字节连接起来的。Go 语言中字符串的字节使用 UTF-8 编码来表示 Unicode 文本。UTF-8 是一种被广泛使用的编码格式，是文本文件的标准编码格式，包括 XML 和 JSON 在内都使用该编码格式。

由于使用 UTF-8 编码占用字节的长度具有不确定性，因此在 Go 语言中，字符串也可能根据需要占用 1~4 字节，这与其他编程语言（如 C++、Java 或 Python）不同，Java 始终占用 2 字节。Go 语言这样设置，不仅减少了内存和硬盘空间占用，还不用像其他语言那样需要对使用 UTF-8 字符集的文本进行编码和解码。

字符串是一种值类型，且值不可变，即在创建某个文本后无法再次修改文本的内容。换句话说，字符串是字节的定长数组。

1. 字符串的声明和初始化

声明和初始化字符串非常容易，格式如下：

```
str := "hello string!"
```

上面的代码声明了字符串变量 str，其内容为“hello string!”。

2. 字符串的转义

在 Go 语言中，字符串字面量使用英文双引号（" "）或者反引号（`）来创建。

- 双引号用来创建可解析的字符串，支持转义，但不能用来引用多行。
- 反引号用来创建原生的字符串字面量，可能由多行组成，但不支持转义，并且可以包含除反引号外的其他所有字符。

使用双引号创建可解析的字符串应用得很广泛，使用反引号创建原生的字符串字面量则多用于书写多行消息、HTML 及正则表达式的场景。示例如下：

```
str1 := "\"Go Web\",I love you \n"     // 支持转义，但不能用来引用多行
str2 :=`"Go Web", // 支持多行组成，但不支持转义
I love you \n`
println(str1)
println(str2)
```

运行以上代码的结果如下：

```
"Go Web",I love you

"Go Web",
I love you \n
```

3. 字符串的连接

虽然 Go 语言中的字符串是不可变的，但是字符串支持级联操作（+）和追加操作（+=），比如下面这个示例：

```
str := "I love" + " Go Web"
str += " programming"
fmt.Println(str) // I love Go Web programming
```

4. 字符串的操作符

字符串的内容（纯字节）可以通过标准索引法来获取：在方括号（[ ]）内写入索引，索引从 0 开始。

假设定义了一个字符串 str := "programming"，则可以通过 str[0]来获取字符串 str 中的第 1 个字节，通过 str[i – 1]来获取第 i 个字节，通过 str[len(str)−1]来获取最后一个字节。

下面的示例演示了字符串的常用操作：

```
str := "programming"
fmt.Println(str[1])   // 获取字符串索引位置为 1 的原始字节，比如 r 为 114
fmt.Println(str[1:3]) // 截取字符串索引位置为 1 和 2 的字符串（不包含最后一个）
fmt.Println(str[1:])  // 截取字符串索引位置为 1 到 len(s)-1 的字符串
fmt.Println(str[:3])  // 截取字符串索引位置为 0 到 2 的字符串（不包含 3）
fmt.Println(len(str)) // 获取字符串的字节数
fmt.Println(utf8.RuneCountInString(str)) // 获取字符串的字符数
fmt.Println([]rune(str))     // 将字符串中的每个字节转换为码点值
fmt.Println(string(str[1])) // 获取字符串索引位置为 1 的字符值
```

运行以上代码的结果如下：

```
114
ro
rogramming
pro
11
11
[112 114 111 103 114 97 109 109 105 110 103]
r
```

5. 字符串的比较

Go 语言中的字符串支持常规的比较操作，通过操作符（<、>、==、!=、<=、>=）实现，这些操作符会在内存中逐字节比较，因此比较的结果是字符串自然编码的顺序。

但是在执行比较操作时，通常会出现以下 3 种问题。

（1）有些 Unicode 编码的字符可以用两个或多个不同的字节序列来表示。

如果 Go 语言中的字符串比较仅涉及 ASCII 字符，则通常不会遇到字符编码或排序的问题；但如果比较操作涉及多种字符（如 Unicode 字符），则可以通过自定义的字符串标准化函数，将字符串规范化，形成统一的形式（如 NFC 或 NFD），从而保证比较结果的一致性和正确性。

（2）用户希望将不同的字符看作相同的字符。

比如字符“三”“3”“Ⅲ”“③”的意思相同，那么当用户输入 3 时，就得匹配这些相同意思的字符。这可以通过自定义标准化函数来实现。

（3）字符的排序跟语言的类型有关。

6. 字符串的遍历

通常情况下，可以通过索引获取字符串中的字符，比如：

```
str := "go web"
fmt.Println(string(str[0])) // 获取索引为 0 的字符
```

上面的字符串是单字节的，通过索引可以直接获取字符。但是对于任意字符串来讲，上面这种方法并不一定可靠，因为有些字符可能占用多字节。这时就需要使用字符串切片，这样返回的将是一个字符，而不是单字节：

```
str := "i love go web"
chars := []rune(str)              // 把字符串转换为 rune 切片
for _,char := range chars {
    fmt.Println(string(char))
}
```

在 Go 语言中，可以用 rune 或者 int32 来表示一个字符。

可以通过“+=”操作符在一个循环中向字符串末尾追加字符。但这并不是最有效的方式，还可以使用类似于 Java 中的 StringBuilder 来实现：

```
var buffer bytes.Buffer  // 创建一个空的 bytes.Buffer
for {
    if piece,ok := getNextString();ok {
        // 通过 WriteString()方法，将需要串联的字符串写入 buffer 中
        buffer.WriteString(piece)
```

```
    } else {
        break
    }
}
fmt.Println(buffer.String())  // 用于取回整个级联的字符串
```

使用 bytes.Buffer 进行字符串的累加比使用“+=”要高效得多，尤其是在面对大量字符串时。

如果要将字符串逐个字符地显示出来，则可以通过 for-range 循环实现：

```
str := "love go web"
for index, char := range str {
    fmt.Printf("%d %U %c \n", index, char, char)
}
```

7. 字符串的修改

在 Go 语言中，不能直接修改字符串的内容，即不能通过 str[i]这种方式修改字符串中的字符。要修改字符串的内容，需要先将字符串的内容复制到一个可写的变量中（一般是[]byte 或[]rune 类型的变量），然后进行修改。在转换类型的过程中会自动复制数据。

（1）修改字节（使用[]byte)。

对于单字节字符，可以通过以下方式进行修改：

```
str := "Hi 世界! "
by := []byte(str)    // 转换为[]byte，数据被自动复制
by[2] = ','          // 把空格改为半角逗号
fmt.Printf("%s\n", str)
fmt.Printf("%s\n", by)
```

运行以上代码的结果如下：

```
Hi 世界!
Hi,世界!
```

（2）修改字符（使用[]rune)。

```
str := "Hi 世界"
by := []rune(str)    // 转换为[]rune，数据被自动复制
by[3] = '中'
by[4] = '国'
fmt.Println(str)
fmt.Println(string(by))
```

运行以上代码的结果如下：

```
Hi 世界
Hi 中国
```

> **提示**　Go 语言中的字符串是根据长度（而非特殊的字符\0）限定的。字符串类型的 0 是指长度为 0 的字符串，即空字符串""。

1.4.4　指针类型

在 Go 语言中，指针是一种存储变量内存地址的变量类型。程序员可以通过指针间接操作和访问变量的值。与许多其他编程语言一样，Go 语言中的指针可以有效地提高程序的性能，尤其是在处理大数据结构时，因为它们避免了对数据的复制。

1. 指针类型介绍

普通变量存储的是其具体的值，这类变量被称为“值类型”。如果需要获取变量的内存地址，则可以使用取地址符号“&”。例如，var b int 声明一个 int 类型的变量，要获取 b 的地址，可以使用&b。指针变量存储的是一个内存地址，指向某个值。使用指针变量时，通过解引用符“*”来访问指针指向的值。例如，var p *int = &b 声明了一个指向 b 的指针，*p 用于获取 p 指向的值。

```
var b int = 66
var p * int = &b
```

2. 指针的使用

可以用 fmt.Printf 的动词“%p”输出 score 和 name 变量取地址后的指针值。代码如下：

```
package main

import (
    "fmt"
)

func main() {
    var score int = 100
    var name string = "Barry"
    // 用 fmt.Printf 的动词“%p”输出 score 和 name 变量取地址后的指针值
    fmt.Printf("%p %p", &score, &name)
}
```

运行以上代码的结果如下：

```
0xc000016080 0xc000010200
```

在对普通变量使用“&”操作符取地址并获得这个变量的指针后，可以对指针使用“*”操作符，即进行指针取值：

```
package main
```

```
import (
    "fmt"
)

func main() {
    var address = "Chengdu, China"         // 准备一个字符串类型
    ptr := &address                        // 对字符串取地址, ptr 类型为*string
    fmt.Printf("ptr type: %T\n", ptr)      // 打印 ptr 的类型
    fmt.Printf("address: %p\n", ptr)       // 打印 ptr 的指针地址
    value := *ptr                          // 对指针进行取值操作
    fmt.Printf("value type: %T\n", value)  // 取值后的类型
    fmt.Printf("value: %s\n", value)       // 指针取值后指向变量的值
}
```

运行以上代码的结果如下：

```
ptr type: *string
address: 0xc00008e1e0
value type: string
value: Chengdu, China
```

取地址操作符（&）和取值操作符（*）是一对互补操作符：使用“&”取出指针的地址，使用“*”取出指针指向的值。变量、指针地址、指针变量、取地址、取值的相互关系和特性如下：

- 对变量进行取地址（&）操作，可以获得这个变量的指针变量。
- 指针变量的值是指针地址。
- 对指针变量进行取值（*）操作，可以获得指针变量指向的原变量的值。

3. 使用指针修改值

使用指针修改值的示例如下：

```
package main

import "fmt"

// 交换函数
func exchange(c, d *int) {
    t := *c     // 取 c 指针的值, 赋给临时变量 t
    *c = *d     // 取 d 指针的值, 赋给 c 指针指向的变量
    *d = t       // 将 c 指针的值赋给 d 指针指向的变量
}
func main() {
    a, b := 6, 8          // 准备两个变量, 分别为其赋值 6 和 8
    exchange(&a, &b)      // 交换变量的值
```

```
    fmt.Println(a, b)    // 输出变量的值
}
```

运行以上代码的结果如下：

```
8 6
```

操作符（*）为右值（即放在赋值操作符的右边）时，表示取指针的值；为左值（即放在赋值操作符的左边）时，表示取指针所指向的变量。

提示 归纳来说，“*”操作符用于访问指针指向的变量。当它出现在右值位置时，它获取指针指向的变量的值；当它出现在左值位置时，它将新值赋给指针指向的变量。

如果是在 exchange2()函数中，则交换操作的是指针的值，示例如下：

```
package main

import "fmt"

func exchange2(c, d *int) {
    d, c = c, d
}
func main() {
    x, y := 6, 8
    exchange2(&x, &y)
    fmt.Println(x, y)
}
```

运行以上代码的结果如下：

```
6 8
```

结果表明，交换是不成功的。上面代码中的 exchange2()函数交换的是 c 和 d 的地址。在交换完毕后，c 和 d 的变量值确实被交换了，但和 c、d 关联的两个变量并没有实际关联。这就像将两张卡片放在桌子上并摊开，卡片上印有 6 和 8 两个数字。交换两张卡片在桌子上的位置后，两张卡片上的数字 6 和 8 并没有改变，只是卡片在桌子上的位置发生了改变而已，如图 1-4 所示。

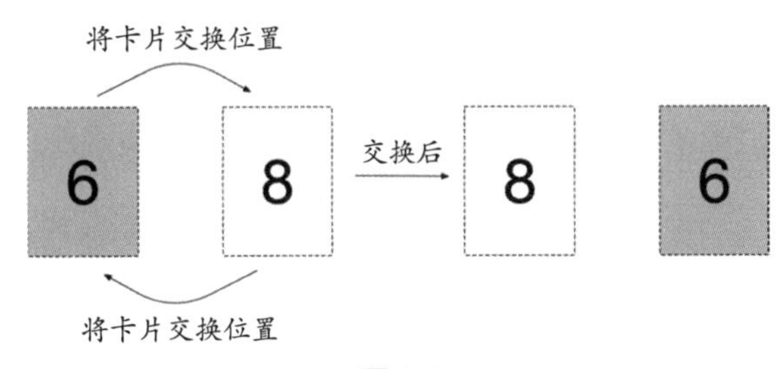

图 1-4

1.4.5 复合类型

Go 语言的复合类型主要包括数组类型、结构体类型、切片类型和 map 类型等。它们提供了更复杂的数据结构，帮助开发者更好地组织和处理数据。

1. 数组类型

Go 语言提供了数组类型的数据结构。数组是具有相同唯一类型的一组已编号且长度固定的数据项序列，这种类型可以是任意的原始类型，例如整型、字符串或自定义类型。

举个例子，假如要保存 10 个整数，那么相对于声明“number0, number1, ..., number9”这 10 个变量来说，使用数组只需要声明一个变量：

```
var array[10] int
```

在声明了以上形式的变量后，就可以存储 10 个整数了。可以看到，使用数组更加方便且易于扩展。数组元素可以通过索引（位置）来读取（或修改），索引从 0 开始，第 1 个元素的索引为 0，第 2 个元素的索引为 1，以此类推，如图 1-5 所示。

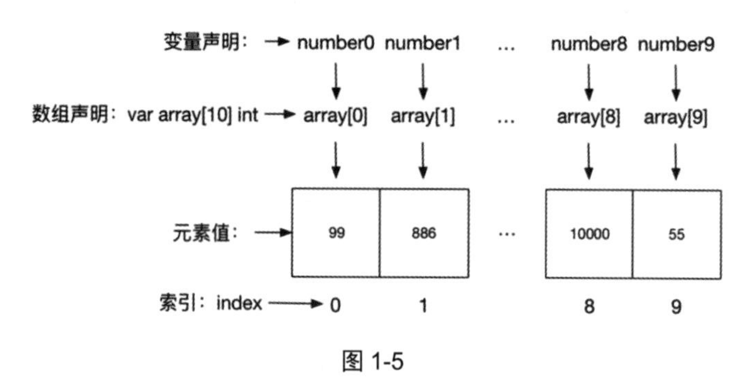

图 1-5

（1）声明数组。

声明 Go 语言数组，需要指定元素类型及元素个数，语法格式如下：

```
var name[SIZE] type
```

其中，name 为数组名，SIZE 为数组元素个数，type 为元素类型。

例如，声明一个数组名为 numbers、元素个数为 6、元素类型为 float32 的数组，代码如下：

```
var numbers[6] float32
```

（2）初始化数组。

以下代码演示了数组的初始化：

```
var numbers = [5]float32{100.0, 8.0, 9.4, 6.8, 30.1}
```

在经过初始化后的数组中，{}中的元素个数不能大于[]中的数字。默认情况下，如果不设置数组长度，则可以使用“[...]”替代数组长度，Go 语言会根据元素的个数来设置数组的长度：

```
var numbers = [...]float32{100.0, 8.0, 9.4, 6.8, 30.1}
```

以上两个示例是一样的，虽然下面的示例没有设置数组的长度。

（3）访问数组元素。

数组元素可以通过索引（位置）来访问。索引从 0 开始，第 1 个元素的索引为 0，第 2 个元素的索引为 1，以此类推。格式为“数组名后加中括号，中括号内为索引的值”。

例如，访问数组中第 3 个元素的代码如下：

```
var salary float32 = numbers[2]
```

以上示例访问了数组 numbers 中第 3 个元素的值。

以下示例演示了数组的完整操作：

```
package main

import "fmt"

func main() {
   var arr [6]int                  // n 是一个长度为 6 的数组
   var i, j int
   for i = 0; i < 6; i++ {         // 为数组 n 初始化
      arr[i] = i + 66              // 设置元素为 i + 66
   }
   for j = 0; j < 6; j++ {         // 输出每个数组元素的值
      fmt.Printf("Array[%d] = %d\n", j, arr[j])
   }
}
```

运行以上代码的结果如下：

```
Array[0] = 66
Array[1] = 67
Array[2] = 68
Array[3] = 69
Array[4] = 70
Array[5] = 71
```

2. 结构体类型

（1）结构体介绍。

结构体（struct）是由一系列具有相同类型或不同类型的数据构成的数据集合。结构体是由 0

个或多个任意类型的值聚合成的实体，每个值都可以被称为“结构体的成员”。

结构体成员也可以被称为“字段”，这些字段有以下特性：

- 字段拥有自己的类型和值。
- 字段名必须唯一。
- 字段的类型也可以是结构体，甚至是字段所在结构体的类型。

使用关键字 type，可以将各种基本类型定义为自定义类型。基本类型包括整型、字符串型、布尔型等。结构体是一种复合的基本类型。通过 type 定义自定义类型，可以使结构体更便于使用。

（2）结构体的定义。

结构体的定义格式如下：

```
type 类型名 struct {
    字段 1 类型 1
    字段 2 类型 2
    // ……
}
```

以上各个部分的说明如下：

- 类型名：标识自定义结构体的名称。在同一个包内不能含有重复的类型名。
- struct{}：结构体类型。type 类型名 struct{}可以被理解为将 struct{}结构体定义为类型名的类型。
- 字段 1、字段 2：结构体字段名。结构体中的字段名必须是唯一的。
- 类型 1、类型 2：结构体中各个字段的类型。

例如，定义一个结构体来表示一个包含 A 和 B 两个浮点型变量的点结构，代码如下：

```
type Pointer struct {
    A float32
    B float32
}
```

同类型的变量也可以写在一行，例如，红、绿、蓝这 3 个颜色变量可以使用 byte 类型表示。定义颜色结构体的代码如下：

```
type Colors struct {
    Red, Green, Blue byte
}
```

只要定义了结构体类型，它就能用于变量的声明了，语法格式如下：

```
variable_name := struct_variable_type {value1, value2,...}
```

或者如下：

```
variable_name := struct_variable_type { key1: value1, key2: value2,...}
```

例如，定义一个名为 Book 的图书结构体，并打印出结构体的字段值，代码如下：

```
package main

import "fmt"

type Book struct {
    title string
    author string
    subject string
    press string
}

func main() {
    // 创建一个新的结构体
    fmt.Println(Book{"Go 语言设计模式", "廖显东", "Go 语言教程", "电子工业出版社"})
    // 也可以使用 key => value 的格式
    fmt.Println(Book{title: "Go 语言设计模式", author: "廖显东", subject: "Go 语言
教程", press: "电子工业出版社"})
    // 忽略的字段值为 0 或空值
    fmt.Println(Book{title: "Go 语言设计模式", author: "廖显东"})
}
```

运行以上代码的结果如下：

```
{Go 语言设计模式 廖显东 Go 语言教程 电子工业出版社}
{Go 语言设计模式 廖显东 Go 语言教程 电子工业出版社}
{Go 语言设计模式 廖显东  }
```

（3）访问结构体变量。

如果要访问结构体变量，则需要使用英文点号“.”操作符，格式如下：

```
结构体.成员名
```

访问结构体变量的示例如下：

```
package main

import "fmt"

type Books struct {
    title string
    author string
```

```
    subject string
    press string
}

func main() {
   var bookGo Books             // 声明 bookGo 为 Books 类型
   var bookPython Books         // 声明 bookPython 为 Books 类型

    // bookGo 描述
    bookGo.title = "Go 语言设计模式"
    bookGo.author = "廖显东"
    bookGo.subject = "Go 语言教程"
    bookGo.press = "电子工业出版社"

    // bookPython 描述
    bookPython.title = "Python 教程 xxx"
    bookPython.author = "张三"
    bookPython.subject = "Python 语言教程"
    bookPython.press = "xxx 出版社"

    // 打印 bookGo 的信息
    fmt.Printf( "bookGo title : %s\n", bookGo.title)
    fmt.Printf( "bookGo author : %s\n", bookGo.author)
    fmt.Printf( "bookGo subject : %s\n", bookGo.subject)
    fmt.Printf( "bookGo press : %s\n", bookGo.press)

    // 打印 bookPython 的信息
    fmt.Printf( "bookPython title : %s\n", bookPython.title)
    fmt.Printf( "bookPython author : %s\n", bookPython.author)
    fmt.Printf( "bookPython subject : %s\n", bookPython.subject)
    fmt.Printf( "bookPython press : %s\n", bookPython.press)
}
```

运行以上代码的结果如下：

```
bookGo title : Go 语言设计模式
bookGo author : 廖显东
bookGo subject : Go 语言教程
bookGo press : 电子工业出版社
bookPython title : Python 教程 xxx
bookPython author : 张三
bookPython subject : Python 语言教程
bookPython press : xxx 出版社
```

（4）将结构体作为函数参数。

可以像其他数据类型那样，将结构体类型作为参数传递给函数，并以上面示例中的方式访问结构体变量：

```
package main

import "fmt"

type Books struct {
    title   string
    author  string
    subject string
    press   string
}

func main() {
    var bookGo Books         // 声明 bookGo 为 Books 类型
    var bookPython Books     // 声明 bookPython 为 Books 类型

    // bookGo 描述
    bookGo.title = "Go 语言设计模式"
    bookGo.author = "廖显东"
    bookGo.subject = "Go 语言教程"
    bookGo.press = "电子工业出版社"

    // bookPython 描述
    bookPython.title = "Python 教程 xxx"
    bookPython.author = "张三"
    bookPython.subject = "Python 语言教程"
    bookPython.press = "xxx 出版社"

    // 打印 bookGo 的信息
    printBook(bookGo)

    // 打印 bookPython 的信息
    printBook(bookPython)
}

func printBook(book Books) {
    fmt.Printf("Book title : %s\n", book.title)
    fmt.Printf("Book author : %s\n", book.author)
    fmt.Printf("Book subject : %s\n", book.subject)
    fmt.Printf("Book press : %s\n", book.press)
}
```

运行以上代码的结果如下：

```
Book title : Go 语言设计模式
Book author : 廖显东
Book subject : Go 语言教程
Book press : 电子工业出版社
Book title : Python 教程 xxx
Book author : 张三
Book subject : Python 语言教程
Book press : xxx 出版社
```

（5）结构体指针。

定义指向结构体的指针，格式如下：

```
var structPointer *Books
```

上面定义的指针变量可以存储结构体变量的地址。

如果要查看结构体变量的地址，则可以将“&”符号放置于结构体变量前：

```
structPointer = &Books
```

如果要使用结构体指针访问结构体变量，则可以使用“.”操作符：

```
structPointer.title
```

接下来使用结构体指针重写以上示例，代码如下：

```
package main

import "fmt"

type Books struct {
    title   string
    author  string
    subject string
    press   string
}

func main() {
    var bookGo Books       // 声明 bookGo 为 Books 类型
    var bookPython Books   // 声明 bookPython 为 Books 类型

    // bookGo 描述
    bookGo.title = "Go 语言设计模式"
    bookGo.author = "廖显东"
    bookGo.subject = "Go 语言教程"
```

```
    bookGo.press = "电子工业出版社"

    // bookPython 描述
    bookPython.title = "Python 教程 xxx"
    bookPython.author = "张三"
    bookPython.subject = "Python 语言教程"
    bookPython.press = "xxx 出版社"

    // 打印 bookGo 的信息
    printBook(&bookGo)

    // 打印 bookPython 的信息
    printBook(&bookPython)
}

func printBook(book *Books) {
    fmt.Printf("Book title : %s\n", book.title)
    fmt.Printf("Book author : %s\n", book.author)
    fmt.Printf("Book subject : %s\n", book.subject)
    fmt.Printf("Book press : %s\n", book.press)
}
```

运行以上代码的结果如下：

```
Book title : Go 语言设计模式
Book author : 廖显东
Book subject : Go 语言教程
Book press : 电子工业出版社
Book title : Python 教程 xxx
Book author : 张三
Book subject : Python 语言教程
Book press : xxx 出版社
```

3. 切片类型

切片（slice）是对数组中一个连续“片段”的引用，所以切片是一个引用类型（类似于 C/C++ 中的数组类型，或者 Python 中的 list 类型）。

这个片段可以是整个数组，也可以是由开始索引和结束索引标识的一些项的子集。

提示　结束索引标识的项不包括在切片内。

切片的内部结构包含地址、大小和容量。切片一般用于快速操作数据集合。切片的结构体由 3 部分构成（见图 1-6）：pointer 是指向一个数组的指针；len 代表当前切片的长度；cap 代表当前切片的容量，cap 总是大于或等于 len 的。

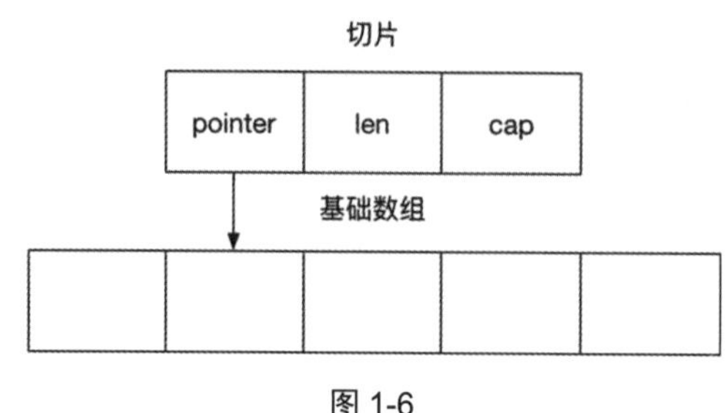

图 1-6

切片默认指向一段连续的内存区域，可以是数组，也可以是切片本身。从连续内存区域生成切片是常见的操作，格式如下：

```
slice [开始位置 : 结束位置]
```

语法说明如下：

- slice：目标切片对象。
- 开始位置：对应目标切片对象的开始索引。
- 结束位置：对应目标切片对象的结束索引。

从数组生成切片的代码如下：

```
var a = [3]int{1, 2, 3}
fmt.Println(a, a[1:2])
```

其中，a 是一个拥有 3 个整型元素的数组。使用 a[1:2]可以生成一个新的切片。运行以上代码的结果如下：

```
[1 2 3]  [2]
```

其中，[2]就是 a[1:2]切片操作的结果。

从数组或切片生成新的切片具有如下特性：

- 取出的元素数量为“结束位置 - 开始位置”。
- 取出的元素不包含结束位置对应索引的元素，切片的最后一个元素使用 slice[len(slice)] 来获取。
- 如果缺省开始位置，则表示从连续区域开始到结束位置。
- 如果缺省结束位置，则表示从开始位置到整个连续区域的末尾。
- 如果两者同时缺省，则新生成的切片与原切片等效。
- 如果两者同时为 0，则等效于空切片，一般用于切片复位。

在根据索引位置取切片元素值时，取值范围是 0～len(slice)-1。如果越界，则会报运行时错误。

在生成切片时，结束位置可以填写 len(slice)，这样不会报错。

下面通过具体的示例来演示切片的操作。

（1）从指定范围内生成切片。

切片和数组密不可分。如果将数组理解为一栋办公楼，那么生成切片就是把不同的连续楼层出租给使用者。在出租过程中需要选择开始楼层和结束楼层，示例代码如下：

```
var sliceBuilder [20]int
for i := 0; i < 20; i++ {
   sliceBuilder[i] = i + 1
}
fmt.Println(sliceBuilder[5:15]) // 区间
fmt.Println(sliceBuilder[15:])  // 中间到尾部的所有元素
fmt.Println(sliceBuilder[:2])   // 开头到中间指定位置的所有元素
```

运行以上代码的结果如下：

```
[6 7 8 9 10 11 12 13 14 15]
[16 17 18 19 20]
[1 2]
```

以上代码可以理解为：构建了一个 20 层的高层建筑，数组的元素值为 1～20，分别代表不同的楼层，输出的结果是不同的出租方案。

提示　切片有点儿像 C 语言中的指针。指针可以进行运算，但代价是内存操作越界。切片在指针的基础上增加了大小，约束了对应的内存区域。在切片使用过程中，无法对切片内部的地址和大小进行手动调整，因此切片比指针更安全、更强大。

（2）表示原有的切片。

如果开始位置和结束位置都被忽略，则新生成的切片和原切片的结构将一模一样，并且生成的切片与原切片在数据内容上也是一样的，代码如下：

```
b := []int{6, 7, 8}
fmt.Println(b[:])
```

b 是一个拥有 3 个元素的切片。在使用 b[:]对 b 切片进行操作后，得到的切片与 b 切片一致，输出如下：

```
[6 7 8]
```

（3）重置切片，清空元素。

如果把切片的开始位置和结束位置都设为 0，则生成的切片将为空切片，代码如下：

```
b := []int{6, 7, 8}
fmt.Println(b[0:0])
```

运行以上代码的结果如下：

```
[]
```

（4）直接声明新的切片。

除了可以从原有的数组或切片中生成切片，还可以声明一个新的切片。其他类型也可被声明为切片类型，用来表示多个相同类型元素的连续集合。切片类型的声明格式如下：

```
var name []Type
```

其中，name 表示切片的变量名，Type 表示切片对应的元素类型。

下面的代码展示了切片声明的过程：

```
var sliceStr []string          // 声明字符串型切片
var sliceNum []int              // 声明整型切片
var emptySliceNum = []int{}   // 声明一个空切片
fmt.Println(sliceStr, sliceNum, emptySliceNum)   // 输出 3 个切片
fmt.Println(len(sliceStr), len(sliceNum), len(emptySliceNum))
// 输出 3 个切片的大小
fmt.Println(sliceStr == nil) // 判断切片是否为 nil
fmt.Println(sliceNum == nil)
fmt.Println(emptySliceNum == nil)
```

运行以上代码的结果如下：

```
[] [] []
0 0 0
true
true
false
```

切片是动态结构，无法直接通过“==”运算符进行相等性比较，除了与 nil 比较的情况，切片之间不能直接进行相等性判断。如果需要比较两个切片的内容是否相同，则需要手动遍历切片元素或使用标准库中的相关函数（如 reflect.DeepEqual()函数）。

在声明了新的切片后，可以使用 append()函数向切片中添加元素。如果需要创建一个指定长度的切片，则可以使用 make()函数，格式如下：

```
make( []Type, size, cap )
```

其中，Type 指定切片的元素类型，size 指定切片的初始长度，cap 指定切片的容量（cap 表示为切片预分配的内存容量，容量不会影响当前长度，但可以减少切片扩容时的内存分配次数，从而提升性能）。如果不显式指定 cap，则默认其与 size 相等。示例如下：

```
slice1 := make([]int, 6)
slice2 := make([]int, 6, 10)
fmt.Println(slice1, slice2)
fmt.Println(len(slice1), len(slice2))
```

运行以上代码的结果如下：

```
[0 0 0 0 0 0] [0 0 0 0 0 0]
6 6
```

其中，slice1 和 slice2 均是预分配 2 个元素的切片，slice2 的内部存储空间已经分配了 10 个元素，但实际上只使用了 2 个元素。

容量不会影响当前的元素个数，因此对 slice1 和 slice2 取 len，结果都是 2。

用 make()函数生成切片会发生内存分配。但如果是给定了开始位置与结束位置（包括切片复位）的切片，则只是将新的切片结构指向已经分配好的内存区域。设定开始位置与结束位置，不会发生内存分配。

4. map 类型

在 Go 语言中，map 是一种特殊的数据类型——“元素对”（pair）的无序集合。元素对中包含一个 Key（键）和一个 Value（值），形成 Key-Value，所以这个结构也被称为“关联数组”或“字典”。这是一种能够快速寻找值的理想结构：给定了键，就可以迅速找到对应的值了。

（1）声明 map。

map 是引用类型，可以使用如下方式声明：

```
var name map[key_type]value_type
```

其中，name 为 map 的变量名，key_type 为键类型，value_type 为键对应的值类型。注意，在[key_type]和 value_type 之间允许有空格。

在声明时不需要知道 map 的长度，因为 map 的长度是可以动态增加的。未初始化的 map 的值是 nil。使用函数 len()可以获取 map 中 Key-Value 的数目。

创建一个名为 1.4-map.go 的文件，代码如下：

```
var literalMap map[string]string
var assignedMap map[string]string
literalMap = map[string]string{"first": "go", "second": "web"}
createdMap := make(map[string]float32)
assignedMap = literalMap
createdMap["k1"] = 99
createdMap["k2"] = 199
assignedMap["second"] = "program"
```

```
fmt.Printf("Map literal at \"first\" is: %s\n", literalMap["first"])
fmt.Printf("Map created at \"k2\" is: %f\n", createdMap["k2"])
fmt.Printf("Map assigned at \"second\" is: %s\n", literalMap["second"])
fmt.Printf("Map literal at \"third\" is: %s\n", literalMap["third"])
```

运行以上代码的结果如下：

```
Map literal at "first" is: go
Map created at "k2" is: 199.000000
Map assigned at "second" is: program
Map literal at "third" is:
```

在上面的示例中，literalMap 演示了如何使用{"first": "go", "second": "web"}的格式来初始化 map，createdMap 的创建方式 createdMap := make(map[string]float32)等价于 createdMap := map[string]float32{}。

assignedMap 是对 literalMap 的引用，对 assignedMap 的修改会影响 literalMap 的值。

提示　可以使用 make()函数来构造 map，但不能使用 new()函数来构造 map。如果错误地使用 new()函数分配一个引用对象，则会获得一个空引用指针，相当于声明了一个未初始化的变量并试图获取它的地址。以下代码在编译时会报错：

```
createdMap:= new(map[string]float32)
createdMap["k1"] = 4.5
$ go run 1.4-map.go
# command-line-arguments
./1.4-map.go:25:12: invalid operation: createdMap["k1"] (type *map[string]float32 does not support indexing)
```

（2）map 容量。

和数组不同，map 的容量可以根据新增的 Key-Value 来动态伸缩，因此不存在固定长度或最大限制。但也可以标明 map 的初始容量，格式如下：

```
make(map[key_type]value_type, cap)
```

示例代码如下：

```
map := make(map[string]float32, 100)
```

当 map 达到容量上限时，如果再增加新的 Key-Value，则 map 的容量大小会自动加 1。所以，出于性能的考虑，对于大的 map 或者会快速扩张的 map，即使只是大概知道其容量，也最好先标明。

下面是一个将学生名字和成绩映射起来的 map 声明示例：

```
achievement := map[string]float32{
    "zhangsan": 99.5, "xiaoli": 88,
```

```
    "wangwu": 96, "lidong": 100,
}
```

（3）将切片作为 map 的值。

一个 Key 只能对应一个 Value，而 Value 又是一个原始类型，那么，如果一个 Key 要对应多个 Value 该怎么办呢?

例如，要处理 UNIX 系统中的所有进程，以父进程（pid 为整型）为 Key，以所有的子进程（由所有子进程的 pid 组成的切片）为 Value。通过将 Value 定义为[]int 类型或其他类型的切片，就可以解决这个问题，示例代码如下：

```
map1 := make(map[int][]int)
map2 := make(map[int]*[]int)
```

第 2 章 Go 语言进阶

2.1 函数

在 Go 语言中，函数是程序的基本组成部分，它将可重用的代码封装起来以便执行特定的任务。函数使得代码结构更加清晰、易于维护，并且可以避免代码重复。Go 语言支持多种函数类型，包括普通函数、匿名函数等。

2.1.1 声明函数

在 Go 语言中，声明函数的格式如下：

```
func function_name( [parameter list] ) [return_types] {
    //函数体
}
```

可以把函数看成一台机器：如果将参数“材料”输入函数机器，则会输出“产品”，如图 2-1 所示。

图 2-1

关于图 2-1 的说明如下：

- func：函数声明关键字。
- function_name：函数名。函数名和参数列表一起构成了函数签名。

- parameter list：参数列表，是可选项。参数就像一个占位符，当函数被调用时，可以将值传递给参数，这个值被称为“实际参数”。
- return_types：返回类型，是可选项。如果函数需要返回一列值，则该值的数据类型是返回值。如果有些功能不需要返回值，则 return_types 可以为空。
- 函数体：函数定义的代码集合。

以下为 min()函数的示例。向该函数传入整型数组参数 arr，返回数组中的最小值：

```
// 返回整型数组中的最小值
func min(arr []int) (m int) {
    m = arr[0]
    for _, v := range arr {
        if v < m {
            m = v
        }
    }
    return
}
```

在以上代码中，“min”为函数名，“arr []int”为参数列表，“m int”为返回类型。

在创建函数时定义了函数的功能，通过调用函数向函数传递参数，可以获取函数的返回值。函数的示例如下：

```
package main

import "fmt"

func main() {
    array := []int{6, 8, 10} // 定义局部变量
    var ret int
    ret = min(array)         // 调用函数并返回最小值
    fmt.Printf("最小值是 : %d\n", ret)
}

func min(arr []int) (min int) { // 返回整型数组中的最小值
    min = arr[0]
    for _, v := range arr {
        if v < min {
            min = v
        }
    }
    return
}
```

运行以上代码的结果如下：

```
最小值是： 6
```

Go 语言中的函数还可以返回多个值，例如：

```
package main

import "fmt"

func compute(x, y int) (int, int) {
    return x+y, x*y
}

func main() {
    a, b := compute(6, 8)
    fmt.Println(a, b)
}
```

运行以上代码的结果如下：

```
14 48
```

在 Go 语言中，如果使用了命名返回参数，则 return 语句可以不带有任何值，Go 语言会自动返回命名参数的值。如果 return 语句有返回值，则返回值的顺序遵循在 return 语句中的顺序，而非在函数头中声明的返回值的顺序，示例如下：

```
package main

func change(a, b int) (x, y int) {
    x = a + 100
    y = b + 100

    return   // 返回：101, 102
    // return x, y  // 返回：101, 102
    // return y, x  // 返回：102, 101
}

func main(){
    a := 1
    b := 2
    c, d := change(a, b)
    println(c, d)
}
```

2.1.2　函数参数

1. 参数的使用

函数可以有一个或者多个参数。如果函数使用参数，则该参数可被称为函数的“形式参数”，简称“形参”。形参就像定义在函数体内的局部变量，用于接收外部传入的数据。与形式参数对应的是“实际参数”，简称“实参”，是指在调用函数过程中传给形参的实际数据。

调用函数参数需要遵守如下规则：

- 函数名必须匹配。
- 实参与形参必须一一对应：顺序、个数、类型都要对应。

2. 可变参数

Go 语言的函数支持可变参数（简称“变参”）。接收变参的函数有着不定数量的参数。定义可接收变参的函数，格式如下：

```
func myFunc(arg ...string) {
    ...// 此处省去代码
}
```

“arg ...string”告诉 Go 语言，该函数可接收不定数量的参数。注意，这些参数的类型全部是字符串型。在相应的函数体中，变量 arg 是一个字符串型的切片，可通过 for-range 语句遍历：

```
for _, v:= range arg {
    fmt.Printf("And the string is: %s\n", v)
}
```

3. 参数传递

在调用函数时，可以通过以下两种方式来传递参数。

（1）值传递。

值传递是指，在调用函数时将实参复制一份并传递到函数中。这样一来，如果要在函数中对参数进行修改，则不会影响实参。

以下代码定义了 exchange()函数：

```
// 定义相互交换值的函数
func exchange(x, y int) int {
    var tmp int
    tmp = x // 将 x 的值赋给 tmp
    x = y   // 将 y 的值赋给 x
    y = tmp // 将 tmp 的值赋给 y
    return tmp
}
```

接下来用值传递的方式来调用 exchange()函数：

```
package main

import "fmt"

func main() {
    // 定义局部变量
    num1 := 6
    num2 := 8
    fmt.Printf("交换前 num1 的值为: %d\n", num1)
    fmt.Printf("交换前 num2 的值为: %d\n", num2)
    // 通过调用函数来交换值
    exchange(num1, num2)
    fmt.Printf("交换后 num1 的值为: %d\n", num1)
    fmt.Printf("交换后 num2 的值为: %d\n", num2)
}

// 定义相互交换值的函数
func exchange(x, y int) int {
    var tmp int
    tmp = x // 将 x 的值赋给 tmp
    x = y   // 将 y 的值赋给 x
    y = tmp // 将 tmp 的值赋给 y
    return tmp
}
```

运行以上代码的结果如下：

```
交换前 num1 的值为: 6
交换前 num2 的值为: 8
交换后 num1 的值为: 6
交换后 num2 的值为: 8
```

因为上面的代码使用的是值传递的方式，所以并没有实现两个值的交换。要想实现两个值交换的效果，可以使用引用传递的方式。

（2）引用传递。

引用传递是指，在调用函数时，将实参的地址传递到函数中。这样一来，在函数中对参数所进行的修改将影响实参。

以下示例中的交换函数 exchange()使用了引用传递方式：

```
// 定义相互交换值的函数
func exchange(x *int, y *int) int {
```

```
    var tmp int
    tmp = *x      // 将*x 的值赋给 tmp
    *x = *y       // 将*y 的值赋给*x
    *y = tmp      // 将 tmp 的值赋给*y
    return tmp
}
```

下面通过引用传递方式来调用 exchange()函数：

```
package main

import "fmt"

func main() {
    // 定义局部变量
    num1 := 6
    num2 := 8
    fmt.Printf("交换前 num1 的值为： %d\n", num1)
    fmt.Printf("交换前 num2 的值为： %d\n", num2)
    // 通过调用函数来交换值
    exchange(&num1, &num2)
    fmt.Printf("交换后 num1 的值为： %d\n", num1)
    fmt.Printf("交换后 num2 的值为： %d\n", num2)
}

// 定义相互交换值的函数
func exchange(x *int, y *int) int {
    var tmp int
    tmp = *x // 将*x 的值赋给 tmp
    *x = *y  // 将*y 的值赋给*x
    *y = tmp // 将 tmp 的值赋给*y
    return tmp
}
```

运行以上代码的结果如下：

```
交换前 num1 的值为： 6
交换前 num2 的值为： 8
交换后 num1 的值为： 8
交换后 num2 的值为： 6
```

在默认情况下，Go 语言使用的是值传递方式，即在调用过程中不会影响实参。

2.1.3 匿名函数

匿名函数也被称为“闭包”，是指一类无须定义标识符（函数名）的函数或子程序。匿名函数没有函数名，只有函数体。函数可以作为一种类型被赋值给函数类型的变量，匿名函数往往以变量的形式被传递。

1. 匿名函数的定义

匿名函数可以被理解为没有名字的普通函数，其定义如下：

```
func (参数列表) (返回值列表) {
    // 函数体
}
```

匿名函数是一条“内联”语句或表达式。其优点是可以直接使用函数内的变量，不必声明。

下面的示例创建了匿名函数 func()：

```
package main

import "fmt"

func main() {
    x, y := 6, 8
    defer func(a int) {
        fmt.Println("defer x, y = ", a, y)     // y 为闭包引用
    }(x)
    x += 10
    y += 100
    fmt.Println(x, y)
}
```

运行以上代码的结果如下：

```
16 108
defer x, y =  6 108
```

2. 匿名函数的调用

（1）调用匿名函数。

匿名函数可以在声明后调用，也可直接声明并调用，示例如下：

```
package main

import "fmt"

func main() {
```

```
    // 定义匿名函数并赋值给 f 变量
    f := func(data int) {
        fmt.Println("hi, this is a closure", data)
    }
    // 此时 f 变量的类型是 func()，可以直接调用
    f(6)

    // 直接声明并调用
    func(data int) {
        fmt.Println("hi, this is a closure, directly", data)
    }(8)
}

//hi, this is a closure 6
//hi, this is a closure, directly 8
```

匿名函数用途广泛。由于匿名函数本质上是一种值，因此可以将其赋值给变量，传递给其他函数，或将其存储在各种数据结构中，方便实现回调函数、操作封装和闭包等功能。

（2）将匿名函数作为回调函数。

回调函数（Callback）是指将一个函数作为参数传递给另一个函数，在特定的时机由该函数调用。回调函数的名称源于它在被调用时会“回调”它的主函数，从而实现动态的函数调用机制。

将匿名函数作为回调函数来使用在 Go 语言中是很常见的。在 strings 包中就有这种实现：

```
func TrimFunc(s string, f func(rune) bool) string {
    return TrimRightFunc(TrimLeftFunc(s, f), f)
}
```

可以将匿名函数的函数体作为参数，来实现对切片中的元素的遍历操作。示例如下：

```
package main

import "fmt"

// 遍历切片中的每个元素，并通过给定的函数访问元素
func visitPrint(list []int, f func(int)) {
    for _, value := range list {
        f(value)
    }
}

func main() {
    sli := []int{1, 6, 8}
    // 使用匿名函数打印切片的内容
```

```
    visitPrint(sli, func(value int) {
        fmt.Println(value)
    })
}
```

运行以上代码的结果如下：

```
1
6
8
```

2.1.4 defer 延迟语句

1. 什么是 defer 延迟语句

在函数中，程序员经常需要创建资源（比如数据库连接、文件句柄、锁等）。为了在函数执行完毕后及时地释放资源，Go 语言的设计者提供了 defer 延迟语句。

defer 延迟语句主要用在函数当中，在函数结束（return 返回结果或 panic 异常导致结束）之前执行某个操作，这是一个函数结束前最后执行的操作。

在 Go 语言的一个函数中，defer 延迟语句的执行逻辑如下。

（1）当程序执行到一个 defer 时，不会立即执行 defer 后面的语句，而是将 defer 后面的语句压入一个专门存储 defer 语句的栈中，然后继续执行函数的下一个语句。

（2）当函数执行完毕后，再从 defer 栈中自栈顶依次取出语句并执行（注：先压入的最后执行，最后压入的最先执行）。

（3）在将语句压入栈时，也会将相关的值压入栈，如图 2-2 所示。

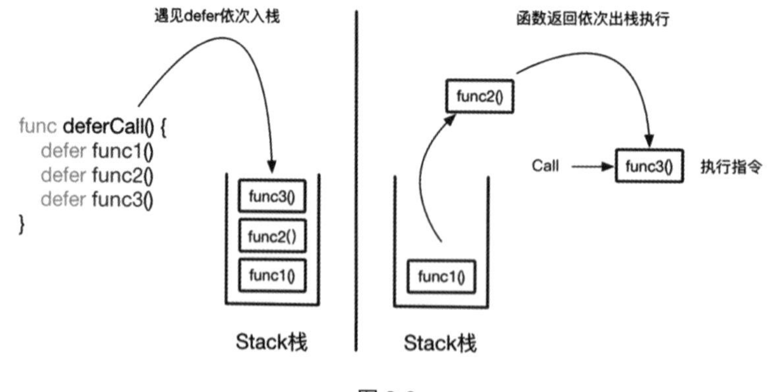

图 2-2

defer 延迟语句的示例代码如下：

```
package main

import "fmt"

func main() {
   deferCall()
}
func deferCall(){
defer func1()
   defer func2()
   defer func3()
}

func func1() {
   fmt.Println("A")
}

func func2() {
   fmt.Println("B")
}

func func3() {
   fmt.Println("C")
}
```

运行以上代码的结果如下：

```
C
B
A
```

2. defer 与 return 的执行顺序

在一个函数体中，defer 和 return 的执行顺序是怎样的呢？通过下面这段代码可以很容易地观察到：

```
package main

import "fmt"

var name string = "go"
func myfunc() string {
   defer func() {
      name = "python"
   }()
```

```
    fmt.Printf("myfunc()函数里的 name: %s\n", name)
    return name
}

func main() {
    myname := myfunc()
    fmt.Printf("main()函数里的 name: %s\n", name)
    fmt.Println("main()函数里的 myname: ", myname)
}
```

运行以上代码的结果如下：

```
myfunc()函数里的 name: go
main()函数里的 name: python
main()函数里的 myname: go
```

第 1 行很直观，name 此时还是全局变量，其值还是“go”。第 2 行，在 defer 里改变了这个全局变量，此时 name 的值已经变成了“python”。第 3 行是重点，为什么输出的是“go”？解释只有一个——defer 是在 return 后才被执行的，在执行 defer 前，myname 已经被赋值为“go”了。

3. defer 延迟语句的常见应用场景

（1）关闭资源。

在创建资源（比如数据库连接、文件句柄、锁等）后，需要释放掉资源内存，以避免占用内存和系统资源。可以在打开资源的语句的下一行，直接用 defer 延迟语句提前将关闭资源的操作注册，这样就会减少程序员忘记关闭资源的情况。

（2）和 recover()一起使用。

当程序出现宕机或遇到 panic 错误时，recover()可以恢复执行，而且不会报告宕机错误。之前说过，defer 不但可以在 return 返回前被执行，也可以在“程序宕机显示 panic 错误后，程序出现宕机之前”被执行，依次恢复程序。

2.2 Go 语言面向对象编程

Go 语言虽然不是传统意义上的面向对象语言（如 Java 或 C++），但它通过结构体（struct）和方法（method）提供了对面向对象编程的支持。Go 语言采用组合（composition）而非继承（inheritance）来实现面向对象编程中的一些概念，鼓励简单的、清晰的设计。

2.2.1 封装

1. 属性

在 Go 语言中可以使用结构体对属性进行封装。结构体就像类的一种简化形式。例如，要定义一个三角形，每个三角形都有底和高，可以这样进行封装：

```
type Triangle struct {
    Bottom float32
    Height float32
}
```

2. 方法

既然有了类，那类的方法在哪里呢？Go 语言中也有方法。方法是作用在接收者（receiver）上的一个函数，接收者是某种特殊类型的变量。因此，方法是一种特殊类型的函数。

定义方法的格式如下：

```
func (recv recv_type) methodName(parameter_list) (return_value_list) { ... }
```

上面已经定义了一个三角形 Triangle，下面为三角形定义一个方法 Area()来计算其面积。

```
package main

import (
    "fmt"
)

// 三角形结构体
type Triangle struct {
    Bottom float32
    Height float32
}

// 计算三角形的面积
func (t *Triangle) Area() float32 {
    return (t.Bottom * t.Height) / 2
}

func main() {
    r := Triangle{6, 8}
    // 调用 Area()方法计算面积
    fmt.Println(r.Area())
}
```

运行以上代码的结果是：

```
24
```

3. 访问权限

在面向对象编程中，通常会讨论结构体或类的属性是公有的还是私有的，这涉及访问权限的控制。在 Go 语言中，不使用其他编程语言中的 public 和 private 关键字，而是通过标识符的首字母大小写来控制访问权限：首字母大写表示公有，可以被其他包访问；首字母小写表示私有，只能在同一个包内被访问。

如果定义的常量、变量、类型、接口、结构体、函数等的名称是以大写字母开头的，则表示它们能被其他包访问或调用（相当于 public）；如果是以小写字母开头的，则表示只能在包内使用（相当于 private）。

例如，定义一个学生结构体来描述名字和分数：

```
type Student struct {
    name  string
    score float32
    Age int
}
```

在以上结构体中，Age 是以大写字母开头的，即其他包可以直接访问或调用它。而 name 和 score 是以小写字母开头的，即其他包不能直接访问或调用它。

在以下代码中，由于 name 字段的首字母是小写的，它是包内私有的，因此不能在包外通过 s.name 直接访问它。然而，Age 字段的首字母是大写的，它是公有的，因此可以在包外通过 s.Age 对其进行访问。

```
s := new(person.Student)
s.name = "shirdon"  // 无法访问，因为 name 是私有字段
s.Age = 22          // 可以访问，因为 Age 是公有字段
fmt.Println(s.GetAge()) // 通过方法访问 Age
```

运行以上代码会报如下错误：

```
$ ./2.2-object3.go:10:3: s.name undefined (cannot refer to unexported field or method name)
```

与其他面向对象语言类似，Go 语言中也有获取属性和设置属性的方法约定：

- 对于设置属性的方法，通常使用 Set 作为方法的前缀，例如 SetAge。
- 对于获取属性的方法，通常直接使用属性名作为方法名，例如 Age，以保持简洁。

现在有一个 person 包，其中有 Student 结构体，代码如下：

```
package person

type Student struct {
    name  string
    score float32
}

// 获取 name 的方法
func (s *Student) GetName() string {
    return s.name
}

// 设置 name 的方法
func (s *Student) SetName(newName string) {
    s.name = newName
}
```

尽管 name 是私有的，但是通过提供 GetName()和 SetName()方法，也可以在其他包（如 main 包）中访问和修改 name 字段。接下来，在 main 包中设置和获取 name 的值：

```
package main

import (
    "fmt"
    "gitee.com/shirdonl/goGinVue/chapter2/person"
)

func main() {
    s := new(person.Student)  // 创建一个 person.Student 对象
    s.SetName("Shirdon")      // 调用 SetName()方法设置 name 字段的值
    fmt.Println(s.GetName())  // 调用 GetName()方法获取 name 字段的值
}
```

运行上述代码的结果如下：

```
Shirdon
```

通过 SetName()方法在 main 包中成功设置了 Student 结构体的 name 字段，并通过 GetName()方法获取到了该值，这样有效实现了对私有字段的访问控制。

2.2.2　继承

Go 语言中没有类似于其他面向对象语言中的 extends 关键字，要想实现继承，要通过在结构体中嵌入匿名字段来模拟继承的行为。例如，可以定义一个 Engine 接口和一个 Bus 结构体，并让 Bus 结构体包含一个 Engine 类型的匿名字段。示例如下：

```
type Engine interface {
    Run()
    Stop()
}

type Bus struct {
    Engine // 匿名字段，表示 Bus 拥有 Engine 的功能
}
```

在这种情况下，Engine 接口的方法（Run()和 Stop()）会被“晋升”到 Bus 结构体上，这意味着 Bus 结构体可以直接调用这些方法，仿佛它们是自己的方法。

因此，可以编写如下代码：

```
func (b *Bus) Working() {
    b.Run()  // 开动汽车
    b.Stop() // 停车
}
```

这里的 Run()和 Stop()是通过 Bus 中嵌入的 Engine 匿名字段实现的，无须显式定义 Bus 的这些方法。这种方式实现了类似于继承的功能，使得 Bus 可以拥有 Engine 的功能。

2.2.3 多态

在面向对象编程中，多态指的是不同对象可以通过相同的接口调用不同的实现。在 Go 语言中，可以通过接口来实现多态。接口允许不同类型实现相同的方法，从而使得这些类型可以通过统一的接口进行操作。

以下代码定义了一个正方形结构体（Square）和一个三角形结构体（Triangle）：

```
// 正方形结构体
type Square struct {
    sideLen float32
}

// 三角形结构体
type Triangle struct {
    Bottom float32
    Height float32
}
```

我们希望能够计算这两个几何图形的面积，但由于正方形和三角形的面积计算方式不同，需要分别定义它们的 Area()方法。因此，可以定义一个 Shape 接口，该接口包含一个 Area()方法，并让 Square 和 Triangle 都实现该接口。

```
// 接口 Shape，包含一个 Area()方法
type Shape interface {
    Area() float32
}

// 计算三角形的面积
func (t *Triangle) Area() float32 {
    return (t.Bottom * t.Height) / 2
}

// 计算正方形的面积
func (sq *Square) Area() float32 {
    return sq.sideLen * sq.sideLen
}
```

在 main()函数中，可以创建不同类型的几何图形，并通过 Shape 接口来调用它们各自的 Area()方法：

```
func main() {
    t := &Triangle{6, 8}    // 创建一个三角形实例
    s := &Square{8}         // 创建一个正方形实例

    shapes := []Shape{t, s}  // 创建一个包含不同几何图形的 Shape 类型的切片
    for _, shape := range shapes {    // 遍历每个几何图形并调用其 Area()方法
        fmt.Println("图形数据：", shape)
        fmt.Println("它的面积是：", shape.Area())
    }
}
```

运行以上代码的结果如下：

```
图形数据： &{6 8}
它的面积是： 24
图形数据： &{8}
它的面积是： 64
```

可以看到，不同类型的几何图形对象调用相同的 Area()方法，得到了不同的结果。这就是多态的表现：通过统一的接口调用不同对象的具体实现，进而展现不同的行为。

2.3 Go 语言接口

在 Go 语言中，接口是一种抽象类型，定义了一组方法的集合。任何实现了这些方法的类型都自动地实现了该接口，Go 语言的接口通过这种方式实现了多态和灵活的代码复用。接口是 Go 语言

中非常重要的概念，广泛应用于面向接口编程、依赖注入、设计模式等场景。

2.3.1 接口的定义

定义接口的格式如下：

```
type 接口名称 interface {
    method1(参数列表) 返回值列表
    method2(参数列表) 返回值列表
    ...
    methodn(参数列表) 返回值列表
}
```

如果在定义接口时没有声明任何方法，那么它就是一个空接口 interface{}。空接口可以表示任何类型，因为任何类型都实现了空接口。空接口类似于面向对象编程中的根类型，能够存储任何类型的值。接口变量的默认值是 nil。

在 Go 语言中，如果接口类型是实现了相等运算的类型（如数值、字符串等），则可以对接口变量进行相等运算；如果接口类型的值不支持相等运算（如 map、切片、函数等），则在进行相等性运算时会引发运行时错误（panic）。

示例如下：

```
var var1, var2 interface{}
println(var1 == nil, var1 == var2)  // 输出: true true

var1, var2 = 66, 88
println(var1 == var2)  // 输出: false

var1, var2 = map[string]string{}, map[string]string{}
println(var1 == var2)  // 会引发运行时错误
```

运行以上代码的结果如下：

```
true true
false
panic: runtime error: comparing uncomparable type map[string]string
```

2.3.2 接口的赋值

Go 语言中的接口不能直接实例化，但可以通过将实现接口的对象赋值给接口变量，从而实现接口与实现类型的映射。接口赋值在 Go 语言中有以下两种常见方式：

- 将实现接口的对象实例赋值给接口。
- 将一个接口变量的值赋给另一个接口变量。

1. 将实现接口的对象实例赋值给接口

当将一个实现了接口的对象实例赋值给接口时，要求该对象所属的类型必须实现接口中声明的所有方法，否则编译器会报错，表示该类型没有完全实现接口中的方法。

例如，先定义一个 Num 类型及相关方法：

```
type Num int

func (x Num) Equal(i Num) bool {
    return x == i
}

func (x Num) LessThan(i Num) bool {
    return x < i
}

func (x Num) MoreThan(i Num) bool {
    return x > i
}

func (x *Num) Multiple(i Num) {
    *x = *x * i
}

func (x *Num) Divide(i Num) {
    *x = *x / i
}
```

接下来，定义一个 NumI 接口，该接口声明了 Num 类型要实现的所有方法：

```
type NumI interface {
    Equal(i Num) bool
    LessThan(i Num) bool
    BiggerThan(i Num) bool
    Multiple(i Num)
    Divide(i Num)
}
```

按照 Go 语言的约定，Num 类型实现了 NumI 接口中的所有方法（尽管命名上略有不同，稍后会解释为什么）。因此，可以将 Num 类型的实例赋值给 NumI 接口变量：

```
var x Num = 8
var y NumI = &x
```

在这段代码中，x 的指针被赋值给接口变量 y。为什么要使用指针呢？因为 Go 语言会自动将非指针接收者的方法适配为指针接收者的方法。

例如，Num 类型的非指针方法如下：

```
func (x Num) Equal(i Num) bool
```

Go 语言会自动生成一个与之对应的指针方法：

```
func (x *Num) Equal(i Num) bool {
    return (*x).Equal(i)
}
```

因此，*Num 类型实际上实现了接口 NumI 中所有的方法。通过这种机制，Go 语言实现了自动适配非指针方法和指针方法，从而使得*Num 类型能够满足 NumI 接口的要求。

2. 将一个接口变量的值赋给另一个接口变量

在 Go 语言中，只要两个接口拥有相同的方法列表（与方法顺序无关），那么它们就被视为等价的，可以相互赋值。下面通过示例代码进行解释。

首先，新建一个名为 oop1 的包，定义第一个接口 NumInterface1：

```
package oop1

type NumInterface1 interface {
    Equal(i int) bool
    LessThan(i int) bool
    BiggerThan(i int) bool
}
```

然后，新建一个名为 oop2 的包，定义第二个接口 NumInterface2：

```
package oop2

type NumInterface2 interface {
    Equal(i int) bool
    BiggerThan(i int) bool
    LessThan(i int) bool
}
```

以上代码中定义了两个接口 NumInterface1 和 NumInterface2，这两个接口都包含相同的 3 个方法，但方法的顺序不同。在 Go 语言中，这两个接口被认为是等价的，原因如下：

- 任何实现了 NumInterface1 接口的类型，也自动实现了 NumInterface2 接口。
- 任何实现了 NumInterface1 接口的对象实例，也都可以被赋值给 NumInterface2 接口，反之亦然。

因此，无论在何处使用 NumInterface1 或 NumInterface2 接口，它们的作用都是相同的。

接下来定义一个实现了这两个接口的类型 Num：

```
type Num int

func (x Num) Equal(i int) bool {
    return int(x) == i
}

func (x Num) LessThan(i int) bool {
    return int(x) < i
}

func (x Num) BiggerThan(i int) bool {
    return int(x) > i
}
```

Num 类型实现了 Equal()、LessThan()和 BiggerThan()方法，因此它满足 NumInterface1 和 NumInterface2 接口的要求。以下赋值操作都是合法的，并且可以编译通过：

```
var f1 Num = 6
var f2 oop1.NumInterface1 = f1
var f3 oop2.NumInterface2 = f2
```

此外，接口赋值并不要求两个接口完全等价（即方法列表完全相同）。如果接口 A 的方法列表是接口 B 的方法列表的子集，那么接口 B 可以赋值给接口 A。这意味着接口 A 可以兼容更大、更复杂的接口。例如，NumInterface2 接口可以包含更多方法：

```
type NumInterface2 interface {
    Equal(i int) bool
    BiggerThan(i int) bool
    LessThan(i int) bool
    Sum(i int)
}
```

在这种情况下，如果希望 Num 类型仍然实现 NumInterface2 接口，则需要为 Num 类型新增 Sum()方法：

```
func (n *Num) Sum(i int) {
    *n = *n + Num(i)
}
```

现在，可以将接口赋值语句改写如下：

```
var f1 Num = 6
var f2 oop2.NumInterface2 = &f1
var f3 oop1.NumInterface1 = f2
```

在这段代码中，f2 是实现了 NumInterface2 接口的对象实例，并且它可以被赋值给 f3，因为 NumInterface1 接口的方法列表是 NumInterface2 接口方法列表的子集。通过这种方式，Go 语言实现了接口之间的灵活赋值与兼容性。

2.3.3 接口的查询

接口类型查询是在程序运行时进行的，查询是否成功只能在运行时确定。与接口赋值不同，赋值操作可以在编译时通过静态类型检查判断是否可行。而接口查询则允许在运行时判断一个接口的底层类型。在 Go 语言中，可以通过类型断言检查接口的具体类型，示例如下：

```
var filewriter Writer = ...
if filew, ok := filewriter.(*File); ok {
    // 只有当 filewriter 实际上是*File 类型时，才会执行这里的代码
    ...// 此处省去代码
}
```

上面的 if 语句用于判断 filewriter 接口是否包含*File 类型的对象。ok 是一个布尔值，用于表示类型断言是否成功。如果 filewriter 的实际类型是*File，则 ok 的值将为 true，否则为 false。

一个具体的示例如下：

```
slice := make([]int, 0)
slice = append(slice, 6, 7, 8)
var I interface{} = slice
if res, ok := I.([]int); ok {
    fmt.Println(res)  // 输出[6 7 8]
    fmt.Println(ok)   // 输出 true
}
```

在这段代码中，if 语句判断接口 I 所指向的对象是否是[]int 类型的。如果 I 确实包含[]int 类型的值，那么 ok 的值将为 true，并且 res 将是转换后的[]int 切片。

通过使用“接口类型.(type)”的形式，并结合 witch-case 语句，可以进一步判断接口的具体类型。示例如下：

```
func Len(array interface{}) int {
    var length int
    if array == nil {
        length = 0
    }
    switch array.(type) {
    case []int:
        length = len(array.([]int))
    case []string:
        length = len(array.([]string))
```

```
    case []float32:
        length = len(array.([]float32))
    default:
        length = 0
    }
    fmt.Println(length)
    return length
}
```

在这个示例中，switch 语句根据接口 array 的具体类型执行不同的分支。当 array 是[]int、[]string 或[]float32 类型时，分别计算并返回其长度；否则，返回默认值 0。这种方式可以更灵活地处理接口类型断言。

2.3.4　接口的组合

在 Go 语言中，不仅可以嵌套结构体，还可以通过嵌套接口来创建新的接口。一个接口可以包含一个或多个其他接口，相当于将内嵌接口的方法列举在外层接口中。如果某个类型实现了接口中的所有方法，则它也会自动实现该接口所嵌套的所有接口的方法，并允许调用这些内嵌接口的方法。

接口的组合非常简单——只需要在新的接口中直接写入其他接口的名称即可。此外，还可以在组合接口中添加自定义的方法。

接口组合的示例如下：

```
// 接口 1
type Interface1 interface {
    Write(p []byte) (n int, err error)
}

// 接口 2
type Interface2 interface {
    Close() error
}

// 接口组合
type InterfaceCombine interface {
    Interface1
    Interface2
}
```

在上面这个示例中，共定义了 3 个接口：Interface1、Interface2 和 InterfaceCombine。InterfaceCombine 中嵌入了 Interface1 和 Interface2，因此它同时拥有 Write()和 Close()方法。换句话说，任何实现了 InterfaceCombine 接口的类型，必须同时实现 Write()和 Close()方法，继

而拥有 Interface1 和 Interface2 接口的所有功能。

通过接口的嵌套，Go 语言提供了一种简洁的方式来扩展和组合接口，便于构建更加灵活和模块化代码结构。

2.3.5 接口的常见应用

接口的常见应用包括类型断言和实现多态功能等。

1. 类型断言

类型断言用于将接口变量还原为它的具体类型，或判断接口是否实现了某个特定的类型。结合 switch-case 语句，类型断言可以在多种类型之间进行判断和匹配，特别是在处理空接口时非常有用。

以下是一个示例，展示了如何使用类型断言进行类型判断：

```
package main

import "fmt"

func main() {
    var a interface{} = func(a int) string {
        return fmt.Sprintf("d:%d", a)
    }

    // 使用类型断言进行类型判断
    switch b := a.(type) {
    case nil:
        println("nil")
    case *int:
        println(*b)
    case func(int) string:
        println(b(66))  // 调用函数类型的变量
    case fmt.Stringer:
        fmt.Println(b)
    default:
        println("unknown")
    }
}
```

运行以上代码的结果如下：

```
d:66
```

在这段代码中，switch b := a.(type)语句用来判断接口 a 存储的实际类型，并根据不同的类型执行相应的逻辑。由于 a 存储的是一个函数类型，因此程序执行到了 case func(int) string，并输出了 d:66。

2. 实现多态功能

多态是接口的一个重要特性，Go 语言通过接口实现了多态功能。多态允许我们通过接口传递不同类型的对象，并根据对象的实际类型执行相应的方法。在 Go 语言中，将接口作为函数的参数可以非常容易地实现多态功能。

以下是一个多态功能的示例：

```
package main

import "fmt"

// Message 接口定义了一个发送通知的行为
type Message interface {
   sending()
}

// User 结构体
type User struct {
   name  string
   phone string
}

// User 结构体实现 Message 接口的 sending()方法
func (u *User) sending() {
   fmt.Printf("Sending user phone to %s<%s>\n", u.name, u.phone)
}

// admin 结构体
type admin struct {
   name  string
   phone string
}

// admin 结构体实现 Message 接口的 sending()方法
func (a *admin) sending() {
   fmt.Printf("Sending admin phone to %s<%s>\n", a.name, a.phone)
}

func main() {
   // 创建 User 对象并传递给 sendMessage()函数
```

```
    bill := User{"Barry", "barry@gmail.com"}
    sendMessage(&bill)

    // 创建 admin 对象并传递给 sendMessage()函数
    lisa := admin{"Jim", "jim@gmail.com"}
    sendMessage(&lisa)
}

// sendMessage()函数接收一个实现了 Message 接口的对象，并调用 sending()方法
func sendMessage(n Message) {
    n.sending()
}
```

运行以上代码的结果如下：

```
Sending user phone to Barry<barry@gmail.com>
Sending admin phone to Jim<jim@gmail.com>
```

在这段代码中，sendMessage()函数接收一个实现了 Message 接口的对象作为参数。无论是 User 还是 admin，只要它们实现了 Message 接口的 sending()方法，那么 sendMessage()函数就可以正确调用其具体的实现。在运行时，sending()方法会根据传入的对象类型执行相应的逻辑，展示了多态功能的特性。

2.4 进程、协程、Goroutine 及通道

Go 语言具有强大的并发编程能力，提供了原生的协程和轻量级的并发控制工具（如通道），使得处理并发任务变得更加简单和高效。为了深入理解 Go 语言的并发机制，首先需要了解以下几个关键概念：进程、协程、Goroutine、通道。

2.4.1 进程

进程是计算机中正在运行的程序实例。更具体地说，它是操作系统分配给用户或系统任务的基本单位，包括程序代码、其变量和其在内存中的状态。进程可以被看作程序运行的容器，它提供程序运行所需的所有资源，包括内存地址空间、使用的数据、正在执行的指令的状态，以及其他用于任务管理的信息。

每个进程至少包含一个线程（主线程），也可以包含多个线程。这些线程共享进程资源，并且可以并行执行。操作系统负责管理多个进程的运行，包括进程调度、资源分配和进程间通信。

进程具有以下关键特性：

- 独立性：每个进程在操作系统中均相对独立，有自己的地址空间，防止与其他进程混淆。
- 状态：进程可以处于不同的状态（如就绪、运行、等待、挂起或终止），这取决于它当前的活动和资源需求。
- 生命周期：从创建（或启动）开始，到执行完成并终止，进程具有完整的生命周期。
- 并发性：多个进程可以并发执行。操作系统通过时间分片（时间片轮转）或多核处理器的并行处理来管理多个进程的运行。

2.4.2　协程

1. 什么是协程

协程是一种比线程更轻量级的计算单元，允许在多个任务之间切换和共享计算资源。与线程不同，协程的调度是由程序或运行时系统主动控制的，而不是由操作系统的内核线程调度的。协程通常用于实现并发任务，不同于传统的线程或进程并行模型，协程通过协作的方式共享控制权，并在需要时手动让出控制权。

协程最显著的特点是可以在执行过程中暂停，然后在稍后的时刻恢复执行。这个功能使协程非常适用于 I/O 密集型和高并发场景，如网络请求、事件驱动编程等。

协程的特点如下：

- 轻量级：协程是由程序控制的，所需的系统资源非常少。与操作系统的线程相比，协程具有较小的栈内存，占用资源更少，能够同时创建数十万个甚至更多的协程。
- 非抢占式调度：与线程的抢占式调度不同，协程通过主动让出控制权实现任务切换。协程在执行时不会被操作系统中断，只有协程自己能决定何时暂停执行并切换到另一个协程上。
- 持久性：协程可以保存其执行的上下文（包括局部变量、程序计数器等），当它被重新激活时，可以从上次暂停的地方继续执行。不同于函数调用堆栈的“压栈-出栈”模式，协程的执行可以在任意位置暂停和恢复。
- 并发模型：协程可以用来实现并发任务。通过协程，程序可以在处理一个任务时在某个时间点暂停执行，切换到其他任务。当一个任务等待 I/O 操作时，协程可以切换到其他任务继续执行，不必等待 I/O 操作完成，更节省时间。

2. 协程的工作原理

协程的核心工作原理是控制转移，即协程在执行过程中可以主动将控制权让给调度器，从而让调度器可以切换其他协程执行。协程具有以下两个关键操作：

- 暂停（yield）：协程在某个时刻主动放弃执行，保存当前的执行状态，等待以后恢复。
- 恢复（resume）：协程被调度器重新激活，从之前暂停的地方继续执行。

协程的调度由用户代码或运行时系统负责管理，而不是依赖操作系统的线程管理机制。通过这种方式，协程切换开销极低，因为不涉及内核态切换，通常只需要保存寄存器、堆栈等的状态。

3. 协程的类型

协程的类型包括对称协程和非对称协程：

- 对称协程：在对称协程中，任何协程都可以在执行时将控制权交给其他协程。所有协程的调度都是平等的。
- 非对称协程：非对称协程采用类似于函数调用的模式，一个主协程调用其他子协程，子协程只能将控制权交给主协程，而不能直接交给其他协程。

2.4.3 Goroutine

Goroutine 是 Go 语言中特有的术语，它指的是由 Go 运行时管理的轻量级执行线程。Goroutine 用于并发任务，是 Go 语言实现并发和并行编程的核心。

> **提示** 与传统的由操作系统管理的线程相比，Goroutine 要轻量得多，创建和销毁的开销也更低。这使得 Go 程序可以同时启动数千个、数万个，甚至数百万个 Goroutine，而不会产生显著的性能损耗。

1. 启动一个 Goroutine

在 Go 语言中，每一个并发执行的任务均被称为 Goroutine。要创建一个 Goroutine，只需要在调用函数时加上 go 关键字即可，形式如下。其中，funcName()是一个函数或闭包。

```
go funcName()
```

在调用函数前加上 go 关键字，意味着该函数将在相同的地址空间中以独立的并发 Goroutine 的方式执行。示例如下：

```
package main

import "fmt"

func funcName() {
    fmt.Println("Hi Goroutine")
}

func main() {
    go funcName()       // 启动一个 Goroutine
    fmt.Println("main function")
}
```

在以上示例中，go funcName()启动了一个 Goroutine，funcName()函数在一个独立的 Goroutine 中执行，而 main()函数继续执行。

2. 启动多个 Goroutine

Go 语言允许同时启动多个 Goroutine，以实现多个任务并发执行。以下是启动多个 Goroutine 的示例：

```
package main

import (
    "fmt"
    "time"
)

func printNumbers() {
    for i := 6; i <= 8; i++ {
        time.Sleep(200 * time.Millisecond)  // 模拟工作耗时
        fmt.Printf("%d ", i)
    }
}

func printChars() {
    for i := 'x'; i <= 'z'; i++ {
        time.Sleep(300 * time.Millisecond)  // 模拟工作耗时
        fmt.Printf("%c ", i)
    }
}

func main() {
    go printNumbers()   // 启动第 1 个 Goroutine
    go printChars()     // 启动第 2 个 Goroutine

    time.Sleep(2 * time.Second)  // 主 Goroutine 等待所有 Goroutine 完成
    fmt.Println("main 结束~")
}
```

运行以上代码的结果如下：

```
6 x 7 y 8 z main 结束~
```

在以上示例中，go printNumbers()和 go printChars()启动了两个 Goroutine，它们分别执行 printNumbers()和 printChars()函数。由于 Goroutine 是并发执行的，因此 printNumbers()和 printChars()函数的输出是交错的。主程序使用 time.Sleep(2 * time.Second)确保主 Goroutine 等待足够的时间让子 Goroutine 执行完毕。

2.4.4 通道

在 Go 语言中，通道是一种强大的并发编程工具，用于在不同的 Goroutine 之间传递数据。通过通道，开发者可以轻松地实现 Goroutine 之间的通信和同步，避免手动加锁的复杂性。

1. 声明通道

通道使用 chan 关键字和数据类型来声明，通道的类型定义了它可以传递的数据类型。示例如下：

```
var ch chan int
```

在上面的代码中，ch 是一个通道变量，类型为 int，表示它是一个可以发送和接收 int 类型数据的通道。通道的默认值是 nil，在使用前需要通过 make()函数对其进行初始化：

```
ch := make(chan int)
```

上述代码使用 make()函数创建并初始化了一个 int 类型的通道 ch。

2. 发送和接收数据

通道允许在 Goroutine 之间传递数据。以下示例展示了如何使用通道发送和接收数据：

```
package main

import (
    "fmt"
)

func main() {
    n := 6

    // 声明通道
    out := make(chan int)

    // 启动一个 Goroutine
    go multiplyByTwo(n, out)

    // 从通道中接收数据并打印
    fmt.Println(<-out)
}

// 函数接收一个通道作为第 2 个参数
func multiplyByTwo(num int, out chan<- int) {
    result := num * 2
    // 将结果发送到通道
```

```
    out <- result
}
```

运行以上代码的结果如下：

```
12
```

在以上示例中，main()函数创建了一个通道 out，并通过 go 启动了一个 Goroutine 来执行 multiplyByTwo()函数。multiplyByTwo()函数通过通道将计算结果传递给主 Goroutine，主 Goroutine 接收到结果并输出至控制台。通道在此处提供了一种连接 Goroutine 的方法，使得数据流动更加自然和安全。

3. 定向通道

在 Go 语言中，通道可以被限定为只发送或只接收数据，这由通道声明中的方向符号“<-”来指定。定向通道包括只发送通道、只接收通道、双向通道这 3 种。

（1）只发送通道。

只发送通道的示例如下：

```
out chan<- int
```

声明 chan<-表示该通道仅用于发送数据，不能接收数据。上述代码表示，out 是一个只能用于发送 int 类型数据的通道。

（2）只接收通道。

只接收通道的示例如下：

```
in <-chan int
```

类似地，<-chan 表示该通道仅用于接收数据，不能发送数据。上述代码表示，in 是一个只能接收 int 类型数据的通道。

（3）双向通道。

如果不指定通道方向，则通道既可以发送数据，也可以接收数据，示例如下：

```
out chan int
```

这种通道可以在不同场景下转换为定向通道，具体取决于函数的需求。例如：

```
out := make(chan int)
```

上述代码创建了一个可以发送和接收 int 类型数据的通道。根据需要，开发者可以在不同函数中将双向通道转换为只发送或只接收数据的通道：

```
func sendOnly(out chan<- int) {
    out <- 10
```

```
}

func receiveOnly(in <-chan int) {
    fmt.Println(<-in)
}
```

在以上示例中，sendOnly()函数接收一个只发送通道，而 receiveOnly()函数接收一个只接收通道。通过这种方式，开发者可以在代码中明确限制通道的作用方向，避免潜在的误用。

4. 阻塞条件

发送或接收数据的语句在它们自己的 Goroutine 中阻塞，具体如下：

- 从通道接收数据的语句将阻塞，直到接收到数据。
- 向通道发送数据的语句将等待发送的数据被接收。

例如，在尝试通过以下代码打印接收到的数据（在 main()函数中）时：

```
fmt.Println(<-out)
```

<-out 语句将阻塞代码，直到 out 在通道上接收到一些数据。为了帮助大家理解，我们可以将代码执行的过程分为两个阶段：阻塞阶段，程序会在<-out 语句处暂停，直到从 out 通道接收到数据；继续执行阶段，一旦接收到数据，代码便会继续执行，打印接收到的内容。

> 提示　从 nil 通道发送或接收数据也将永远阻塞。

5. select 语句

select 语句有多个通道等待接收数据，并希望在其中任何一个通道先完成一个动作时，可以执行该语句。示例如下：

```
select {
case <-channel1:
    // ...
    case <-channel2:
    // ...
    case <-channel3:
    // ...
}
```

在以上代码中，执行操作取决于先完成哪个动作，其他动作将被忽略。

假设有两个不同的休眠函数可以实现乘法操作，代码如下：

```
package main

import (
```

```
    "fmt"
    "time"
)

func FuncOne(num int, out chan<- int) {
    result := num * 3
    time.Sleep(5 * time.Millisecond)
    out <- result

}

func FuncTwo(num int, out chan<- int) {
    result := num * 3
    time.Sleep(15 * time.Millisecond)
    out <- result
}

func main() {
    out1 := make(chan int)
    out2 := make(chan int)

    go FuncOne(6, out1)
    go FuncTwo(8, out2)

    select {
    case res := <-out1:
        fmt.Println("result1:", res)
    case res := <-out2:
        fmt.Println("result2:", res)
    }
}

//$ go run channel3.go
//result1: 18
```

运行以上代码的结果如下：

```
result1: 18
```

6. 缓冲通道

在前面的几个示例中，均存在通道语句阻塞。发生这种情况是因为通道中没有任何地方可以“存储”进入它的数据，因此需要等待一条语句来接收数据。缓冲通道是一种内部具有存储容量的通道。要创建缓冲通道，需要向 make()语句中添加第 2 个参数以指定容量：

```
out := make(chan int, 2)
```

out 是一个容量为两个整数变量的缓冲通道。这意味着它在阻塞之前最多可以接收两个值。可以将缓冲通道视为普通通道加上存储区（或缓冲区）：如果没有可用的接收器，又不希望通道语句阻塞，则可以使用缓冲通道。

2.5 泛型

泛型（Generics）是一种编写代码的方式，它独立于所使用的特定类型。泛型是在 Go 1.18 版本中增加的新类型。为了能够正确使用泛型，需要了解什么是泛型，以及为什么需要泛型。泛型允许开发者在编写代码时不明确提供代码获取或返回的特定数据类型——即在编写某些代码或数据结构时，无须提供值的类型。

1. 泛型语法

Go 语言引入了一种新语法，用于提供有关类型的额外元数据，同时定义对这些类型的约束。示例如下：

```
package main

import "fmt"

func main() {
    fmt.Println(GenericsFunc([]int{99, 98, 97, 96, 95}))
}

// T 是一个类型参数，在函数内部像普通类型一样使用
// any 是对类型的约束，即 T 必须实现“any”接口
func GenericsFunc[T any](s []T) []T {
    l := len(s)
    r := make([]T, l)

    for i, ele := range s {
        r[l-i-1] = ele
    }
    return r
}

//$ go run generics1.go
//[95 96 97 98 99]
```

如图 2-3 所示，在 GenericsFunc[T any]中，方括号（[]）用于指定类型参数。T 是一个类型参数，用于定义参数并返回函数类型。any 是一个接口；T 必须实现这个接口，参数 T 也可以在函

数内部被访问。

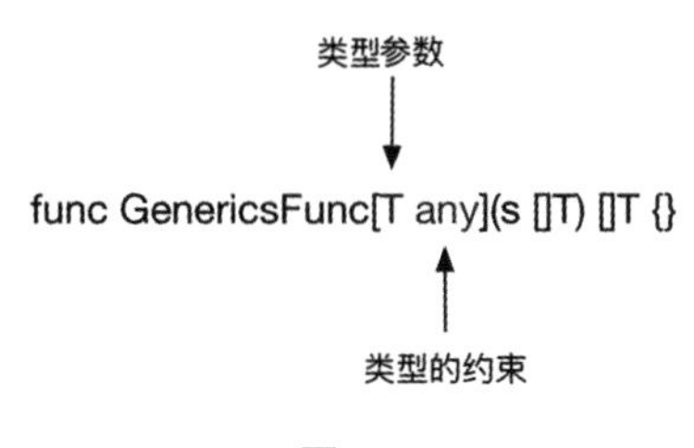

图 2-3

Go 1.18 版本引入了 any 并将其作为 interface{}的别名。类型参数就像一个类型变量——普通类型支持的所有操作都由类型变量（例如 make()函数）支持。使用这些类型参数初始化的变量将支持约束的操作。在上面的示例中，约束是 any：

```
type any = interface{}
```

GenericsFunc()函数的返回类型为[]T，输入类型为[]T。其中，类型参数 T 用于定义函数内部使用的更多类型。这些泛型函数通过将类型值传递给类型参数来完成实例化。示例如下：

```
res:= GenericsFunc[int]
```

Go 语言的编译器通过检查传递给函数的参数来推断类型参数。

2. 类型参数

泛型通过提供一种用实际类型表示代码的解决方案来减少程序代码。可以将任意数量的类型参数传递给函数或结构体。

（1）函数中的类型参数。

在函数中使用类型参数允许开发者在类型上编写代码泛型。编译器将为在实例化时传递的每个类型组合创建一个单独的定义，或者创建一个基于接口的定义，该定义派生自使用模式或其他条件。示例如下：

```
// T 是类型参数，它的作用类似于类型
func print[T any](v T) {
    fmt.Println(v)
}
```

（2）特殊类型中的类型参数。

①切片类型参数。创建切片只需要一个类型，所以只需要一个类型参数。下面的示例演示了带有切片的类型参数的用法：

```
// 对切片上的每个元素执行一个函数
func ForFunc[T any](s []T, f func(ele T, i int, s []T)) {
```

```
    for k, v := range s {
        f(v, k, s)
    }
}
```

②map 类型参数。map 类型参数支持两种类型，一种 Key 类型和一种 Value 类型。Value 类型没有任何约束，但 Key 类型应始终满足 comparable 约束。示例如下：

```
func MapKeys[K comparable, V any](m map[K]V) []K {
    // 创建具有map长度的Key类型参数
    key := make([]K, len(m))
    i := 0
    for k, _ := range m {
        key[i] = k
        i++
    }
    return key
}
```

（3）结构体中的类型参数。

Go 语言允许将类型参数用于结构体的定义。其语法类似于泛型函数。示例如下：

```
package main

type TypeStruct[T any] struct {
    innerType T
}

func (m *TypeStruct[T]) Get() T {
    return m.innerType
}
func (m *TypeStruct[T]) Set(v T) {
    m.innerType = v
}
```

结构体方法中不允许定义新的类型参数，但结构体中定义的类型参数可以在方法中使用。

（4）泛型类型中的类型参数。

泛型可以嵌套在其他类型中。函数或结构体中定义的类型参数可以传递给具有类型参数的任何其他类型。示例如下：

```
package main

import "fmt"
```

```
// 具有两个泛型类型的泛型结构
type GMap[K, V any] struct {
    Key K
    Value V
}

func GeneFunc[K comparable, V any](m map[K]V) []*GMap[K, V] {
    // 定义一个 GMap 类型的切片，传递 K、V 类型参数
    g := make([]*GMap[K, V], len(m))
    i := 0
    for k, v := range m {
        // 使用 new 关键字创建键值
        newGMap := new(GMap[K, V])
        newGMap.Key = k
        newGMap.Value = v
        g[i] = newGMap
        i++
    }
    return g
}

func main() {
    type K string
    type V any
    m := map[K]V{"a": "b"}
    res := GeneFunc(m)
    fmt.Println(res[0])
}

//$ go run generics4.go
//&{a b}
```

3. 类型约束

与 C++中的泛型不同，Go 语言中的泛型只允许执行接口中列出的特定操作，该接口称为约束。编译器使用约束来确保为函数提供的类型支持使用类型参数实例化的值所执行的所有操作。

例如，在下面的代码片段中，类型参数 T 的任何值均支持 String()方法——可以使用 len()函数或任何其他操作对其进行操作。示例如下：

```
package main

// StringConstraint 是一个约束
type StringConstraint interface {
    String() string
```

```
}

// T 必须实现 StringConstraint，T 只能执行由 StringConstraint 定义的操作
func getString[T StringConstraint](s T) string {
    return s.String()
}
```

（1）约束中的预定义类型。

“|”运算符允许类型联合，通过多个具体类型可以实现单个接口，并且生成的接口可以在所有联合类型中执行通用操作。示例如下：

```
type Number interface {
    int | int8 | int16 | int32 | int64 | float32 | float64
}
```

在上面的示例中，Number 接口支持所提供类型中所有常见的操作，如<、>、+-等。示例如下：

```
// T 作为类型参数支持所有 int、float 类型中的常见操作
func Max[T Number](a, b T) T {
    if a > b {
        return a
    }
    return b
}
```

4. 类型近似运算符

Go 语言允许从 int、string 等预定义类型中创建用户定义的类型。类型近似运算符（~）允许指定接口，也支持具有相同底层类型的类型。例如，如果开发者想在 Max()函数中添加对 Point 类型（其底层类型是带有下画线的 int 类型）的支持，则可以使用类型近似运算符（~）。示例如下：

```
package main

import "fmt"

// 此接口将支持具有给定基础类型的任何类型
type TypeNumber interface {
    ~int | ~int8 | ~int16 | ~int32 | ~int64 | ~float32 | ~float64
}

// 具有底层类型 int
type Point int

func Max[T TypeNumber](a, b T) T {
    if a > b {
```

```
        return a
    }
    return b
}

func main() {
    // 创建 Point 类型
    a, b := Point(6), Point(8)

    fmt.Println(Max(a, b))
}

//$ go run generics6.go
//8
```

所有预定义类型都支持这种近似类型，类型近似运算符仅适用于约束。示例如下：

```
// 联合运算符和近似类型一起使用，没有接口
func Max[T ~int | ~float32 | ~float64](a, b T) T {
    if a > b {
        return a
    }
    return b
}
```

约束也支持嵌套，在以下代码中，TypeNumber 由 TypeInteger 和 TypeFloat 类型组成：

```
// TypeInteger 由所有 int 类型组成
type TypeInteger interface {
    ~int | ~int8 | ~int16 | ~int32 | ~int64
}

// TypeFloat 由所有 float 类型组成
type TypeFloat interface {
    ~float32 | ~float64
}

// TypeNumber 由 TypeInteger 和 TypeFloat 类型组成
type TypeNumber interface {
    TypeInteger | TypeFloat
}

func Min[T TypeNumber](a, b T) T {
    if a < b {
        return a
    }
```

```
    return b
}

type Num int

func main() {
    // 创建Num类型
    a, b := Num(6), Num(8)

    fmt.Println(Min(a, b))
}

//$ go run generics7.go
//6
```

2.6 反射

2.6.1 反射的定义

反射是指计算机程序在运行时，可以访问、检测和修改它本身的状态或行为的能力。打个比方，具有反射能力即表示程序在运行时能够“观察”并且修改自己的行为。

Go 语言提供了一种机制，在运行时更新变量并检查它们的值、调用它们的方法，但是在编译时并不知道这些变量的具体类型，这种机制称为“反射机制”。

reflect 包里定义了一个接口和一个结构体，即 reflect.Type 和 reflect.Value，它们提供了很多函数，可以获取存储在接口里的类型信息。reflect.Type 主要提供关于类型的信息，所以它和_type 关联比较紧密；reflect.Value 则结合_type 和 data，可以帮助开发者获取甚至改变类型的值。

reflect 包中提供了两个基础的关于反射的函数，用于获取上述接口和结构体：

- reflect.TypeOf()。
- reflect.ValueOf()。

reflect.TypeOf()函数用来提取一个接口中值的类型信息。由于它的输入参数是一个空的接口，因此在调用此函数时，实参会先被转化为 interface{}类型。这样一来，实参的类型信息、方法集、值信息就都被存储到 interface{}变量中了。reflect.ValueOf()函数返回一个结构体变量，包含类型信息及实际值。

Go 语言中反射机制的原理如图 2-4 所示。

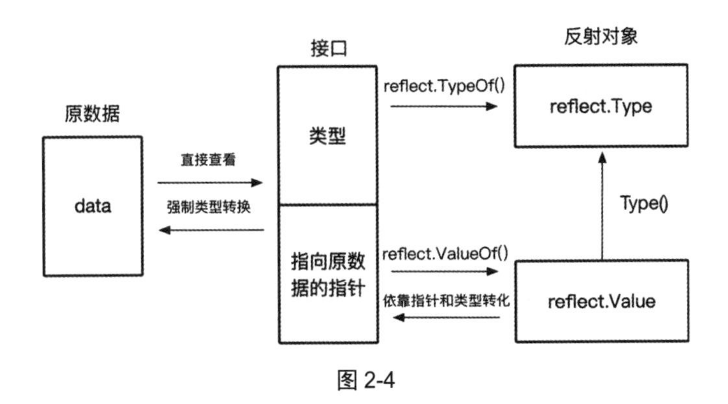

图 2-4

2.6.2 反射的“三大定律”

在 Go 语言中，关于反射有“三大定律”，具体如下。

1. 反射可以将“接口变量”转换为“反射对象”

反射是一种检查存储在接口变量中的“类型-值”元素对的机制。reflect 包中的两种类型 Type 和 Value 提供了访问一个接口变量中的内容的途径。

另外，函数 reflect.TypeOf()和 reflect.ValueOf()可以检索一个接口值的 reflect.Type 和 reflect.Value 部分。reflect.TypeOf()的使用示例如下：

```
package main

import (
    "fmt"
    "reflect"
)

func main() {
    var x float64 = 3.4
    fmt.Println("type:", reflect.TypeOf(x))
}
```

运行以上代码的结果如下：

```
type: float64
```

在以上程序中，先声明 float64 类型的变量 x，然后将其传递给 reflect.TypeOf()函数。当调用 reflect.TypeOf(x)时，x 将首先被保存到一个空接口中，然后，这个空接口将作为参数被传递。reflect.TypeOf()函数会把这个空接口拆包（unpack），恢复出类型信息。

当然，reflect.ValueOf()函数也可以把值恢复出来，示例如下：

```
var x float64 = 6.8
fmt.Println("value:", reflect.ValueOf(x))
// reflect.ValueOf()函数会返回一个 Value 类型的对象
```

运行以上代码的结果如下：

```
value: 6.8
```

Value 类型提供了 Int()、Float()等方法，可以获取相应类型的值（比如 int64 和 float64）：

```
var x float64 = 6.8
v := reflect.ValueOf(x)
fmt.Println("type:", v.Type())
fmt.Println("kind is float64:", v.Kind() == reflect.Float64)
fmt.Println("value:", v.Float())
```

运行以上代码的结果如下：

```
type: float64
kind is float64: true
value: 6.8
```

2. 反射可以将“反射对象”转换为“接口变量”

根据一个 reflect.Value 类型的反射对象，可以使用 Interface()方法恢复其接口变量的值。事实上，该方法会把类型和值信息打包并填充到一个接口变量中，然后返回。其方法声明如下：

```
func (v Value) Interface() interface{}
```

然后可以通过断言恢复底层类型的具体值：

```
y := v.Interface().(float64) // y 的类型为 float64
fmt.Println(y)
```

Interface()方法就是用来实现将反射对象转换成接口变量的一个桥梁，示例如下：

```
package main

import (
    "fmt"
    "reflect"
)

func main() {
    var name interface{} = "shirdon"

    fmt.Printf("原始接口变量的类型为%T，值为%v \n", name, name)

    t := reflect.TypeOf(name)
```

```
    v := reflect.ValueOf(name)

    // 从接口变量到反射对象
    fmt.Printf("从接口变量到反射对象: Type 对象的类型为%T \n", t)
    fmt.Printf("从接口变量到反射对象: Value 对象的类型为%T \n", v)

    // 从反射对象到接口变量
    i := v.Interface()
    fmt.Printf("从反射对象到接口变量: 新对象的类型为%T 值为%v \n", i, i)
}
```

运行以上代码的结果如下:

```
原始接口变量的类型为 string，值为 shirdon
从接口变量到反射对象: Type 对象的类型为*reflect.rtype
从接口变量到反射对象: Value 对象的类型为 reflect.Value
从反射对象到接口变量: 新对象的类型为 string 值为 shirdon
```

3. 如果要修改"反射对象"，则其值必须是"可写的"（settable）

在使用 reflect.TypeOf()和 reflect.ValueOf()时，如果传递的不是接口变量的指针，则反射世界里的变量值将始终是对真实世界中值的复制：对该反射对象进行修改，并不能同步到真实世界中。

对于反射的规则，需要注意以下几点：

- 不是通过接收变量指针来创建的反射对象，是不具备可写性的。
- 是否具备可写性可使用 CanSet()方法来验证。
- 对不具备可写性的对象进行修改是没有意义的，也会被认为是不合法的，运行会报错。

要让反射对象具备可写性，需要注意两点：

- 创建反射对象时要传入变量的指针。
- 使用 Elem()方法返回指针指向的数据。

判断可写性的示例如下：

```
package main

import (
    "fmt"
    "reflect"
)

func main() {
    var name string = "Go Web Program"
```

```
    v := reflect.ValueOf(name)
    fmt.Println("可写性为:", v.CanSet())
}
```

运行以上代码的结果如下：

```
v1 可写性为: false
v2 可写性为: true
```

知道了如何使反射世界里的对象具有可写性后，接下来需要了解如何修改对象的值。在反射 Value 对象中，有多个以“Set”开头的方法用于重新设置对应类型的值。下面罗列了一些常用方法：

- func (v Value) SetBool(x bool)。
- func (v Value) SetBytes(x []byte)。
- func (v Value) SetFloat(x float64) 。
- func (v Value) SetInt(x int64)。
- func (v Value) SetString(x string)。

以上这些方法就是修改值的入口。通过反射对象 SetString()方法修改值的示例如下：

```
package main

import (
    "fmt"
    "reflect"
)

func main() {
    var name string = "Go Web Program"
    fmt.Println("真实 name 的原始值为: ", name)

    v1 := reflect.ValueOf(&name)
    v2 := v1.Elem()

    v2.SetString("Go Web Program2")
    fmt.Println("通过反射对象进行修改后，真实 name 变为: ", name)
}
```

运行以上代码的结果如下：

```
真实 name 的原始值为:  Go Web Program
通过反射对象进行修改后，真实 name 变为:  Go Web Program2
```

2.7　单元测试

Go 语言在设计之初就考虑到了代码的可测试性。Go 语言提供了 testing 库用于单元测试，go test 是 Go 语言的程序测试工具。在目录下，它以*_test.go 文件的形式存在，且执行 go build 命令不会将其编译成构建的一部分。

2.7.1　编写主程序

编写主程序，文件名为 2.7-sum.go，代码如下：

```
package testexample

func Min(arr []int) (min int) { // 获取整型数组中的最小值
    min = arr[0]
    for _, v := range arr {
        if v < min {
            min = v
        }
    }
    return
}
```

创建名为 2.7-sum_test.go 的测试文件，代码如下：

```
package testexample

import (
    "fmt"
    "testing"
)

func TestMin(t *testing.T) {
    array := []int{6, 8, 10}
    ret := Min(array)
    fmt.Println(ret)
}
```

注意，文件名必须是 name_test.go 格式的，测试函数的名称必须以“Test”开头，传入的参数必须是*testing.T。格式如下：

```
func TestName(t *testing.T) {
    // ...
}
```

2.7.2 运行测试程序

在创建完项目文件和测试文件后，直接在文件所在目录下运行如下命令：

```
$ go test
```

返回结果如下：

```
6
PASS
ok      gitee.com/shirdonl/goGinVue/chapter2/testexample  0.011s
```

运行以上命令，Go 程序默认执行整个项目测试文件。同样地，在测试命令中加上“-v”可以得到详细的返回结果：

```
$ go test -v
```

返回结果如下：

```
=== RUN   TestMin
6
--- PASS: TestMin (0.00s)
PASS
ok      gitee.com/shirdonl/goGinVue/chapter2/testexample  0.012s
```

2.7.3 go test 命令参数

go test 命令可以带参数，例如参数“-run”对应一个正则表达式，只有函数名被它正确匹配的测试函数才会被运行：

```
$ go test -v -run="Test"
```

返回结果如下：

```
=== RUN   TestMin
6
--- PASS: TestMin (0.00s)
PASS
ok      gitee.com/shirdonl/goGinVue/chapter2/testexample  0.011s
```

go test 命令还可以用于生成独立的测试二进制文件，因为 go test 命令中包含了编译动作，所以它可以接收 go build 命令的所有参数。go test 命令的常见参数及其作用如表 2-1 所示。

表 2-1

参　数	作　用
-v	打印每个测试函数的名称和运行时间
-c	生成用于测试的可执行文件，但不执行。这个可执行文件会被命名为“pkg.test”，其中的“pkg”为被测试代码包的导入路径中的最后一个元素的名称

续表

参　数	作　用
-i	安装/重新安装运行测试所需的依赖包，但不编译和运行测试代码
-o	指定用于运行测试的可执行文件的名称。追加该参数不会影响测试代码的运行，除非同时追加了参数-c 或-i

例如，生成可执行文件的代码如下：

```
$ go test -c
```

运行 test 命令，生成指定名称的二进制文件，示例如下：

```
$ go test -v -o testexample.test
```

运行命令后，会在项目所在目录下生成一个名为 testexample.test 的文件。

2.8　模块管理

Go 1.11 版本开始对模块进行支持，主要目的就是使用模块来管理依赖。本节介绍模块的一些基本操作。

提示　在 Go 1.16 及以上版本中，GO111MODULE 默认是开启状态。在 Go 1.16 以下的版本中，请确保已经设置了 GO111MODULE=on，即开启状态。

一个模块就是一组包的集合，即 go.mod 文件所在目录下定义的所有包都属于这个模块。go.mod 文件定义了模块的路径 path，该路径是 import 命令导入包的路径。该模块依赖的模块通过“模块路径 + 语义化的版本号”被添加到 go.mod 文件中。常用包管理命令及其说明如表 2-2 所示。

表 2-2

命　令	说　明
go mod download	下载依赖的模块到本地缓存中
go mod edit	编辑 go.mod 文件
go mod graph	打印模块依赖图
go mod init	在当前文件夹下初始化一个新的模块，创建 go.mod 文件
go mod tidy	增加丢失的模块，去掉未用的模块
go mod vendor	将依赖复制到 vendor 下
go mod verify	校验依赖
go mod why	解释为什么需要依赖

2.8.1 创建模块

可以在$GOPATH/src 之外创建新的项目，通过 go mod init modulename 命令可以创建一个空的 go.mod 文件。示例如下：

```
module shirdon.com/demo
```

在项目根目录下创建一次 go.mod 文件即可，如果该根目录下还有子目录，则无须在子目录下重复创建 go.mod 文件，因为所有子目录下的包都同属于该模块。该模块中的包在被导入时，import 的路径使用 module + / + package 格式即可。

2.8.2 添加依赖

在程序文件中导入对应的包后，在 Go 1.16 之前的版本中，运行 go 命令（如 go run、go build、go test）时，Go 语言会通过以下规则自动解析并下载包。

（1）添加特定版本的包：需要通过 import 命令导入的包必须在 go.mod 文件中有对应的 require 描述，这样才能按对应的描述下载特定版本的包。

（2）添加最新版本的包：如果要导入的包在 go.mod 文件中没有 require 描述，则按最新版本下载包，同时将该包加入 go.mod 文件。

在 Go 1.16 及以上版本中，运行 go 命令（如 go run、go build、go test）时，如果 import 的依赖在 go.mod 文件中不存在，则不会自动下载并修改 go.mod 和 go.sum 文件，而是会提示错误，并需要手动执行 go get 命令下载对应的包。原因是自动修复的方式不是在任何场景下都适用的：如果导入的包在没有提供任何依赖的情况下自动添加新的依赖，则可能会引起公共依赖包的升级。

通过运行“go get ./ ...”命令可以自动查找并下载所有包。添加完包后，可以通过“go list -m all”查看当前模块所依赖的包列表。

在 go.mod 文件所在的根目录下，还一个 go.sum 文件。go.sum 文件中的内容是对导入的依赖包的版本校验，作用就是确保将来下载的依赖包的版本和第一次下载的依赖包的版本相同，以防止将来版本升级后出现程序不兼容的问题。所以，go.mod 和 go.sum 文件都需要被加入版本管理中。

go command 命令下载依赖包的来源有两个：代理网站和版本控制仓库（例如 GitHub 等源码仓库管理站）。尤其是当依赖包是私有包且未上传至代理网站时，从版本控制仓库下载源码尤为重要。但这也涉及一个安全问题：恶意服务器可能会利用版本控制工具中的 BUG 来运行错误代码。因此，Go 语言通过配置 GOVCS 环境变量来确保安全。

GOVCS 环境变量的格式如下：

```
GOVCS=<module prefix>:<tool name>,[<module prefix>:<tool name>,...]
```

例如，对于 GOVCS=g**ee.com:git,e**l.com:off,*:git|hg，表示可以使用 git 命令下载路径为 http://g**ee.com 的依赖包。注意：任何版本控制命令都不可以下载 http://e**l.com 路径下的包。

2.8.3　升级依赖

在 Go 语言中，使用语义化的版本号来标记模块所依赖的包的版本。一个语义化的版本号由 3 部分组成：主版本号、次版本号和补丁版本号。例如 v1.1.2,代表主版本号是 1，次版本号是 1，补丁版本号是 2。另外，以下版本号格式也是合法的：

```
github.com/garyburd/redigo v1.6.2
h1:yE/pwKCrbLpLpQICzYTeZ7JsTA/C53wFTJHaEtRqniM=
github.com/garyburd/redigo v1.6.2/go.mod
h1:NR3MbYisc3/PwhQ00EMzDiPmrwpPxAn5GI05/YaO1SY=
```

（1）主版本升级。

Go 语言规定，包的主版本升级时，主版本号的路径应不同。例如，假设一个包的路径是 http://g**hub.com/demo，则后续主版本升级，应使用路径 http://g**hub.com/demo/vX，即 v2 版本的路径是 http://g**hub.com/demo/v2，v3、v4 版本的以此类推。

（2）次版本升级。

运行 go get -u 命令将会对次版本进行升级。

2.8.4　移除依赖

如果不再使用一个依赖包，则需要从代码文件中将其移除，使用 go get tidy 命令。

因为 go.mod 的作用是在构建包的时候告诉编译器需要哪些包、哪些包是缺失的，而不是告诉编译器什么时候该移除包。所以，想要安全地移除包需要使用 go mod tidy 命令。

第 2 篇

Gin 基础

第 3 章 Web 与 Gin 基础

3.1 什么是 Web

Web 是基于互联网的信息系统，允许用户通过浏览器访问、浏览和分享内容。Web 是互联网的一部分，它为用户提供了访问各类网站和网页的方式，通常通过超文本传输协议（HTTP）或安全的超文本传输协议（HTTPS）来实现。

3.1.1 Web 原理简介

1. 工作原理

用户打开浏览器，输入网址（URL）后按 Enter 键，浏览器中就会显示用户想获取的内容。在这个看似简单的用户行为背后，实则隐藏了一些复杂的流程。

用户浏览网页的原理如图 3-1 所示（以 HTTP 为例）。

（1）用户打开客户端浏览器，在其中输入 URL。

（2）客户端浏览器通过 HTTP 向服务器端发送浏览请求。

（3）服务器端接收请求，运行 CGI 程序，生成 HTML 文档。

- 如果在客户端浏览器请求的资源包中不含有动态语言内容，则服务器端 CGI 程序将直接通过 HTTP 向客户端浏览器返回 HTML 文档。
- 如果在客户端浏览器请求的资源包中含有动态语言内容，则服务器端会用动态语言的解释引擎处理“动态内容”，用 CGI 程序访问数据库并处理数据，之后将处理得到的数据返回客户端。

（4）客户端浏览器解释并显示 HTML 页面。

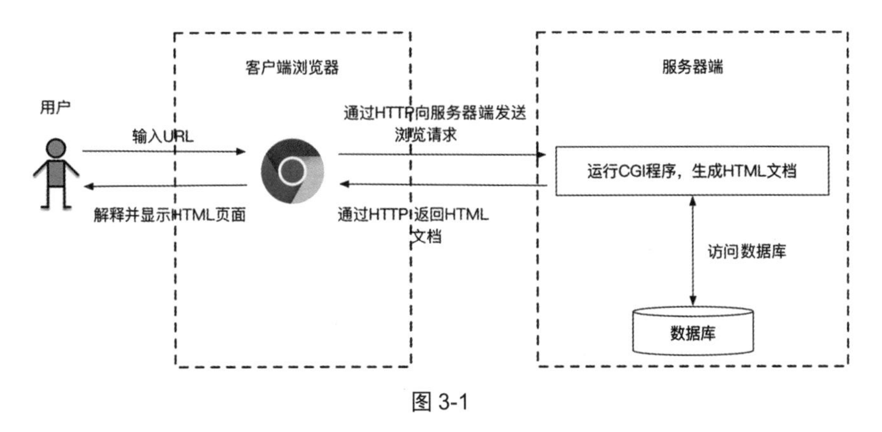

图 3-1

2. DNS 的概念

DNS（Domain Name System，域名系统）提供的服务是，将主机名和域名转换为 IP 地址，这个过程被称为“DNS 解析”。其工作原理如图 3-2 所示。

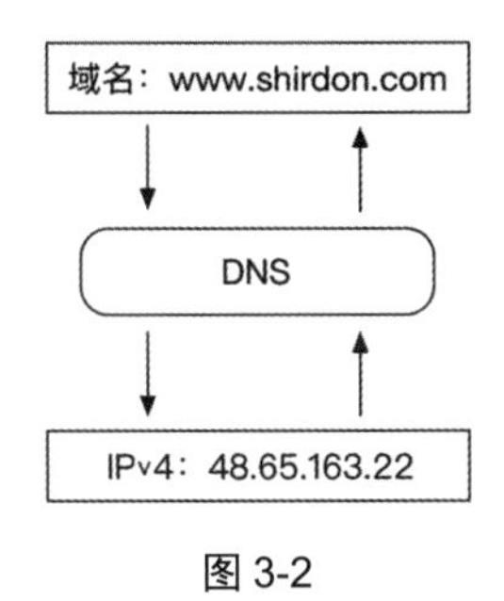

图 3-2

DNS 解析的简要过程如下：

（1）用户打开浏览器，输入一个网址。浏览器从中提取出域名（即要访问的网站名称），并将该域名发送给 DNS 客户端程序。

（2）DNS 客户端向 DNS 服务器端发送查询请求，询问该域名对应的 IP 地址。

（3）DNS 服务器端接收到查询请求后，返回包含该域名对应 IP 地址的响应信息给 DNS 客户端。

（4）浏览器获取到 DNS 返回的 IP 地址后，向该 IP 地址对应的具体服务器发起 TCP 连接，进行进一步的通信（如加载网页）。

提示　需要注意的是，客户端与服务器端之间的通信是非持久连接的，即服务器端在发送了应答后就与客户端断开连接，等待下一次请求。

3.1.2 HTTP 简介

HTTP（Hyper Text Transfer Protocol，超文本传输协议），是一个简单的请求-响应协议，通常运行在 TCP 之上。它指定了客户端可能发送给服务器端的消息，以及得到的响应。请求和响应的消息头是以 ASCII 码形式给出的，而消息内容则是以一个类似于 MIME 的格式给出的。

HTTP 使用客户端-服务器端架构（Client-Server Architecture）。浏览器充当 HTTP 的客户端，该客户端主要与托管网站的网络服务器进行通信。

在 HTTP 传输过程中，客户端总是通过“建立一个连接”与“发送一个 HTTP 请求”来发起一个事务的。服务器端不能主动与客户端联系，也不能给客户端发出一个回调连接。客户端与服务器端都可以提前中断一个连接，如图 3-3 所示。

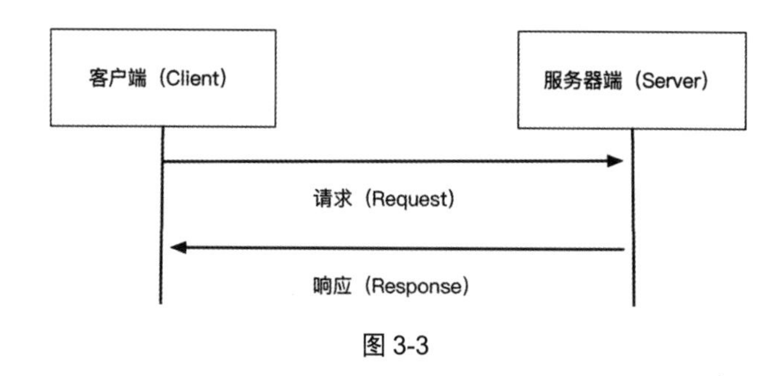

图 3-3

> **提示** HTTP 是无状态的：同一个客户端的某次请求和上次请求是没有对应关系的，HTTP 服务器端并不知道这两次请求是否来自同一个客户端。为了解决这个问题，Web 程序引入了 Cookie 来维护连接的可持续状态。

3.1.3 HTTP 请求

客户端发送到服务器端的请求消息由请求行（Request Line）、请求头（Request Header）、请求体（Request Body）组成。

1. 请求行

请求行包含请求方法、URI、HTTP 版本这 3 部分。例如在访问百度首页时，通过 F12 键查看请求行，可以看到请求采用的协议是 HTTP 1.1。

在日常的网络访问中，最常用的请求方法有两种：GET 和 POST。

在浏览器中直接输入 URL 并按 Enter 键，便会发起一个 GET 请求，请求的参数会直接包含在 URL 中。例如，在百度中搜索关键词“golang”，单击“搜索”按钮，会发送一个 https://www.b***u.com/s?wd=golang 的 GET 请求，其中包含了请求的参数信息。

提示 POST 请求大都在提交表单时发送。比如，对于一个登录表单，在输入用户名和密码后单击“登录”按钮，便会发起一个 POST 请求。其数据通常以表单的形式传输，而不会出现在 URL 中。

GET 和 POST 请求的主要区别如下：

- GET 请求中的参数包含在 URL 中，即 URL 中包含数据；而 POST 请求在 URL 中不会包含数据，数据是通过表单形式被传输的（包含在请求体中）。
- GET 请求提交的数据最多只有 1024 字节，而 POST 请求没有这方面的限制。

一般来说，登录时需要提交用户名和密码，其中包含敏感信息。如果使用 GET 方式发送请求，则密码会暴露在 URL 中，容易造成密码泄露。

提示 最好以 POST 方式发送请求。在上传文件时，如果文件内容比较大，则一般情况下也选用 POST 方式。

平常所使用的绝大部分请求方法都是 GET 或 POST，除此之外还有一些其他请求方法，如 HEAD、PUT、DELETE、CONNECT、OPTIONS、TRACE，如表 3-1 所示。

表 3-1

请求方法	方法描述
GET	请求页面，并返回页面内容
POST	主要用于提交表单或上传文件，数据包含在请求体中
HEAD	类似于 GET，只不过在返回的响应中没有具体的内容，用于获取报头
PUT	用从客户端向服务器端传送的数据取代指定文档中的内容
DELETE	请求服务器端删除指定的资源
CONNECT	把服务器端当作跳板，让服务器端代替客户端访问网页
OPTIONS	允许客户端查看服务器端的性能
TRACE	追踪服务器端收到的请求，主要用于测试或诊断

2. 请求头

可以通过浏览器查看请求头的信息：打开浏览器，输入网址，按 F12 键，依次单击“Network”“[网站名称]”“Headers”“Request Headers”选项，如图 3-4 所示。

请求头用来说明服务器端使用的附加信息，比较重要的信息有 Cookie、Referer、User-Agent 等。HTTP 常用的请求头信息如表 3-2 所示。

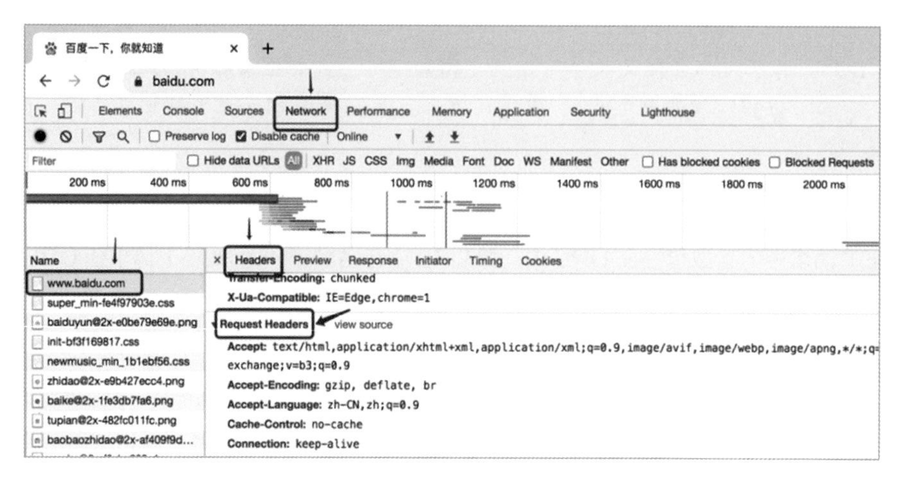

图 3-4

表 3-2

请求头	示例	说明
Accept	Accept: text/plain，text/html	指定客户端能够接收的内容类型
Accept-Charset	Accept-Charset: iso-8859-5	指定浏览器可以接收的字符编码集
Accept-Encoding	Accept-Encoding: compress，gzip	指定浏览器支持的 Web 服务器返回的内容压缩编码类型
Accept-Language	Accept-Language: en,zh	指定浏览器可接受的语言
Accept-Ranges	Accept-Ranges: bytes	指定可以请求网页实体的一个或多个子字段范围
Authorization	Authorization: Basic dbxhZGRpbjpvcGVulHNlc2Ftyd==	HTTP 授权的证书
Cache-Control	Cache-Control: no-cache	指定请求和响应遵循的缓存机制
Connection	Connection: close	指定是否需要持久连接（HTTP 1.1 默认进行持久连接）
Cookie	Cookie: $Version=1; Skin=new;	在发送 HTTP 请求时，会把保存在该请求域名下的所有 Cookie 值一起发送给 Web 服务器
Content-Length	Content-Length: 348	指定请求内容的长度

3. 请求体

请求体是 HTTP 请求中的一部分，用于传递请求的数据。它通常在 POST、PUT、PATCH 等方法中使用，以便将数据从客户端发送到服务器端。与请求的其他部分不同，请求体通常包含了实际的数据内容，如表单数据、JSON 数据、XML 数据等。

请求体的主要特点如下：

（1）请求体是 HTTP 请求的主体部分，位于请求头之后，具体格式通过请求头中的 Content-Type 来描述。

（2）并非所有 HTTP 请求方法都使用请求体。例如，GET 和 DELETE 方法通常不使用请求体，而 POST、PUT 和 PATCH 方法通常会使用请求体来发送数据。

（3）请求体的内容类型由请求头的 Content-Type 字段指定，常见的类型有：

- application/json：表示请求体包含 JSON 格式的数据。
- application/x-www-form-urlencoded：表示请求体包含表单数据，常用于网页表单提交。
- multipart/form-data：常用于上传文件的场景，允许同时发送文件和其他表单数据。

3.1.4　HTTP 响应

HTTP 响应由服务器端返回给客户端，由 3 部分组成：响应状态码（Response Status Code）、响应头（Response Header）和响应体（Response Body）。

1. 响应状态码

在 Linux 的命令行中，通过 curl 命令访问百度首页时，HTTP 响应如下：

```
$ curl -i baidu.com
HTTP/1.1 200 OK
Date: Thu, 10 Dec 2020 09:01:47 GMT
Server: Apache
Last-Modified: Tue, 12 Jan 2010 13:48:00 GMT
ETag: "51-47cf7e6ee8400"
Accept-Ranges: bytes
Content-Length: 81
Cache-Control: max-age=86400
Expires: Fri, 11 Dec 2020 09:01:47 GMT
Connection: Keep-Alive
Content-Type: text/html

<html>
<meta http-equiv="refresh" content="0;url=http://www.b***u.com/">
</html>
```

> **提示**　curl 是一个非常实用的数据传输命令，它支持的协议包括 DICT、FILE、FTP、FTPS、GOPHER、HTTP、HTTPS、IMAP、IMAPS、LDAP、LDAPS、POP3、POP3S、RTMP、RTSP、SCP、SFTP、SMTP、SMTPS、TELNET、TFTP 等。

在以上返回的 HTTP 响应中，第 1 行“HTTP/1.1 200 OK”中的“200”就是响应状态码。响应状态码表示服务器端的响应状态，例如，200 代表响应成功，404 代表未找到（网页），500 代表内部发生错误。

表 3-3 中列出了常见的 HTTP 状态码及其说明。

表 3-3

状态码	说 明	详 情
100	继续	请求者应当继续发出请求。服务器端已收到请求的一部分，正在等待其余部分
101	切换协议	请求者已要求服务器端切换协议，服务器端已确认并准备切换协议
200	响应成功	服务器端已成功处理请求
201	已创建	请求成功，且服务器端创建了新的资源
202	已接收	服务器端已接收请求，但尚未处理请求
203	非授权信息	服务器端已成功处理请求，但返回的信息可能来自另一个源
204	无内容	服务器端已成功处理请求，但没有返回任何信息
205	重置内容	服务器端已成功处理请求，内容被重置
206	部分内容	服务器端已成功处理部分请求
300	多种选择	针对请求，服务器端可执行多种操作
301	永久移动	请求的网页已永久移动到新位置，即永久重定向
302	临时移动	请求的网页暂时跳转到其他页面，即暂时重定向
303	查看其他位置	如果原来的请求是 POST，则重定向目标文档应该通过 GET 请求来获取
304	未修改	此次请求返回的网页未修改，继续使用上次的资源
305	使用代理	请求者应该使用代理访问该网页
307	临时重定向	请求的资源临时从其他位置响应
400	错误请求	服务器端无法解析该请求
401	未授权	请求没有进行身份验证或身份验证未通过
403	禁止访问	服务器端拒绝此请求
404	未找到	服务器端找不到请求的网页
405	方法禁用	服务器端禁用了请求中指定的方法
406	不接受	无法使用请求的内容响应请求的网页
407	需要代理授权	请求者需要使用代理授权
408	请求超时	服务器端请求超时
409	冲突	服务器端在处理请求时发生冲突
410	已删除	请求的资源已被永久删除
411	需要有效长度	服务器端不接收不含有效内容长度标头字段的请求
412	未满足前提条件	服务器端未满足请求者在请求中设置的某个前提条件
413	请求实体过大	请求实体过大，超出服务器端的处理能力范畴
414	请求 URI 过长	请求网址过长，服务器端无法处理
415	不支持类型	请求格式不被请求页面支持
416	请求范围不符	页面无法提供请求的范围
417	未满足期望值	服务器端未满足期望请求标头字段的要求

续表

状态码	说　明	详　情
500	内部发生错误	服务器端遇到错误，无法处理请求
501	未实现	服务器端不具备处理请求的功能
502	错误网关	服务器端作为网关或代理，从上游接收到无效响应
503	不可用	服务器端目前无法使用
504	网关超时	服务器端作为网关或代理，没有及时从上游接收到请求
505	HTTP 版本不支持	服务器端不支持请求中所用的 HTTP 版本

2. 响应头

打开浏览器，输入网址，按 F12 键，依次单击“Network”“[网站名称]”“Headers”“Response Headers”选项，即可查看响应头信息，如图 3-5 所示。

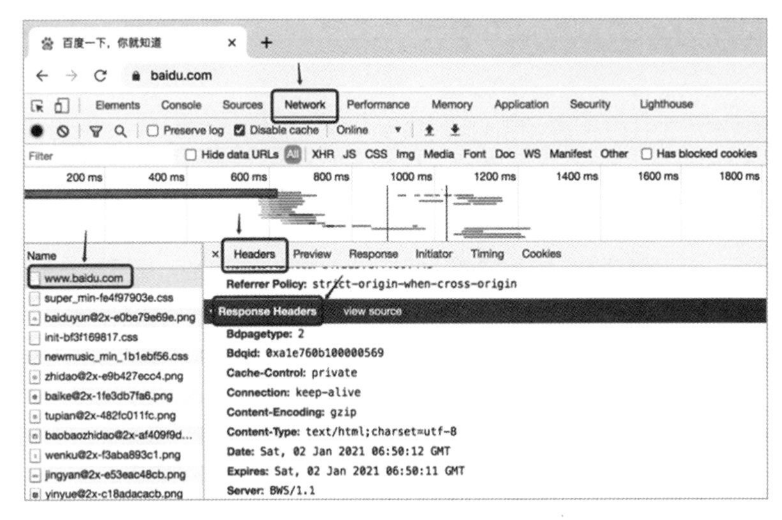

图 3-5

响应头中包含服务器端对请求的应答信息，如 Content-Type、Server、Set-Cookie 等。表 3-4 中列出了一些 HTTP 常用的响应头信息。

表 3-4

响应头	说　明
Allow	指明服务器端支持哪些请求方法（如 GET、POST 等）
Content-Encoding	指明文档的编码方法。只有在解码之后才可以得到用 Content-Type 字段指定的内容类型。利用 gzip 压缩文档能够显著地减少 HTML 文档的下载时间
Content-Length	指明内容长度。只有当浏览器使用持久 HTTP 连接时才需要这个信息
Content-Type	指明后面的文档属于什么 MIME 类型

续表

响 应 头	说 明
Date	指明当前的 GMT 时间
Expires	指明应该在什么时候认为文档已经过期，从而不再缓存它
Last-Modified	文档的最后修改时间可以通过 If-Modified-Since 请求头来判断。客户端在请求中可以通过该响应头提供一个时间，服务器端会将其视为条件来接收请求。只有当文档的修改时间晚于该时间时，服务器端日期才会返回更新后的内容，否则将返回 304（Not Modified）状态码，表示文档未修改。此外，可以使用 setDateHeader 方法来设置 Last-Modified 响应头信息
Location	指明请求者应该到哪里去提取文档，通常不是直接设置的
Refresh	指明浏览器应该在多长时间之后刷新文档，单位是秒
Server	指明具体服务器的名字
Set-Cookie	用于设置和页面关联的 Cookie
WWW-Authenticate	指明请求者应该在 Authorization 头中提供的授权信息。在包含 401（Unauthorized）状态码的应答中，这个响应头信息是必须有的

3. 响应体

响应体是服务器端在 HTTP 请求后返回的具体内容。例如，当请求一个网页时，响应体包含网页的 HTML 代码；当请求一张图片时，响应体包含图片的二进制数据。浏览器接收到响应后，解析和显示的就是响应体中的内容。

如图 3-6 所示，打开浏览器，按 F12 键，单击“Network”选项，在下方左侧选择一个资源并单击该资源名称，然后单击“Preview”选项，即可看到网页的源码或图片的缩略图，这就是响应体的内容，它是解析的目标。在图 3-6 中，响应体是一张 PNG 格式的图片。

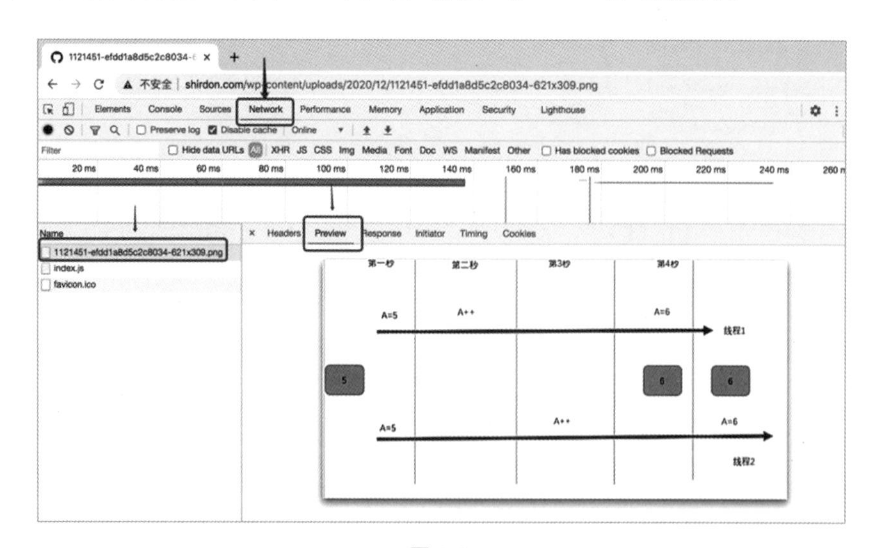

图 3-6

提示　响应体也可能是一个 JSON 文档或 XML 文档。JSON 文档或 XML 文档经常用于 App 接口开发。在后面的章节中会详细讲解 JSON 文档和 XML 文档的响应体。

3.1.5　URI、URL 及 URN

URI（Uniform Resource Identifier，统一资源标识符），用来标识资源身份。

URL（Uniform Resource Locator，统一资源定位符），URI 的一种，用于描述资源的位置和访问方式。

URN（Uniform Resource Name，统一资源名），URI 的一种，用于唯一标识资源的名称，但不指明其位置。

简单来说，URL 告诉我们"资源在哪里"，而 URN 告诉我们“资源是什么”。

1. URI

URI 表示的是 Web 上一种可用的资源。文档、图像、视频片段、程序等，都由一个 URI 来标识。URI 通常由 3 部分组成：

- 资源的访问机制。
- 存放资源的主机名。
- 资源自身的名称。

例如，对于 https://www.phei.com.cn/go/uri.html，可以这样解释它：

- 这是一个可以通过 HTTPS 访问的资源。
- 位于主机 www.phei.com.cn 上。
- 通过/go/uri.html 可以对该资源进行唯一标识。

提示　以上 3 部分只是对实例的解释，并不是 URI 的必要条件。URI 只是一种概念，具体怎样实现无所谓，只要它能用来标识资源即可。

2. URL

URL 用于描述网络上的资源。URL 是 URI 的一个子集，是 URI 概念的一种实现方式。通俗来说，URL 是互联网上描述信息资源的字符串，主要用在各种客户端程序和服务器端程序上。

URL 用一种统一的格式来描述各种信息资源，包括文件、服务器地址和目录等。URL 的一般格式如下，其中带方括号（[]）的为可选项：

```
scheme://host[:port#]/path/.../[?query-string][#anchor]
```

URL 由 3 部分组成：

- 协议（或称服务方式）。
- 存有该资源的主机 IP 地址（有时也包括端口号）。
- 主机资源的具体地址，如目录和文件名等。

前面两部分用“://”符号隔开，第二部分和第三部分用“/”符号隔开。第一部分和第二部分是不可缺少的。

3. URN

URN 是带有名称的网络资源。URN 是 URL 的一种更新形式，其不依赖于资源的物理位置，因此，即使资源的位置发生变化，URN 仍然可以保持有效。

4. URI、URL、URN 三者之间的关系

通俗来说，URL 和 URN 是 URI 的子集；URI 属于对 URL 的更高层次的抽象，是一种字符串文本标准。三者的关系如图 3-7 所示。

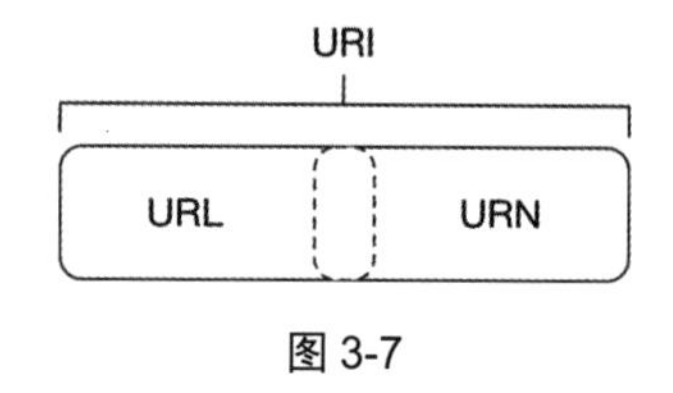

图 3-7

- URI 和 URN 都只定义了资源是什么，而 URL 还定义了该如何访问资源。
- URL 是一种具体的 URI，它不仅唯一标识资源，还提供了定位该资源的信息。
- URI 是一种语义上的抽象概念，可以是绝对的，也可以是相对的。URL 则必须提供足够的信息来定位资源，是绝对的。

3.1.6 HTTPS 简介

HTTPS（Hyper Text Transfer Protocol Secure），是以安全为目标的 HTTP 通道。它在 HTTP 的基础上通过传输加密和身份验证保证了传输过程的安全性。

TLS（Transport Layer Security，传输层安全性协议），及其前身 SSL（Secure Socket Layer，安全套接字层）均是一种安全协议，目的是为互联网通信提供安全性及数据完整性保障。

在采用 SSL/TLS 后，HTTP 就拥有了 HTTPS 的加密、验证和完整性保护这些功能。即 HTTP 加上加密、验证和完整性保护功能后，便形成 HTTPS。HTTP 与 HTTPS 的区别如图 3-8 所示。

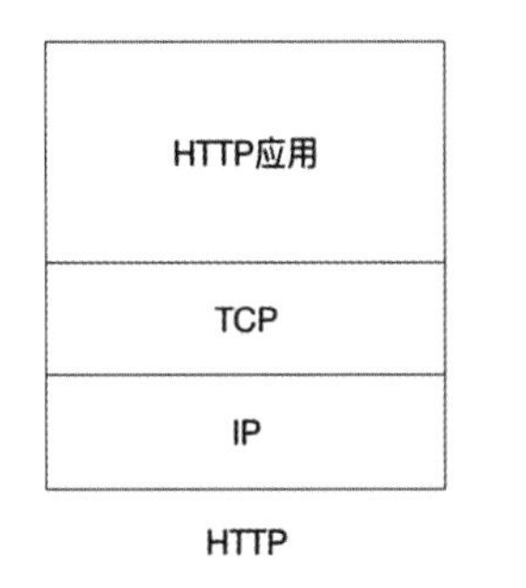

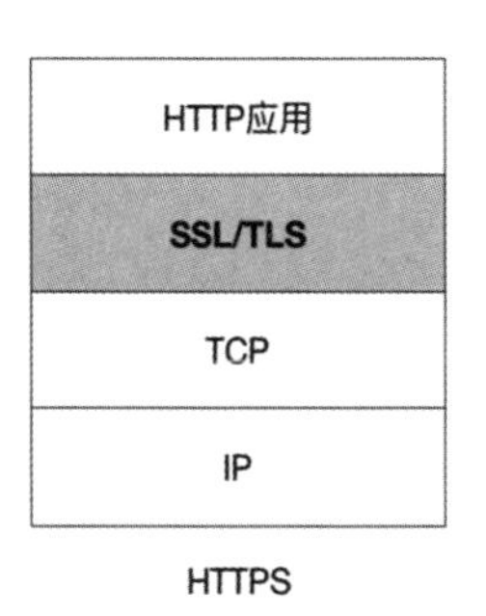

图 3-8

> 提示　SSL 是由 Netscape 开发的协议，用于在网络上传输数据时确保安全性。SSL 通过加密技术防止数据在传输过程中被截取或篡改。当前的 SSL 版本是 3.0，但它已被更新的 TLS 取代。SSL 和 TLS 被广泛用于 Web 浏览器和服务器之间的身份验证和加密数据传输。

3.1.7　HTTP 2 简介

1. HTTP 的历史

HTTP 自创建以来经历了多个版本的发展，分别是 HTTP 0.9、HTTP 1.0、HTTP 1.1、HTTP 2。

（1）HTTP 0.9。发布于 1991 年，是最早的版本。它非常简单，仅支持 GET 方法，不支持 MIME 类型、HTTP 头信息等功能，主要用于传输纯文本内容。

（2）HTTP 1.0。发布于 1996 年，显著扩展了 HTTP 0.9 的功能，增加了多种请求方法、支持 HTTP 头信息，并能够处理多媒体类型的内容，使得网络传输更加丰富和灵活。

（3）HTTP 1.1。发布于 1999 年，是当前主流的协议，完善了之前的 HTTP 的结构性缺陷，明确了语义，添加/删除了一些特性，支持更加复杂的 Web 程序。

（4）HTTP 2。发布于 2015 年，是目前最新的 HTTP。Chrome、IE 11、Safari、Firefox 等主流浏览器均已经支持 HTTP 2。

> 提示　是 HTTP 2 而不是 HTTP 2.0，这是因为 IETF（Internet Engineering Task Force，互联网工程任务组）认为 HTTP 2 已经很成熟了，没有必要再发布子版本，以后要是有重大改动可以直接发布 HTTP 3。

HTTP 2 优化了性能，而且兼容 HTTP 1.1 的语义，与 HTTP 1.1 有巨大区别。比如，它不是文本协议，而是二进制协议，而且 HTTP 头信息采用 HPACK 进行压缩，支持多路复用、服务器推送等功能。

2. HTTP 1.1 与 HTTP 2 的对比

相比于 HTTP 1.1，HTTP 2 新增了头信息压缩及推送等功能，提高了传输效率。

（1）头信息压缩。在 HTTP 1.1 中，每次发送请求和返回响应，HTTP 头信息都必须是完整的，头信息中有很多内容（比如 Headers、Content-Type、Accept 等字段）都是以字符串形式保存的，这样会占用较大的带宽。HTTP 2 对头信息进行了压缩，可以有效地减少占用带宽。

（2）推送功能。在 HTTP 2 之前，只能是“客户端发送请求，服务器端返回响应”。客户端是主动方，服务器端永远是被动方。而在 HTTP 2 中有了“推送”的概念，即服务器端可以主动向客户端发送一些请求，如图 3-9 所示。

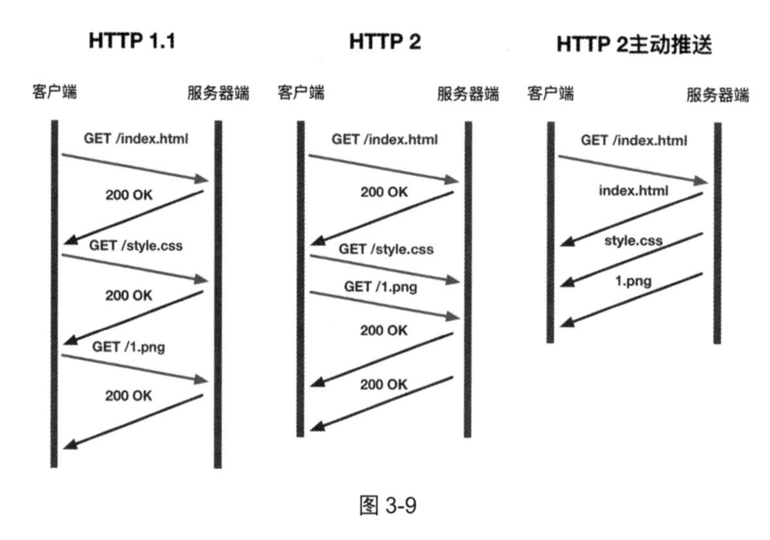

图 3-9

当客户端请求一个包含 index.html、style.css、1.png 的文件的 Web 网页时，style.css 文件是以链接的形式在 HTML 文本中显示的。只有在通过浏览器解析了 HTML 文本中的内容之后，才能根据链接中包含的 URL 去请求对应的 CSS 文件。

当HTTP 2有了推送功能之后，不仅客户端可以请求HTML文本，服务器端也可以主动把HTML文本中所引用的 CSS 和 JavaScript 等文件推送到客户端。这样一来，HTML、CSS 和 JavaScript 文件的发送是并行的，而不是串行的，显著地提升了整体的传输效率和性能。

3.1.8 Web 程序的组成

Web 程序通过调用解释引擎来处理“动态内容”。解释引擎是一种用于执行源码或脚本的计算机程序，它逐行读取和分析代码，并即时执行其中的指令，而不是将整体代码先编译成机器语言再运行。解释引擎通常由处理器（handler）和模板引擎（template engine）组成，其中处理器负责接收来自客户端的 HTTP 请求并执行逻辑，模板引擎负责生成动态网页内容，如图 3-10 所示。

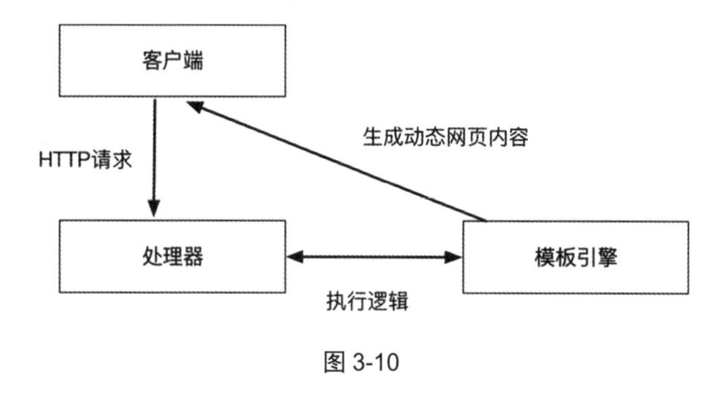

图 3-10

1. 处理器

在 Web 程序中，处理器是核心组件，负责接收并处理客户端发来的 HTTP 请求。通常，处理器会先解析请求的路由（Route），将 URL 映射到相应的控制器（Controller）。控制器根据请求，可能会访问模型（Model）来获取或修改数据，然后调用模板引擎生成相应的视图（View）。最后，处理器将生成的视图通过 HTTP 响应返回给客户端。

这一过程遵循“模型-视图-控制器”（MVC）模式，其中：

- 模型负责处理与业务逻辑相关的数据，并可直接访问数据库。
- 视图负责展示数据，一般不包含业务逻辑，只用于呈现内容。
- 控制器负责协调模型与视图，处理用户请求并更新数据或显示相应的页面。

模型、视图、控制器三者的关系如图 3-11 所示。

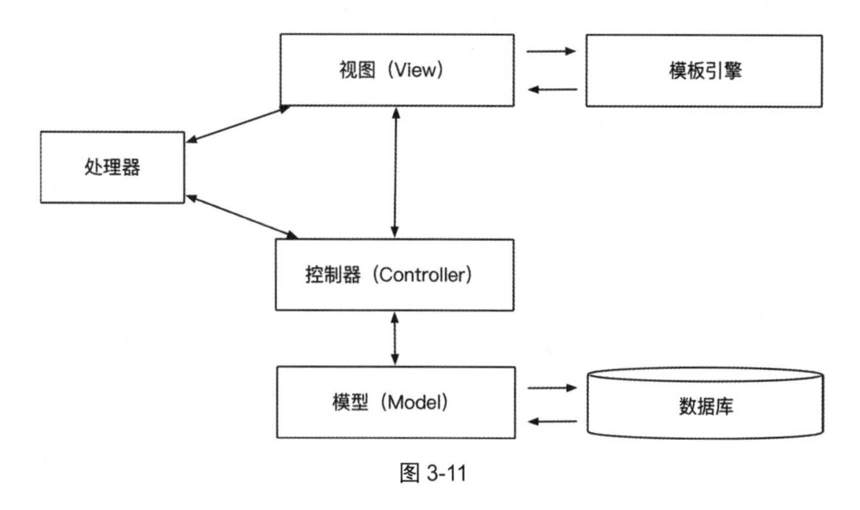

图 3-11

提示 MVC 模式只是一种长期编程经验的总结，并不是唯一的模式。程序采用什么开发模式，需要根据具体的场景来决定。本书的程序主要采用 MVC 模式。

2. 模板引擎

模板引擎是为了使用户界面与业务数据（内容）分离而产生的，它可以生成特定格式的文档，以便将模板（template）和数据（data）组合在一起，最终生成 HTML 文档，如图 3-12 所示。HTML 文档会通过 HTTP 响应报文被发送给客户端。

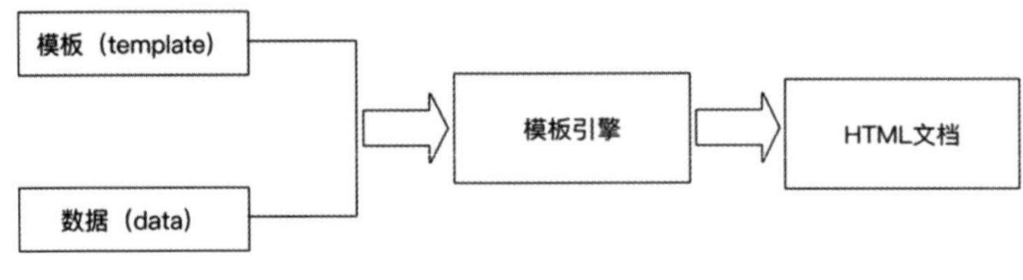

图 3-12

模板引擎有多种类型，其中最简单的是“置换型”模板引擎。这类模板引擎通过将模板中的特定标记替换为实际数据，生成最终的内容（如网页）。虽然实现起来非常简单，但效率较低，难以满足高流量网站等高负载应用的需求。

为了提高性能，还出现了“解释型”模板引擎和“编译型”模板引擎等。这些模板引擎不仅能更高效地生成内容，还能支持更复杂的逻辑和功能。

模板引擎的主要优势在于将网站的界面与数据、业务代码与逻辑代码分离，大大提高了开发效率。它使得代码的重用更容易，同时将前端页面与业务逻辑分离，便于代码的维护、阅读和修改。

3.2 什么是 Gin

Gin 是 Go 语言中一个广受欢迎的 Web 框架，轻量、快速且易于使用。它提供了一套库和工具，能帮助开发者快速构建 Web 程序。

Gin 的一个突出特点是其路由引擎高效，能够快速处理大量路由和请求。同时，Gin 内置了对中间件的支持，使开发者能够轻松添加额外的功能，例如身份验证、日志记录和错误处理，提高了程序的灵活性和可扩展性。

3.2.1 库和工具

Gin 是基于 Go 语言标准库构建的 Web 框架，提供了一系列额外的库和工具，使开发 Web 程序和 API 更加简便。

常用的 Gin 库和工具如下：

- gin-gonic/gin：提供核心功能，如路由管理、中间件和请求处理，是构建 Web 程序和 API

的基础。

- gin-contrib：附加中间件和实用工具的集合，支持身份验证、速率限制和跨域（CORS）等功能。
- swaggo/gin-swagger：能够根据 OpenAPI 规范自动生成 API 文档。
- gin-gonic/contrib/cache：用于缓存 Gin 路由响应的库，可提升性能。
- gin-gonic/gin-testutil：Gin 测试工具，方便编写单元测试。
- gin-gonic/gin-jwt：用于支持 JWT（JSON Web Token）身份验证的中间件库。

3.2.2　Gin 的优势

使用 Gin 进行 Web 开发的优势如下：

- 快速：Gin 是专为高性能而设计的，专注于提升开发速度和使用最少的内存空间，是快速构建 Web 程序的绝佳选择。
- 轻量级：这意味着它不会给开发者的程序增加很多不必要的开销，使其易于开发和部署。
- 易于使用：具有简单直观的 API，更易于使用。
- 灵活性强：可以轻松地进行自定义以满足特定的需求，例如添加中间件、使用不同的路由。
- 活跃的社区：社区提供资源，以帮助开发者构建更好的 Web 程序。

3.3　【实战】开发第一个 Gin 应用

下面，我们按照以下步骤开发第一个 Gin 应用。

（1）打开 Linux 命令行，为项目创建一个新目录。例如，运行以下命令创建一个名为“firstGin”的目录：

```
$ mkdir firstGin
```

切换到刚创建的目录：

```
$ cd firstGin
```

下载 Gin 包及其依赖项，并将它们添加到开发者的 Go 语言模块中：

```
$ go get github.com/gin-gonic/gin
```

在“firstGin”目录中创建一个新的文件，并导入 Gin 包。以下是一个简单的代码模板：

```
package main

import "github.com/gin-gonic/gin"
```

```
func main() {
    r := gin.Default()
    r.GET("/hi", func(c *gin.Context) {
        c.JSON(200, gin.H{
            "message": "hi, this is first Gin",
        })
    })
    r.Run() // 在 0.0.0.0:8080 上监听并提供服务
}
```

将文件保存为.go 文件，例如 example.go。通过以下命令运行 Gin 程序：

```
$ go run example.go
```

打开 Web 浏览器，访问“http://127.0.0.1:8080/hi”，返回结果如图 3-13 所示。

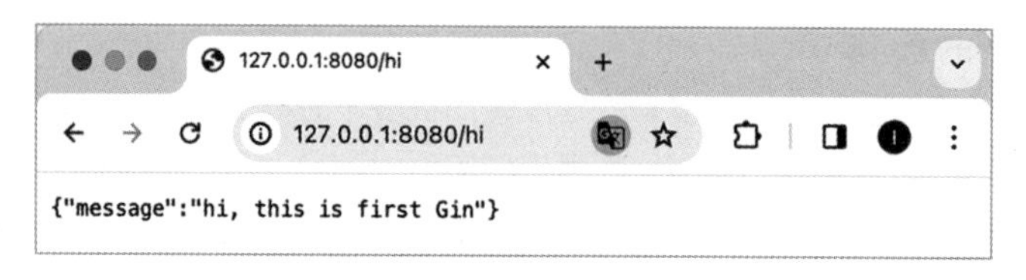

图 3-13

3.4 Gin 的架构

Gin 为构建 RESTful API 和 Web 服务提供了一个简单且直观的 API。

3.4.1 架构

Gin 将程序分为 3 个相互关联的组件：模型、视图和控制器。

- 模型：负责程序的数据传输和业务逻辑。在 Gin 中，模型通常由结构体或接口表示，用于处理数据存储等操作。
- 视图：负责展示用户界面或呈现数据。在 Gin 中，视图通常通过 HTML 模板或其他模板引擎生成，向用户展示结果。
- 控制器：负责处理用户请求、与模型交互并生成响应。在 Gin 中，控制器通常是路由处理程序，定义如何根据用户请求执行相应的操作并返回结果。

Gin 的 HTTP 处理流程如图 3-14 所示。

HTTP 服务器侦听传入的请求并将它们传递给路由器。路由器将每个请求映射到适当的请求处理程序。请求处理程序处理请求，与模型交互，并生成响应。

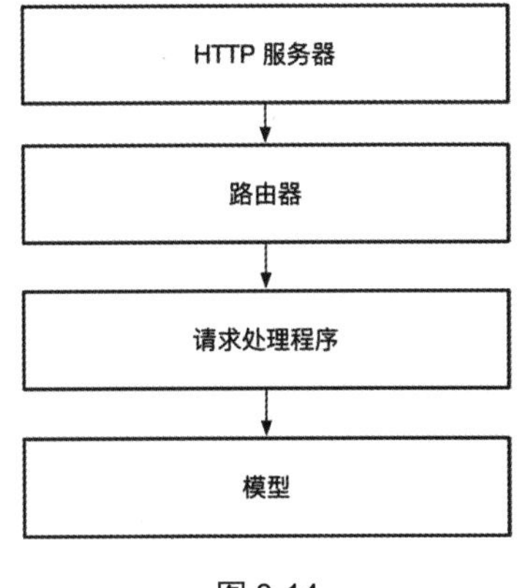

图 3-14

3.4.2　设计原则

在设计 Gin 时遵循了以下原则：

- 高性能：Gin 针对高性能进行了优化，旨在成为一个快速、轻量级的 Web 框架。
- 易用性：Gin 提供了简洁直观的 API，让开发者可以轻松构建 Web 程序。
- 灵活性：Gin 具有高灵活性，开发者可以根据具体需求自定义框架的行为。
- 可扩展性：Gin 具有良好的扩展能力，适合处理高并发和大规模程序。
- 可测试性：Gin 的设计注重可测试性，并为开发者提供了便于测试和调试的工具。

Gin 的架构是模块化的且易于扩展，使开发者可以快速构建复杂的 Web 程序。它的路由引擎、中间件支持等使其成为 Go 语言中构建 API 和 Web 程序的热门选择。

除了这些基础设计原则，Gin 还实现了一些高级功能：

- 路由：Gin 的路由引擎将传入请求映射到对应的处理函数。Gin 使用基于 Trie 算法的路由机制，能够快速匹配 URL 与请求处理程序。
- 处理程序：处理 HTTP 请求的函数通常被定义为 func(c *gin.Context)，其中“c”是上下文对象，用于访问请求和响应信息。
- 中间件：在处理请求的过程中，中间件可以在处理程序前后执行常见的任务，如日志记录、身份验证和输入验证。
- 渲染：Gin 提供内置的渲染引擎，支持 HTML 模板和多种格式（如 JSON、XML、YAML）的响应输出。
- 错误处理：Gin 提供灵活的错误处理机制，开发者可以自定义处理程序来应对请求过程中发生的错误。
- 配置：Gin 通过简单直观的 API 进行配置，支持自定义服务器地址、日志设置、中间件等。

第 4 章 通过 Gin 处理 HTTP 请求

4.1 路由和处理函数

Gin 的路由负责将传入的请求路径映射到相应的处理函数上。处理函数是处理请求并生成响应的核心部分，通常被定义为 func(c *gin.Context)，其中 c 提供了对请求和响应的访问接口。通过路由和处理函数的配合，Gin 可以高效地处理 HTTP 请求，执行业务逻辑并返回结果。

4.1.1 什么是路由

路由是指将互联网流量从一个地方引导到另一个地方。这对于确定数据如何在互联网上传递至关重要。

1. 路由的特点

路由的特点如下：

- URL 映射：在 Web 程序的上下文中，路由通常涉及将 URL 映射为特定的内容或操作。例如，在开发者访问网站时，服务器使用路由根据 URL 来确定要提供服务的页面或资源。
- 框架和库：许多 Web 开发框架和库都有内置的路由功能。这允许开发者轻松定义路由并指定用户访问这些路由时应该发生的行为。例如，在使用 Express.js 等框架构建的 Web 程序中，可以定义路由以将用户引导至程序的不同部分。
- HTTP 方法：路由还涉及不同的 HTTP 方法，如 GET、POST、PUT、DELETE 等。每种方法都有特定的用途（例如，GET 方法常用于请求数据，POST 方法常用于提交数据）。
- 动态路由：某些路由是动态的，这意味着它们可以处理 URL 中的可变部分。例如，在博客程序中，可能有一个类似于/posts/:id 的路由，其中，:id 是可变部分，可以替换为特定帖子的 ID。

2. 路由示例

以下是一个在 Gin 中定义路由的示例：

```
func main() {
    r := gin.Default()
    r.GET("/hi", func(c *gin.Context) {
        c.String(http.StatusOK, "Hi, this is test route")
    })
    r.Run()
}
```

在这段代码中，r.GET()方法为 GET 请求和 URL 路径“/hi”定义了路由。当客户端发送 GET 请求到/hi 时，Gin 会调用传入的匿名函数，该函数返回一个简单的字符串"Hi, this is test route"作为响应，如图 4-1 所示。

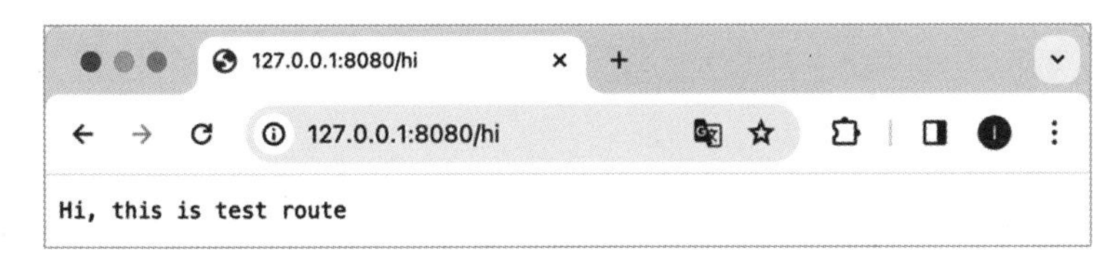

图 4-1

Gin 提供了丰富的路由功能和模式，支持路由参数、路由组、自定义路由匹配等高级功能。

3. 路由参数

Gin 支持动态 URL 中的路由参数。例如，可以通过定义:name 参数来匹配不同的用户名，如/users/shirdon 或/users/barry：

```
r.GET("/users/:name", func(c *gin.Context) {
    name := c.Param("name")
    c.String(http.StatusOK, "Hi, %s", name)
})
```

以上代码会根据请求的 name 参数返回相应的问候信息。

4. 路由组

Gin 提供了 Group()方法，可以将多个路由组合起来，使它们共享通用的前缀、中间件或其他配置。例如，定义带有/api 前缀的路由组：

```
api := r.Group("/api")
{
    api.GET("/customers", func(c *gin.Context) {
        // 处理获取所有用户信息的 GET 请求
```

```
    })

    api.POST("/customers", func(c *gin.Context) {
        // 处理创建新用户的 POST 请求
    })
}
```

通过这种方式，所有/api 路径下的路由都可以共享相同的前缀和配置。

5. 自定义路由匹配

使用 Handle()方法可以自定义路由的匹配规则。比如，定义一个路由来匹配所有以.html 结尾的 URL：

```
r.Handle("GET", "/*filepath", func(c *gin.Context) {
    if strings.HasSuffix(c.Param("filepath"), ".html") {
        c.String(http.StatusOK, "HTML file requested: %s", c.Param("filepath"))
    } else {
        c.String(http.StatusNotFound, "Invalid file requested")
    }
})
```

以上代码会根据请求的文件路径判断文件是否是.html 文件，并返回对应的响应。

4.1.2 什么是 Gin 处理函数

在 Gin 框架中，处理函数是用于处理传入请求的函数，负责执行业务逻辑并将响应返回给客户端。处理函数通常被定义为一个函数，接收*gin.Context 作为参数。*gin.Context 提供了访问请求信息（如 URL、HTTP 头、请求正文）和发送响应给客户端的方法。

以下是一个简单的 Gin 处理函数的示例：

```
func getUser(c *gin.Context) {
    id := c.Param("id")
    // 查询数据库或执行其他业务逻辑
    user := getUserById(id)
    if user == nil {
        c.JSON(http.StatusNotFound, gin.H{"error": "User not found"})
        return
    }
    // 返回响应给客户端
    c.JSON(http.StatusOK, user)
}
```

在以上代码中，getUser()是一个处理函数，它通过*gin.Context 访问 URL 中的 id 参数，并根据该 id 从数据库中检索用户信息。如果用户不存在，则返回 404 状态码；否则将用户数据以 JSON 格式返回，状态码为 200。

可以为不同的 URL 和 HTTP 方法定义多个处理函数，并使用 Gin 的路由系统将它们映射到特定的路径上。例如，为 getUser()控制器函数定义路由：

```
func main() {
    r := gin.Default()
    r.GET("/users/:id", getUser)
    r.Run()
}
```

在以上代码中，r.GET()定义了一个路由，当客户端发送 GET 请求到/users/:id 时，getUser()函数会执行，处理请求并返回用户数据作为响应。

4.1.3 【实战】设置路由组

在 Gin 中，可以使用 gin.Engine 对象的 Group()方法来设置路由组。路由组允许为一组相关的路由定义一个公共前缀，并将中间件应用到这些路由上。

设置路由组的示例如下：

```
func main() {
    r := gin.Default()

    // 使用公共前缀"/api"设置路由组
    apiGroup := r.Group("/api")
    {
        apiGroup.GET("/users", getUsers)
        apiGroup.GET("/users/:id", getUser)
        apiGroup.POST("/users", createUser)
        apiGroup.PUT("/users/:id", updateUser)
        apiGroup.DELETE("/users/:id", deleteUser)
    }

    r.Run()
}
```

在以上代码中，所有以/api 为前缀的路由被分为一组。通过在 gin.Engine 对象上调用 Group()方法，将公共前缀/api 作为参数传入。然后，使用 apiGroup 对象的 GET()、POST()、PUT()和 DELETE()方法为每个路由定义相应的处理函数。

还可以使用 apiGroup.Use()方法让路由组中的所有路由应用中间件。例如：

```
apiGroup := r.Group("/api")
apiGroup.Use(authMiddleware) // 应用认证中间件
{
    apiGroup.GET("/users", getUsers)
```

```
    apiGroup.GET("/users/:id", getUser)
    apiGroup.POST("/users", createUser)
    apiGroup.PUT("/users/:id", updateUser)
    apiGroup.DELETE("/users/:id", deleteUser)
}
```

在以上示例中，authMiddleware 中间件会被应用到/api 组的所有路由中，确保这些路由在被访问时先经过身份验证。

提示 在路由组中，路由和中间件的定义顺序非常重要，因为中间件会按照定义顺序依次执行。

4.2 处理 HTTP 请求

Gin 处理 HTTP 请求的过程是通过路由将请求路径映射到相应的处理函数上。每个请求都会先经过中间件（如果有），然后由处理函数根据请求方法（如 GET、POST）和路径执行相应的业务逻辑。处理完成后，Gin 会通过 gin.Context 对象将响应返回给客户端，如 JSON 数据或文本内容。

4.2.1 获取 GET 请求参数

在 Gin 中，可以通过 URL 获取 GET 请求的参数，主要有两种方式。

1. 查询参数

客户端在发出 GET 请求时可以在 URL 中附带查询参数。Gin 提供了 gin.Context 对象的 Query()方法来获取这些参数。如果参数不存在，则还可以使用 DefaultQuery()方法为参数设置默认值。示例如下：

```
func handleGetRequest(c *gin.Context) {
    // 从请求 URL 中获取查询参数，如果参数不存在，则使用默认值
    name := c.DefaultQuery("name", "empty")
    age := c.DefaultQuery("age", "18")

    // 使用参数进行应用逻辑处理
    // ...
}
```

在以上示例中，如果客户端未提供 name 参数，则会使用默认值"empty"。

2. 将 GET 请求参数绑定到结构体上

类似于处理 POST 请求参数，Gin 也允许使用 ShouldBindQuery()方法将 GET 请求的查询参

数自动绑定到结构体上。示例如下：

```
type Customer struct {
    Name string `form:"name" binding:"required"`
    Age  int    `form:"age" binding:"required"`
}

func handleGetRequest(c *gin.Context) {
    var customer Customer

    // 将查询参数绑定到结构体上
    if err := c.ShouldBindQuery(&customer); err != nil {
        c.JSON(http.StatusBadRequest, gin.H{"error": err.Error()})
        return
    }

    // 使用绑定的参数进行应用逻辑处理
    // ...
}
```

在以上示例中，GET 请求的查询参数会被自动绑定到 Customer 结构体上。如果绑定失败，例如参数缺失或格式错误，则会返回 400 错误。

4.2.2　获取 POST 请求参数

在 Gin 中，处理 POST 请求参数时需要从请求体中提取数据。根据请求正文的内容类型（如表单数据、JSON 数据、XML 数据等），可以使用不同的方法处理 POST 数据。Gin 处理 POST 请求的主要特点如下：

（1）检测内容类型。

Gin 会自动检测请求头的 Content-Type 字段，并根据类型来处理数据。

（2）处理表单数据。

如果请求体中包含表单数据，则可以使用 gin.Context 对象的 PostForm()方法来获取表单字段的值。例如：

```
func handleFormPost(c *gin.Context) {
    name := c.PostForm("name")
    age := c.PostForm("age")

    // 使用表单数据进行应用逻辑处理
    // ...
}
```

（3）处理 JSON 数据。

如果请求体中包含 JSON 数据，则可以使用 ShouldBindJSON()方法将 JSON 数据直接绑定到结构体上。例如：

```
type User struct {
    Name string `json:"name"`
    Age  int    `json:"age"`
}

func handleJSONPost(c *gin.Context) {
    var user User

    if err := c.ShouldBindJSON(&user); err != nil {
        c.JSON(http.StatusBadRequest, gin.H{"error": err.Error()})
        return
    }

    // 使用 JSON 数据进行应用逻辑处理
    // ...
}
```

（4）处理 XML 数据。

类似地，如果请求体中包含 XML 数据，则可以使用 ShouldBindXML()方法将 XML 数据绑定到结构体上。例如：

```
type User struct {
    Name string `xml:"name"`
    Age  int    `xml:"age"`
}

func handleXMLPost(c *gin.Context) {
    var user User

    if err := c.ShouldBindXML(&user); err != nil {
        c.JSON(http.StatusBadRequest, gin.H{"error": err.Error()})
        return
    }

    // 使用 XML 数据进行应用逻辑处理
    // ...
}
```

（5）将请求数据绑定到结构体上。

Gin 支持将请求数据直接绑定到结构体上，不论数据类型是表单、JSON 还是 XML。使用 ShouldBind()方法可以简化多个参数的处理过程。例如：

```
type User struct {
    Name string `form:"name" json:"name" xml:"name" binding:"required"`
    Age  int    `form:"age" json:"age" xml:"age" binding:"required"`
}

func handlePost(c *gin.Context) {
    var user User

    if err := c.ShouldBind(&user); err != nil {
        c.JSON(http.StatusBadRequest, gin.H{"error": err.Error()})
        return
    }

    // 处理用户数据
    // ...
}
```

（6）验证结构体中的字段。

Gin 支持通过结构体标签进行字段验证。例如，可以要求字段为必填项，或者为某些字段定义范围：

```
type User struct {
    Name string `form:"name" json:"name" xml:"name" binding:"required"`
    Age  int    `form:"age" json:"age" xml:"age" binding:"gte=18,lte=100"`
}
```

在以上示例中，Name 字段为必填项，Age 字段的值必须在 18 到 100 之间。

4.2.3　将请求参数绑定到结构体上

在 Gin 中，要想将请求参数绑定到结构体上，需要将传入的 HTTP 请求数据映射到 Go 语言的结构体对象中。这在处理表单数据或 JSON 负载时特别有用。以下是将请求参数绑定到结构体上的示例。

1. 标记结构体

为了让 Gin 正确地将请求参数绑定到结构体上，需要使用标签来标记结构体。这些标签提供了有关如何绑定参数的信息。例如，可以使用 form 标签来指定表单参数名称：

```
type User struct {
    Name string `form:"name"`
    Age  int    `form:"age"`
}
```

在上述示例中，结构体标签指示 Name 字段应被绑定到表单参数"name"上，Age 字段应被绑定到表单参数"age"上。

还可以使用结构体标签为字段提供默认值。如果在请求中不存在该参数，则 Gin 将使用默认值。例如：

```
type User struct {
    Name string `form:"name" binding:"default=Guest"`
    Age  int    `form:"age" binding:"default=18"`
}
```

在以上代码中，如果"name"表单参数不存在，则 Name 字段将默认为"Guest"。

2. 处理函数中的绑定

使用 gin.Context 对象的 ShouldBind()方法，可以将请求数据绑定到结构体上。该方法会自动检测请求的内容类型（表单、JSON、XML 等）并执行绑定操作。示例如下：

```
func createUser(c *gin.Context) {
    var user User

    if err := c.ShouldBind(&user); err != nil {
        c.JSON(http.StatusBadRequest, gin.H{"error": err.Error()})
        return
    }

    // 在程序逻辑中使用 user 结构体
    // ...
}
```

如果在绑定期间出现错误（例如验证失败），则可以返回错误并适当地进行处理，例如发送带有"400 Bad Request"的响应。

4.2.4 【实战】获取客户端的 IP 地址

在 Gin 中，如果需要获取客户端的 IP 地址，则可以使用 gin.Context 对象的 ClientIP()方法。示例如下：

```
package main

import (
```

```
	"net/http"

	"github.com/gin-gonic/gin"
)

func main() {
	r := gin.Default()

	r.GET("/ping", func(c *gin.Context) {
		clientIP := c.ClientIP()
		c.JSON(http.StatusOK, gin.H{
			"message":   "Hi, this is a test",
			"client_ip": clientIP,
		})
	})

	r.Run(":8080")
}
```

在上述代码中，为 GET 请求定义了路径为/ping 的路由。在处理函数中，使用 ClientIP()方法获取发出请求的客户端的 IP 地址，并将其包含在返回的 JSON 响应中。

打开 Web 浏览器，访问“http://127.0.0.1:8080/ping”，返回结果如图 4-2 所示。

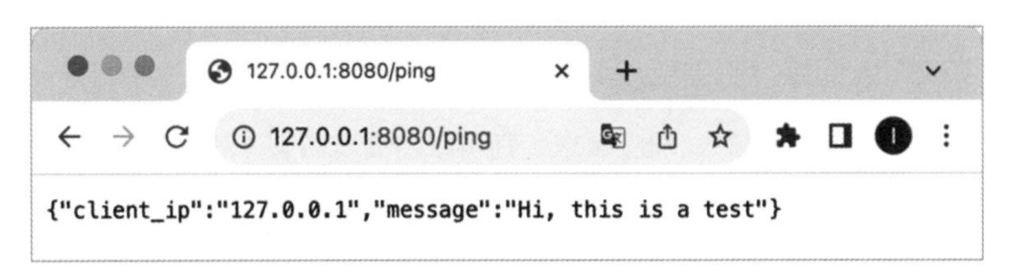

图 4-2

提示　在以上示例中，ClientIP()方法按以下顺序返回客户端的 IP 地址：

（1）X-Forwarded-For 头：如果存在且包含非内网 IP 地址，则返回其第一个 IP 地址。

（2）X-Real-IP 头：如果不满足上述条件，但该头存在且包含非内网 IP 地址，则返回其值。

（3）远程地址：如果以上头都不存在或无效，则返回 TCP 连接的远程地址。

如果程序运行在反向代理或负载均衡器之后，则应确保它们被正确配置，以在 X-Forwarded-For 或 X-Real-IP 头转发真实的客户端 IP 地址。

4.3 生成 HTTP 响应

在 Gin 框架中，可以使用 gin.Context 对象的 String()、JSON()、XML()、HTML()、File()等方法来生成 HTTP 响应。gin.Context 对象作为参数被传递给路由的处理函数，提供了设置响应状态码、头信息和响应体的方法：

- String(code int, format string, values ...interface{})：将响应体设置为格式化的字符串，使用提供的格式化字符串和参数生成内容，同时将响应的 Content-Type 设置为 text/plain。
- JSON(code int, obj interface{})：将响应体设置为提供对象的 JSON 表示形式，并将响应的 Content-Type 设置为 application/json。
- XML(code int, obj interface{})：将响应体设置为提供对象的 XML 表示形式，并将响应的 Content-Type 设置为 application/xml。
- HTML(code int, name string, data interface{})：使用提供的数据渲染指定名称的 HTML 模板，将结果设置为响应体，并将 Content-Type 设置为 text/html。
- File(filepath string)：将响应体设置为指定文件内容，并根据文件的扩展名自动设置响应的 Content-Type。

通过以上方法，可以方便地生成各种类型的 HTTP 响应，以满足不同的开发需求。

4.3.1 以字符串形式或 HTML 方式响应请求

在 Gin 中，如果想以字符串形式响应请求，则可以将文本内容（通常是纯文本或 HTML）发送给客户端。下面分别介绍。

1. 以字符串形式响应请求

（1）使用 gin.Context 对象的 String()方法。

使用 gin.Context 对象的 String()方法将字符串作为响应发送给客户端的示例如下：

```
// 定义返回字符串响应的路由
r.GET("/string_response", func(c *gin.Context) {
    c.String(200, "Hi, this is a string response!")
})
```

在以上代码中，String()方法发送了状态码 200（响应成功）和字符串"Hi, this is a string response!"给客户端。

（2）使用动态字符串。

可以通过在字符串中包含变量或数据来生成包含动态内容的响应。示例如下：

```
customer := "Shirdon"

// 定义返回动态字符串响应的路由
r.GET("/string_response2", func(c *gin.Context) {
    c.String(200, "Hi, %s", customer)
})
```

在以上示例中，响应的字符串中包含了变量 customer 的值，实现了动态内容输出功能。

2. 以 HTML 方式响应请求

如果响应的字符串包含 HTML 内容，则可以将内容类型设置为 text/html。示例如下：

```
r.GET("/html_response", func(c *gin.Context) {
    htmlContent := "<h1>Hi, this is an HTML response!</h1>"
    // 向客户端发送 HTML 响应
    c.Data(200, "text/html; charset=utf-8", []byte(htmlContent))
})
```

在以上代码中，Data()方法用于发送原始数据，并指定状态码、内容类型和内容。

也可以使用 gin.Context 对象的 HTML()方法发送 HTML 响应，前提是需要先加载模板文件。示例如下：

```
// 加载模板文件
r.LoadHTMLGlob("templates/*")

r.GET("/html_response2", func(c *gin.Context) {
    c.HTML(200, "index.tmpl", gin.H{
        "title": "Hi, this is an HTML response!",
    })
})
```

打开 Web 浏览器，访问“http://127.0.0.1:8080/http_response”，返回结果如图 4-3 所示。

图 4-3

4.3.2　以 JSON 格式响应请求

在 Gin 中，以 JSON 格式响应请求是很常见的，尤其是在构建 Web 服务或 API 时。

1. 使用 gin.Context 对象的 JSON()方法

使用 gin.Context 对象的 JSON()方法向客户端发送 JSON 响应的示例如下：

```
r.GET("/response_json", func(c *gin.Context) {
    jsonData := gin.H{
        "message": "Hi, this is a JSON response!",
        "status":  "success",
    }

    c.JSON(200, jsonData)
})
```

在以上代码中，JSON()方法用于发送状态码为 200（响应成功）的 JSON 对象。在浏览器中输入 http://127.0.0.1:8080/json_response，返回结果如图 4-4 所示。

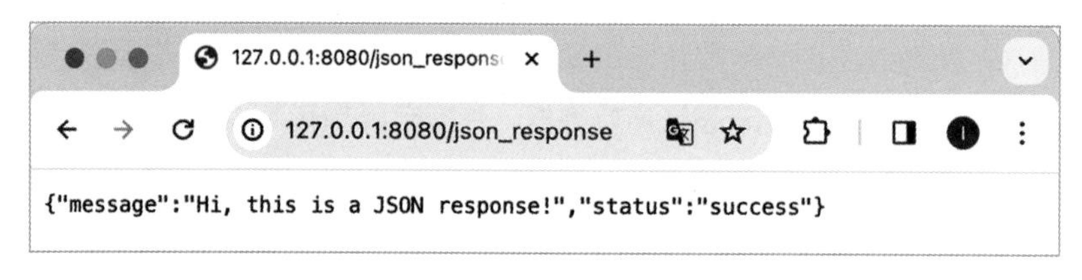

图 4-4

2. 使用 Go 结构体进行 JSON 响应

使用 Go 结构体进行 JSON 响应的示例代码如下：

```
// 定义 Go 结构体
type ResponseData struct {
    Message string `json:"message"`
    Status  string `json:"status"`
}
// 使用 Go 结构体进行 JSON 响应
r.GET("/string_json2", func(c *gin.Context) {
    jsonData := ResponseData{
        Message: "Hi, this is a Go Struct JSON response!",
        Status:  "success",
    }

    c.JSON(200, jsonData)
})
```

结构体标签（json:"message"）指示了结构体字段如何对应 JSON 属性。在浏览器中输入 http://127.0.0.1:8080/json_response2，返回结果如图 4-5 所示。

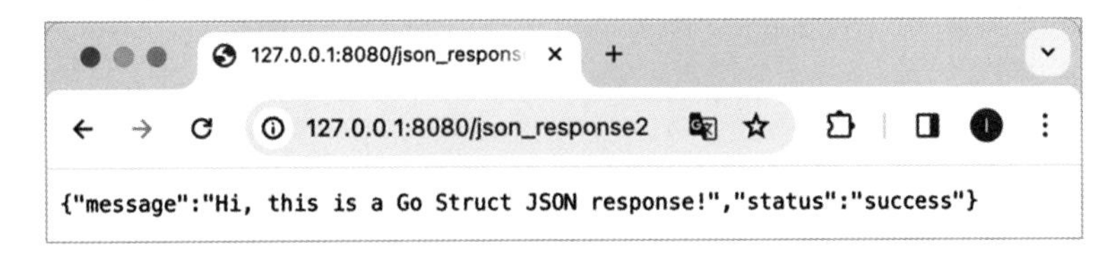

图 4-5

4.3.3　以 XML 格式响应请求

在 Gin 中，以 XML 格式响应请求类似于以 JSON 格式响应请求。

1. 使用 gin.Context 对象的 XML()方法

使用 gin.Context 对象的 XML()方法向客户端发送 XML 响应的示例如下：

```
r.GET("/xml_response", func(c *gin.Context) {
    jsonData := gin.H{
        "message": "Hi, this is a XML response!",
        "status":  "success",
    }

    c.XML(200, jsonData)
})
```

在以上代码中，XML()方法用于发送状态码为 200（响应成功）的 XML 响应。在浏览器中输入 http://127.0.0.1:8080/xml_response，返回结果如图 4-6 所示。

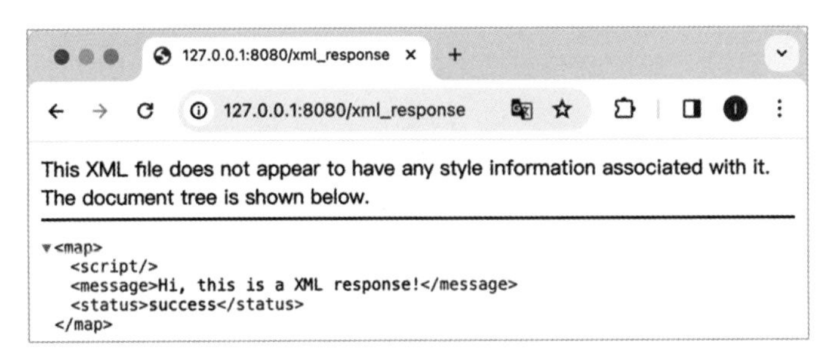

图 4-6

2. 使用 Go 结构体定义 XML 响应

使用 Go 结构体定义 XML 响应的示例代码如下：

```
type ResponseData struct {
    Message string `xml:"message"`
    Status  string `xml:"status"`
}
```

```
// 使用 Go 结构体定义 XML 响应
r.GET("/xml_response2", func(c *gin.Context) {
    data := ResponseData{
        Message: "Hi, this is a Go Struct XML response!",
        Status:  "success",
    }

    c.XML(200, data)
})
```

在以上代码中，首先定义了一个 ResponseData 结构体，并使用结构体标签 xml:"message"和 xml:"status"指定如何将结构体字段映射到 XML 元素上。接着在处理函数中创建了一个 ResponseData 实例 data，并使用 c.XML(200, data)方法将其作为 XML 响应发送给客户端。

结构体标签（xml:"Message"）指示了结构字段如何与 XML 元素相对应。在浏览器中输入 http://127.0.0.1:8080/xml_response2，返回结果如图 4-7 所示。

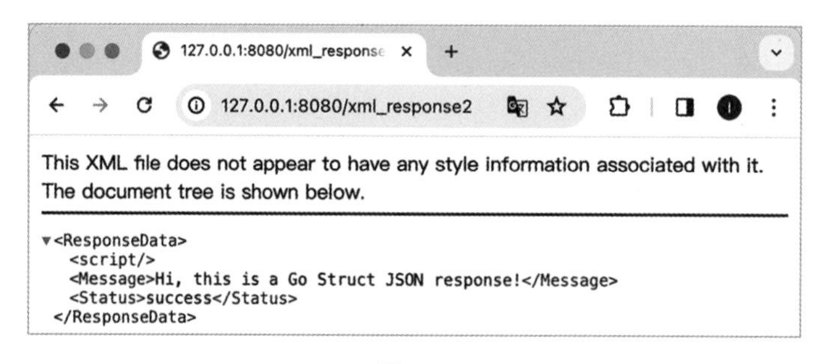

图 4-7

4.3.4 设置 HTTP 响应头

在 Gin 框架中，可以使用 gin.Context 对象来设置 HTTP 响应头。以下是关键点。

1. 使用 gin.Context 对象的 Header()方法

gin.Context 对象的 Header()方法用于设置单个 HTTP 响应头。该方法接受两个参数：响应头的名称和对应的值。示例如下：

```
r.GET("/header1", func(c *gin.Context) {
    // 设置 HTTP 响应头
    c.Header("X-Custom-Header", "This is a Gin header")

    // 处理其他逻辑
    c.String(200, "Response with custom header")
})
```

在上述代码中，X-Custom-Header 响应头被设置为"This is a Gin header"。当客户端访问 http://localhost:8080/header1 时，将会收到包含该自定义响应头的响应。

打开 Web 浏览器，访问“http://127.0.0.1:8080/header1”，返回结果如图 4-8 所示。

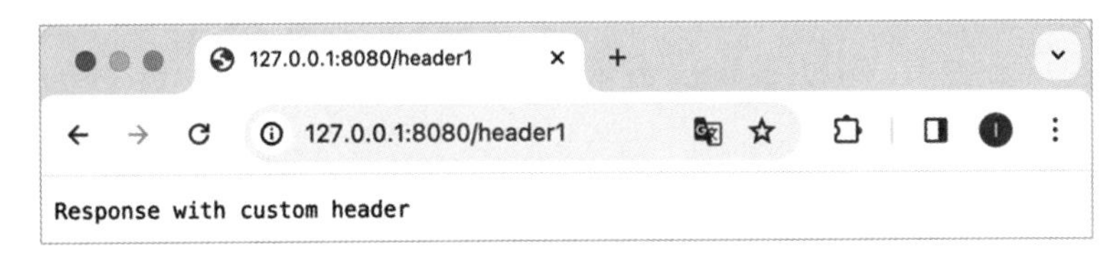

图 4-8

2. 设置多个响应头

可以通过多次调用 Header()方法来设置多个响应头。示例如下：

```
r.GET("/header2", func(c *gin.Context) {
   c.Header("X-Header-One", "Test1")
   c.Header("X-Header-Two", "Test2")

   // ...处理其他逻辑
   c.String(200, "Response with multiple headers")
})
```

在以上示例中，设置了 X-Header-One 和 X-Header-Two 两个响应头，分别对应值"Test1"和"Test2"。

3. 在重定向时设置响应头

在执行重定向之前，可以使用 gin.Context 对象的 Header()方法设置响应头，然后使用 Redirect()方法进行重定向。示例如下：

```
r.GET("/header3", func(c *gin.Context) {
   // 在重定向前设置响应头
   c.Header("Cache-Control", "no-cache, no-store, must-revalidate")

   // ...处理其他逻辑
   c.Redirect(http.StatusTemporaryRedirect, "/new-location")
})
```

在以上代码中，在重定向到新位置之前，设置了 Cache-Control 响应头，以控制缓存行为。

4.4 渲染 HTML 模板

Go 语言使用内置的 html/template 包来渲染 HTML 模板，提供了安全的模板解析和执行功能，防止跨站脚本攻击（XSS）。可以通过 template.New()创建模板文件，然后通过 ParseFiles()读取和解析模板文件。

Gin 使用 gin.Context 对象的 HTML()方法将 HTML 模板与数据结合起来，渲染并返回客户端。通过设置 router.LoadHTMLGlob()或 router.LoadHTMLFiles()，Gin 能方便地加载模板文件夹中的模板，并结合数据进行渲染。

4.4.1 了解模板引擎

Go 语言内置了两个模板引擎包：用于文本处理的 text/template，以及用于生成安全 HTML 输出的 html/template。它们的使用方法如下：

- 模板文件的后缀名：模板文件通常以.tmpl 或.tpl 为后缀，文件必须使用 UTF-8 编码。
- 模板语法：在模板文件中，使用"{{"和"}}"包裹需要动态替换的数据。
- 数据访问：传递给模板的数据可以通过点号"."访问。如果是复杂数据类型，则可以通过"{{ .FieldName }}"访问其字段。
- 原样输出：除了被"{{"和"}}"包裹的内容，模板中的其他内容均会直接原样输出，不做任何修改。

使用 Go 语言模板引擎的一般步骤如下。

1. 定义模板

按照模板语法规则编写模板文件，定义模板的结构和占位符。例如，创建一个名为 example.tmpl 的模板文件：

```
Hello, {{ .Name }}!
```

2. 解析模板

html/template 包提供了多种方法来解析模板并获得模板对象。

创建新的模板对象。使用 New()函数创建一个模板对象，并为其指定名称：

```
func New(name string) *Template
```

解析模板字符串。使用 Parse()方法解析模板内容：

```
func (t *Template) Parse(text string) (*Template, error)
```

解析模板文件。使用 ParseFiles()方法解析一个或多个模板文件，返回包含解析后模板的模板对象：

```
func ParseFiles(filenames ...string) (*Template, error)
```

批量解析模板文件。使用 ParseGlob()方法根据匹配模式解析多个模板文件：

```
func ParseGlob(pattern string) (*Template, error)
```

例如，如果当前目录下有以“a”开头的模板文件，则可以使用 template.ParseGlob("a*")来解析所有匹配的模板文件。

3. 渲染模板

html/template 包提供了 Execute()和 ExecuteTemplate()方法，用来渲染模板。

Execute()方法用于将数据应用到模板上，并将结果写入指定的 io.Writer。其定义如下：

```
func (t *Template) Execute(wr io.Writer, data interface{}) error
```

ExecuteTemplate()方法用于在包含多个模板的情况下，指定模板名称进行渲染。其定义如下：

```
func (t *Template) ExecuteTemplate(wr io.Writer, name string, data interface{})
error
```

提示 使用 New()函数创建模板对象时，已为其指定了名称，因此可以直接使用 Execute()方法进行渲染，模板名称会默认匹配创建时指定的名称。

当使用 ParseFiles()或 ParseGlob()方法一次加载多个模板时，需要使用 ExecuteTemplate()方法，并指定要渲染的模板名称。

4.4.2　使用 html/template 包

1. 创建 Go 语言的第一个模板

在 Go 语言中，可以使用模板引擎将模板应用于数据结构中（即将数据结构作为模板的参数），以生成并输出 HTML 文档。模板中的占位符引用了数据结构的元素（通常是结构体的字段或 map 的键），以控制渲染过程并获取需要显示的值。

在执行模板时，模板引擎会遍历模板内容，并使用点号“.”来引用当前的数据对象。

模板文件必须是 UTF-8 编码的文本。模板中的操作由“{{”和“}}”包裹，用于数据处理和流程控制；除操作之外的所有文本都会被原样复制到输出中。操作内部不能有换行符，但注释可以换行显示。

下面来创建一个 Go 语言的模板示例。

（1）创建模板文件。

创建一个名为 template_example.tmpl 的模板文件，其中的内容如下：

```
<!DOCTYPE html>
<html lang="en">
<head>
    <meta charset="UTF-8">
    <title>模板使用示例</title>
</head>
<body>
    <p>加油，小伙伴，{{ . }}</p>
</body>
</html>
```

（2）创建 Go 语言源文件。

创建一个名为 template1.go 的 Go 语言源文件，用于解析和渲染模板，代码如下：

```
package main

import (
    "fmt"
    "html/template"
    "net/http"
)

func helloHandler(w http.ResponseWriter, r *http.Request) {
    // 1. 解析模板
    t, err := template.ParseFiles("template_example.tmpl")
    if err != nil {
        fmt.Println("解析模板失败，错误：", err)
        return
    }
    // 2. 渲染模板
    name := "我爱 Go 语言"
    t.Execute(w, name)
}

func main() {
    http.HandleFunc("/", helloHandler)
    http.ListenAndServe(":8086", nil)
}
```

（3）运行程序。

在终端中，进入文件所在的目录，运行以下命令启动服务器：

```
$ go run template1.go
```

（4）查看运行结果。

在浏览器中访问 http://127.0.0.1:8086，运行结果如图 4-9 所示。

图 4-9

2. Go 语言模板语法

在 Go 语言的模板语法中，所有的操作都包含在“{{”和“}}”之间。在模板中，{{.}}中的点号“.”表示当前的数据对象。当传入一个结构体对象时，可以通过点号“.”来访问其字段。例如：

```
type UserInfo struct {
    Name   string
    Gender string
    Age    int
}

func sayHello(w http.ResponseWriter, r *http.Request) {
    // 解析模板文件，生成模板对象
    tmpl, err := template.ParseFiles("./hello.html")
    if err != nil {
        fmt.Println("解析模板失败，错误：", err)
        return
    }
    // 利用给定的数据渲染模板，并将结果写入 w
    user := UserInfo{
        Name:   "李四",
        Gender: "男",
        Age:    28,
    }
    tmpl.Execute(w, user)
}
```

对应的 HTML 模板文件 hello.html 的内容如下：

```
<!DOCTYPE html>
<html lang="en">
<head>
    <meta charset="UTF-8">
    <title>Hello</title>
</head>
<body>
    <p>Hello {{.Name}}</p>
    <p>性别：{{.Gender}}</p>
    <p>年龄：{{.Age}}</p>
</body>
</html>
```

注意，在模板中，使用{{.Name}}、{{.Gender}}和{{.Age}}来访问结构体的对应字段。同样地，如果传入的变量是 map，则可以在模板文件中通过{{.key}}来取值。

接下来介绍常用的模板语法。

（1）注释。

模板中的注释使用以下形式：

```
{{/* 这是一个注释，不会被解析 */}}
```

在执行模板时，注释内容会被忽略。

> 提示 注释可以是多行的，但不能嵌套，并且注释必须紧贴分界符“{{”和“}}”。

（2）管道。

管道（pipeline）是用于产生数据的结构。在 Go 语言的模板语法中，支持使用管道符号“|”来连接多个命令，类似于 UNIX 系统中的管道，用法如下：

```
{{ pipeline1 | pipeline2 | pipeline3 }}
```

其中，“|”前面的命令的结果会作为参数被传递给后面的命令。

> 提示 在 Go 语言模板语法中，任何能够产生数据的结构都可以被称为管道，不仅仅是使用了管道符号的部分。

（3）变量。

在模板中，可以通过初始化变量来捕获管道的执行结果。变量的初始化语法如下：

```
{{ $variable := pipeline }}
```

其中，$variable 是变量名。声明变量的操作不会产生任何输出。

（4）条件判断。

Go 语言模板语法中的条件判断有以下形式：

```
{{if pipeline}}
   T1
{{else}}
   T0
{{end}}
```

可以通过嵌套 if 语句来实现多条件判断，例如：

```
{{if pipeline1}}
   T1
{{else}}
   {{if pipeline2}}
      T2
   {{else}}
      T0
   {{end}}
{{end}}
```

提示　Go 语言模板语法中没有 else if 结构，需要通过嵌套 if 语句来实现。

（5）range 关键字。

在模板中，可以使用 range 关键字来遍历数组、切片、映射或管道。其基本语法如下：

```
{{range pipeline}}
   T1
{{end}}
```

如果 pipeline 为空，则不会产生任何输出。

也可以使用{{else}}在 pipeline 为空时执行其他操作：

```
{{range pipeline}}
   T1
{{else}}
   T0
{{end}}
```

如果 pipeline 为空，则会执行 T0。

使用 range 关键字的示例如下：

```
package main

import (
```

```
    "log"
    "os"
    "text/template"
)

func main() {
    // 定义模板字符串
    rangeTemplate := `
{{if .Kind}}
    {{range $i, $v := .MapContent}}
        {{$i}} => {{$v}} , {{$.OutsideContent}}
    {{end}}
{{else}}
    {{range .MapContent}}
        {{.}} , {{$.OutsideContent}}
    {{end}}
{{end}}`

    str1 := []string{"第 1 次 range", "使用索引和值"}
    str2 := []string{"第 2 次 range", "不使用索引和值"}

    type Content struct {
        MapContent     []string
        OutsideContent string
        Kind           bool
    }

    var contents = []Content{
        {str1, "第 1 次外面的内容", true},
        {str2, "第 2 次外面的内容", false},
    }

    // 创建模板并解析
    t := template.Must(template.New("range").Parse(rangeTemplate))

    // 执行模板
    for _, c := range contents {
        err := t.Execute(os.Stdout, c)
        if err != nil {
            log.Println("执行模板出错: ", err)
        }
    }
}
```

运行以上代码，在终端输入：

```
$ go run template2.go
```

输出结果如下：

```
0 => 第 1 次 range ，第 1 次外面的内容
1 => 使用索引和值 ，第 1 次外面的内容

第 2 次 range ，第 2 次外面的内容
不使用索引和值 ，第 2 次外面的内容
```

（6）with 关键字。

with 关键字用于在管道不为空的情况下执行特定的模板代码。其基本语法如下：

```
{{with pipeline}}
   T1
{{end}}
```

如果 pipeline 为空，则不会产生任何输出。

也可以使用{{else}}形式：

```
{{with pipeline}}
   T1
{{else}}
   T0
{{end}}
```

如果 pipeline 为空，则执行 T0；否则，将“.”设为 pipeline 的值并执行 T1。

（7）比较函数。

模板中内置了一些比较函数，可以用于条件判断。这些函数会将任何类型的零值视为 false，其余视为 true。常用的比较函数有：

- eq：如果 arg1 == arg2，则返回 true。
- ne：如果 arg1 != arg2，则返回 true。
- lt：如果 arg1 < arg2，则返回 true。
- le：如果 arg1 <= arg2，则返回 true。
- gt：如果 arg1 > arg2，则返回 true。
- ge：如果 arg1 >= arg2，则返回 true。

为了简化多参数的相等比较，只有 eq 可以接收两个或更多参数，它会将第一个参数依次与后面的参数比较，形式如下：

```
{{eq arg1 arg2 arg3}}
```

相当于：

```
arg1 == arg2 || arg1 == arg3
```

提示　比较函数只适用于基本类型或其别名类型的数据，例如 type Balance float32。不同类型的数据之间（如整数和浮点数之间）不能直接比较。

（7）预定义函数。

预定义函数是指在模板库中定义好的函数，见表 4-1，可以直接在“{{”和“}}”之间使用。

表 4-1

函数名	功能
and	返回其第 1 个空值参数或者最后 1 个参数，即“and x y”等价于“if x then y else x”。所有参数都会被执行
or	返回第 1 个非空参数或者最后 1 个参数，即“or x y”等价于“if x then x else y”。所有参数都会被执行
not	返回其单个布尔值参数的相反结果
len	返回其参数的整数类型长度
index	执行结果为第 1 个参数以其余参数为键指向的值，例如“index x 1 2 3”返回 x[1][2][3]的值。每个被索引的主体必须是数组、切片或者字典
print	即 fmt.Sprint
printf	即 fmt.Sprintf
println	即 fmt.Sprintln
html	返回其参数文本表示的 HTML 源码等价表示
urlquery	返回其参数文本表示的可嵌入 URL 查询的逸码等价表示
js	返回其参数文本表示的 JavaScript 逸码等价表示
call	执行结果是调用第 1 个参数的返回值，该参数必须是函数类型参数，其余参数作为调用该函数的参数；如“call .X.Y 1 2”等价于 Go 语言里的 dot.X.Y(1, 2)；其中 Y 是函数类型的字段或者字典的值，或者其他类似的情况

（8）自定义函数。

Go 语言模板支持自定义函数，可以通过调用 Funcs()方法来注册这些函数，方法的签名如下：

```
func (t *Template) Funcs(funcMap FuncMap) *Template
```

Funcs()方法将参数 funcMap 中的键值对添加到模板 t 的函数映射中。如果 funcMap 中的某个值不是函数类型的，或者函数的返回值不符合要求，则执行模板时会引发 panic 错误。该方法返回模板 t，以支持链式调用。FuncMap 的类型定义如下：

```
type FuncMap map[string]interface{}
```

FuncMap 定义了从函数名字符串到函数的映射。每个函数都必须有一个或两个返回值，如果有两个返回值，则第二个必须是 error 类型的。如果函数返回两个值，且 error 类型值不为 nil，则模板执行将中断并将 error 类型值返回给调用者。

在执行模板时，模板引擎会从两个函数映射（模板函数映射和全局函数映射）中查找函数。通常情况下不在模板内部定义函数，而是使用 Funcs()方法在代码中注册函数。示例如下：

```
package main

import (
    "fmt"
    "html/template"
    "io/ioutil"
    "net/http"
)

// 定义无参数函数
func Welcome() string {
    return "Welcome"
}

// 定义有参数函数
func Doing(name string) string {
    return name + ", Learning Go Web Template"
}


func sayHello(w http.ResponseWriter, r *http.Request) {
    // 读取模板文件
    htmlByte, err := ioutil.ReadFile("./funcs.html")
    if err != nil {
        fmt.Println("读取模板文件失败，错误：", err)
        return
    }

    // 定义一个匿名函数
    loveGo := func() string {
        return "欢迎一起学习 Go 模板"
    }

    // 在解析模板之前，使用 Funcs() 方法注册自定义函数
    tmpl1, err := template.New("funcs").Funcs(template.FuncMap{
        "loveGo": loveGo,
    }).Parse(string(htmlByte))
    if err != nil {
        fmt.Println("创建模板失败，错误：", err)
```

```
        return
    }

    // 定义函数映射
    funcMap := template.FuncMap{
        // 在 FuncMap 中声明要使用的函数，之后就可以在模板中使用它们了
        "Welcome": Welcome,
        "Doing":   Doing,
    }

    name := "Shirdon"

    // 注册函数并解析模板字符串
    tmpl2, err := template.New("test").Funcs(funcMap).
        Parse("{{Welcome}}\n{{Doing .}}\n")
    if err != nil {
        panic(err)
    }

    // 使用 name 渲染模板，并将结果写入响应
    tmpl1.Execute(w, nil)
    tmpl2.Execute(w, name)
}

func main() {
    http.HandleFunc("/", sayHello)
    http.ListenAndServe(":8087", nil)
}
```

对以上代码的说明如下：

- 注册自定义函数：在解析模板之前，使用 Funcs()方法将自定义函数注册到模板中。对于 tmpl1，注册了匿名函数 loveGo；对于 tmpl2，注册了 Welcome 函数和 Doing 函数。
- 模板渲染：在执行模板时，可以在模板中直接使用已注册的函数。例如，在模板字符串中使用{{Welcome}}和{{Doing .}}。
- 传递数据：对于 tmpl2，在执行模板时传入了变量 name，这样 Doing 函数就可以接收到这个参数。

同时，创建一个名为 funcs.html 的模板文件，在该文件中可以使用自定义的 loveGo 函数：

```
<!DOCTYPE html>
<html lang="en">
<head>
    <meta charset="UTF-8">
```

```
    <title>Template Test</title>
</head>
<body>
    <h1>{{loveGo}}</h1>
</body>
</html>
```

在终端中，进入文件所在的目录，运行以下命令启动服务器：

```
$ go run template3.go
```

在浏览器中输入 http://127.0.0.1:8087 访问页面，运行结果如图 4-10 所示。

图 4-10

提示　自定义函数必须符合模板引擎的要求，即函数可以有一个或两个返回值。如果有两个返回值，则第二个必须是 error 类型的。

必须在解析模板之前注册函数，否则在模板中无法识别这些函数。

在模板文件或模板字符串中，可以直接使用已注册的函数，例如{{functionName}}或{{functionName .}}，其中点号“.”代表传入的数据。

（9）使用嵌套模板。

Go 语言的 html/template 包支持在模板中嵌套其他模板。嵌套的模板可以是独立的文件，也可以直接在模板内容中通过 define 关键字来定义。

使用 define 关键字可以在模板中定义一个名为 name 的模板，语法如下：

```
{{ define "name" }}
   <!-- 模板内容 -->
{{ end }}
```

要在模板中执行已定义的模板，可以使用 template 关键字。例如，执行名为 name 的模板：

```
{{ template "name" }}
```

或者传递数据给模板：

```
{{ template "name" . }}
```

在 Go 1.6 及以上版本中，block 关键字类似于 define，用于定义一个可重写的模板块，并在需要的地方执行，语法如下：

```
{{ block "name" . }}
   <!-- 默认内容 -->
{{ end }}
```

这等价于先定义模板 name，然后在当前位置执行它：

```
{{ define "name" }}
   <!-- 默认内容 -->
{{ end }}
{{ template "name" . }}
```

下面通过一个具体的示例来加深理解。

1）创建主模板文件 t.html，内容如下：

```
<!DOCTYPE html>
<html lang="en">
<head>
   <meta charset="UTF-8">
   <title>模板测试</title>
</head>
<body>
   <h1>测试嵌套模板语法</h1>
   <hr>
   {{ template "ul.html" }}
   <hr>
   {{ template "ol.html" }}
</body>
</html>

{{ define "ol.html" }}
<h1>这是 ol.html</h1>
<ol>
   <li>I love Go</li>
   <li>I love Java</li>
   <li>I love C</li>
</ol>
{{ end }}
```

提示 在 t.html 文件的末尾，使用 define 关键字定义了一个名为 ol.html 的模板。

2）创建被嵌套的模板文件 ul.html，内容如下：

```
{{ define "ul.html" }}
<h1>这是 ul.html</h1>
```

```
<ul>
    <li>注释</li>
    <li>日志</li>
    <li>测试</li>
</ul>
{{ end }}
```

3）在 Go 语言程序中，注册名为 tmplSample 的路由处理函数：

```
http.HandleFunc("/", tmplSample)
```

4）定义路由处理函数 tmplSample()，通过调用 template.ParseFiles()函数解析模板文件，实现模板嵌套：

```
func tmplSample(w http.ResponseWriter, r *http.Request) {
    tmpl, err := template.ParseFiles("t.html", "ul.html")
    if err != nil {
        fmt.Println("解析模板失败，错误：", err)
        return
    }
    tmpl.Execute(w, nil)
}
```

这里使用 template.ParseFiles()函数同时解析 t.html 和 ul.html，从而实现模板的嵌套引用。

5）完整的代码如下：

```
package main

import (
    "fmt"
    "html/template"
    "net/http"
)

func tmplSample(w http.ResponseWriter, r *http.Request) {
    tmpl, err := template.ParseFiles("t.html", "ul.html")
    if err != nil {
        fmt.Println("解析模板失败，错误：", err)
        return
    }
    tmpl.Execute(w, nil)
}

func main() {
    http.HandleFunc("/", tmplSample)
```

```
    http.ListenAndServe(":8087", nil)
}
```

6）在项目所在的目录下打开命令行，输入以下命令启动服务器：

```
$ go run main.go
```

7）在浏览器中输入 http://127.0.0.1:8087，运行结果如图 4-11 所示。

图 4-11

4.4.3 Gin 模板渲染

Gin 支持渲染多种格式的数据，包括 JSON、XML、HTML 等。其中，渲染 HTML 模板在 Web 开发中非常常见，Gin 提供了方便的方式来加载和渲染 HTML 模板。下面详细介绍如何在 Gin 中渲染模板。

1. Gin 模板渲染基础

Gin 使用 html/template 包来渲染模板。它的使用过程主要分为三步：

- 加载模板：通过 LoadHTMLFiles()或 LoadHTMLGlob()方法加载模板文件。
- 定义路由处理函数：在路由中通过 HTML()方法来渲染模板。
- 传递数据：通过传递一个 map 或结构体将数据传递给模板。

2. 模板渲染的操作步骤

（1）加载模板文件。

Gin 提供了两种加载模板文件的方法：

- LoadHTMLFiles()：按文件加载。
- LoadHTMLGlob()：按路径匹配规则批量加载。

加载模板文件的示例如下：

```
package main

import (
    "github.com/gin-gonic/gin"
)

func main() {
    r := gin.Default()

    // 加载单个或多个模板文件
    r.LoadHTMLFiles("templates/index.html", "templates/about.html")

    // 或者加载整个目录中的所有模板文件
    r.LoadHTMLGlob("templates/*")

    r.GET("/index", func(c *gin.Context) {
        // 渲染 index.html 模板
        c.HTML(200, "index.html", gin.H{
            "title": "主页",
        })
    })

    r.Run(":8080")
}
```

在上面的代码中，LoadHTMLFiles()方法用于加载模板文件 index.html 和 about.html，LoadHTMLGlob()方法用于加载整个 templates/目录下的所有模板文件。

（2）定义路由处理函数。

HTML()方法用于在请求处理函数中渲染 HTML 页面。它的基本语法如下：

```
c.HTML(http.StatusOK, "模板名称", gin.H{
    "key": "value",
})
```

在以上代码中，第一个参数是 HTTP 状态码，通常是 http.StatusOK（即 200）。第二个参数是模板文件的名称。第三个参数是一个包含要传递给模板的数据的 map，也可以是结构体。

（3）传递数据。

在模板中可以通过双花括号（{{ }}）语法引用传递的变量。例如，如果要传递一个带有"title": "主页"的 map，那么可以在 HTML 模板中这样使用：

```
<!DOCTYPE html>
<html lang="en">
<head>
    <meta charset="UTF-8">
    <title>{{ .title }}</title>
</head>
<body>
    <h1>{{ .title }}</h1>
</body>
</html>
```

在这个模板中，{{ .title }}表示使用传递进来的数据 map 中的 title 值。

（4）嵌套模板。

Gin 支持模板的嵌套，通过定义主模板（layout）可以在不同页面中嵌套内容。例如，创建一个名为 layout.html 的文件，代码如下：

```
<!DOCTYPE html>
<html lang="en">
<head>
    <meta charset="UTF-8">
    <title>{{ block "title" . }}{{ end }}</title>
</head>
<body>
    <header>
        <h1>网站头部</h1>
    </header>
    <main>
        {{ block "main" . }}{{ end }}
    </main>
    <footer>
        <p>网站底部</p>
    </footer>
</body>
</html>
```

再创建一个名为 index.html 的文件，代码如下：

```
{{ define "title" }}首页{{ end }}

{{ define "main" }}
<h1>欢迎来到首页</h1>
<p>{{ .content }}</p>
{{ end }}
```

加载和使用嵌套模板，代码如下：

```
r.LoadHTMLGlob("templates/*")
r.GET("/index", func(c *gin.Context) {
    c.HTML(http.StatusOK, "index.html", gin.H{
        "content": "这是首页的内容",
    })
})
```

在以上示例中，index.html 使用了 layout.html，通过{{ define "block_name" }}...{{ end }}语法可以将页面内容插入在布局模板中定义的块（block）里。

3. 使用结构体传递数据

除了可以使用 map 传递数据，还可以使用 Go 语言的结构体来传递数据，这样可以更好地利用类型检查。示例如下：

```
type PageData struct {
    Title   string
    Content string
}

r.GET("/about", func(c *gin.Context) {
    data := PageData{
        Title:   "关于我们",
        Content: "这是关于我们页面的内容",
    }
    c.HTML(http.StatusOK, "about.html", data)
})
```

在模板中，开发者可以使用类似于{{ .Title }}的语法来引用结构体的字段。

4. 静态文件处理

在使用模板时，通常还需要提供静态文件，如 CSS、JavaScript 等。Gin 提供了 Static()方法来服务静态文件。示例如下：

```
r.Static("/assets", "./static")
```

以上示例会将/assets 路径映射到文件系统中的./static 目录下。

5. 模板渲染中的常见问题

Gin 默认会将模板文件缓存到内存中，如果开发者修改了模板文件，则可能需要重新启动应用才能看到更改。如果开发者在开发过程中频繁修改模板文件，则可以使用 r.Delims()方法自定义模板分隔符，避免与前端框架的冲突。

如果模板渲染过程中出错，那么 Gin 会返回 500 错误。开发者可以通过 c.Error()方法或使用中间件来捕获并处理这些错误。

6. Gin 渲染 HTML 模板实战

在 Gin 框架中，可以使用 HTML 渲染引擎来渲染 HTML 模板。以下是具体的步骤。

（1）创建一个新的 gin.Engine 实例，并定义一个路由来渲染模板，代码如下：

```
package main

import (
    "net/http"

    "github.com/gin-gonic/gin"
)

func main() {
    r := gin.Default()

    // 加载模板文件
    r.LoadHTMLGlob("templates/*")

    // 定义渲染模板的路由
    r.GET("/hi", func(c *gin.Context) {
        c.HTML(http.StatusOK, "hi.tmpl", gin.H{
            "title": "Hi, this is a test!",
            "body":  "This is the body content.",
        })
    })

    r.Run()
}
```

在以上代码中，为 URL“/hi”定义了一个路由。在处理函数中，调用 gin.Context 对象的 HTML()方法来渲染模板。

提示 HTML()方法的第一个参数是要发送的 HTTP 状态码，第二个参数是要渲染的模板文件名，第三个参数是传递给模板的数据，通常以 gin.H（相当于 map[string]interface{}）的形式提供。

（2）创建模板文件。

在项目的 templates 目录下创建一个名为 hi.tmpl 的模板文件，内容如下：

```
<!DOCTYPE html>
<html>
<head>
    <title>{{ .title }}</title>
</head>
<body>
    <h1>{{ .title }}</h1>
    <p>{{ .body }}</p>
</body>
</html>
```

这个模板文件使用了 Go 语言的模板语法，定义了具有动态标题和正文内容的 HTML 文档。模板中的{{ .title }}和{{ .body }}会被传入的数据所替换，这些数据是在步骤（1）的 HTML()方法中通过 gin.H 被传递的。

（3）启动服务器并测试路由。

运行程序，启动服务器。在 Web 浏览器中访问 http://127.0.0.1:8080/hi，可以看到渲染后的 HTML 页面，其中包含动态的标题和正文内容，如图 4-12 所示。

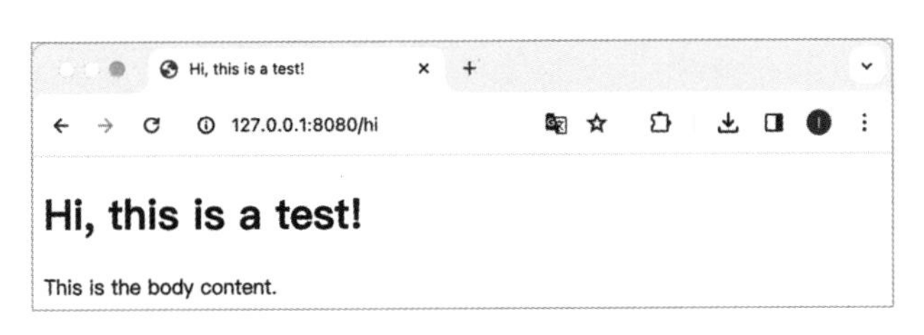

图 4-12

4.5　Gin 处理文件实战

4.5.1　【实战】访问静态文件

在 Gin 框架中，可以使用内置的静态文件处理中间件来提供静态文件（例如，图像、CSS 文件、JavaScript 文件等）。以下是具体的步骤。

（1）创建 gin.Engine 对象，并定义提供静态文件的路由，代码如下：

```
package main

import (
    "github.com/gin-gonic/gin"
```

```
)

func main() {
    r := gin.Default()

    // 提供静态文件服务
    r.Static("/images", "./static/images")

    r.Run()
}
```

在上述代码中，使用了 gin.Engine 对象的 Static()方法来提供静态文件服务。Static()方法的第一个参数是静态文件的 URL 前缀（在本例中为/images），第二个参数是文件系统中静态文件所在的目录（在本例中为./static/images）。

（2）创建静态文件目录并添加文件。

在 Go 源码文件所在的目录下，创建一个名为 static/images 的文件夹，并在其中放置一些静态文件（例如，图像、CSS 文件、JavaScript 文件等），确保目录结构如下：

```
4.5/
├── file1.go
└── static/
    └── images/
        ├── gin_logo.png
        └── other_files...
```

（3）启动服务器并访问静态文件。在终端运行以下命令启动服务器：

```
$ go run file1.go
```

在浏览器中访问 http://127.0.0.1:8080/images/gin_logo.png，如果配置正确，则浏览器的返回结果将如图 4-13 所示。

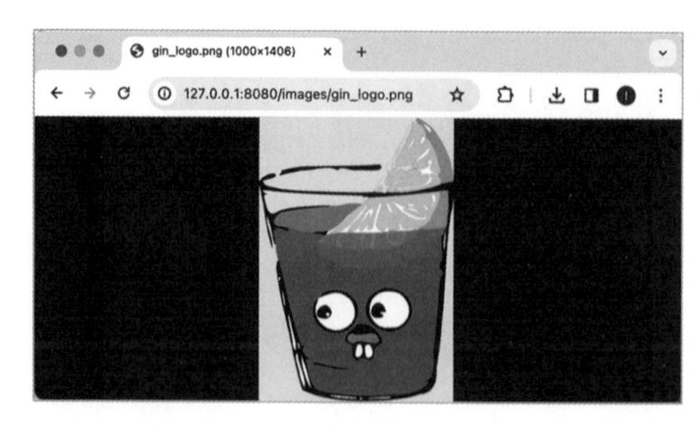

图 4-13

4.5.2 【实战】上传文件

在 Gin 框架中，可以使用 gin.Context 对象的 FormFile()方法来处理文件上传。以下是具体的步骤。

（1）创建一个包含<input type="file">元素的 HTML 表单，用于选择要上传的文件。创建一个名为 upload.html 的模板文件，内容如下：

```
<!DOCTYPE html>
<html>
<head>
   <title>文件上传测试</title>
</head>
<body>
   <h1>上传文件</h1>
   <form action="http://127.0.0.1:8080/upload" method="post"
enctype="multipart/form-data">
      <input type="file" name="file">
      <button type="submit">上传</button>
   </form>
</body>
</html>
```

在这个文件中，<input type="file" name="file">用于选择要上传的文件，name 属性的值为"file"，稍后会在服务器端代码中使用该值。

（2）创建一个新的 gin.Engine 对象，并定义处理文件上传的路由。

编写 Go 程序，创建一个名为 main.go 的文件，内容如下：

```
package main

import (
   "fmt"
   "net/http"

   "github.com/gin-gonic/gin"
)

func main() {
   r := gin.Default()

   // 处理文件上传的路由
   r.POST("/upload", func(c *gin.Context) {
      // 获取上传的文件
```

```
        file, err := c.FormFile("file")
        if err != nil {
            c.String(http.StatusBadRequest, fmt.Sprintf("获取文件失败：%s",
err.Error()))
            return
        }

        // 指定保存文件的路径
        dst := fmt.Sprintf("./uploads/%s", file.Filename)

        // 保存上传的文件
        if err := c.SaveUploadedFile(file, dst); err != nil {
            c.String(http.StatusInternalServerError, fmt.Sprintf("保存文件失败：
%s", err.Error()))
            return
        }

        c.String(http.StatusOK, fmt.Sprintf("文件 %s 上传成功", file.Filename))
    })

    r.Run()
}
```

在以上代码中，为 URL“/upload”定义了一个处理 POST 请求的路由，用于处理文件上传。

在处理函数中，使用 gin.Context 对象的 FormFile()方法获取上传的文件，其中参数"file"对应 HTML 表单中文件字段的 name 属性。获取到文件对象后，使用 SaveUploadedFile()方法将文件保存到指定路径。其中，参数 dst 是保存文件的目标路径，这里使用了./uploads/目录，并保留了原始的文件名。如果文件保存成功，则返回状态码 200，并提示文件上传成功；如果失败，则返回相应的错误信息。

（3）启动服务器并测试文件上传，具体步骤如下。

1）创建保存上传文件的目录。在项目的根目录下创建一个名为 uploads 的文件夹，用于保存上传的文件。应确保程序有权限在该目录下写入文件。

```
$ mkdir uploads
```

2）启动服务器。在终端中运行以下命令启动服务器：

```
$ go run main.go
```

3）打开上传页面。在浏览器中打开之前创建的 upload.html 文件（直接打开本地文件即可），将显示上传文件的表单。

4）上传文件。单击“选择文件”按钮，选择要上传的文件。单击“上传”按钮，提交表单。

5）查看上传结果。上传成功后，浏览器页面会显示类似于“文件 example.txt 上传成功”的提示。在 uploads 目录下，可以看到刚刚上传的文件。

4.5.3　【实战】下载文件

在 Gin 框架中，可以通过向客户端发送文件（如图像、文档或其他可下载内容）来响应请求。以下是具体的步骤。

（1）自定义下载文件的名称。

下载文件时，如果希望在客户端看到的文件名与实际文件名不同，则可以自定义文件名。代码如下：

```
package main

import (
    "github.com/gin-gonic/gin"
)

func main() {
    r := gin.Default()

    r.GET("/download", func(c *gin.Context) {
        // 文件的实际路径
        filePath := "./test_download.txt"

        // 在客户端将看到的文件名
        customFileName := "downloaded_file.txt"

        // 设置响应头，指定文件名
        c.Header("Content-Disposition", "attachment;
filename="+customFileName)
        // 发送文件给客户端
        c.File(filePath)
    })

    r.Run()
}
```

在以上代码中，Content-Disposition 响应头被设置为客户端下载文件时看到的文件名。File() 方法用于将指定路径的文件发送给客户端。

运行程序后，在浏览器中输入 http://127.0.0.1:8080/download，浏览器将自动下载名为

downloaded_file.txt 的文件到本地电脑。

（2）流式传输大文件到客户端。

对于大文件，为了避免将整个文件加载到内存中，可以将文件以流的方式传输给客户端。代码如下：

```
r.GET("/download2", func(c *gin.Context) {
    // 文件的实际路径
    filePath := "./largefile.zip"

    // 在客户端将看到的文件名
    customFileName := "downloaded_file.zip"

    // 使用 FileAttachment()方法以附件形式发送文件
    c.FileAttachment(filePath, customFileName)
})
```

在以上示例中，FileAttachment()方法会自动设置 Content- Disposition 响应头，并以流的方式将文件发送给客户端，适合传输大文件。

运行程序后，在浏览器中输入 http://127.0.0.1:8080/download2，浏览器将自动下载名为 downloaded_file.zip 的文件到本地电脑。

第 5 章 Gin 中间件

5.1 处理 Cookie

Cookie 是网络服务器存储在用户计算机上的小型文本文件。它通常用于跟踪用户首选项或登录凭据，以及维护 HTTP 请求之间的状态。

当用户访问网站时，网络服务器会将一组 Cookie 发送到用户的浏览器上，浏览器将它们存储在用户的计算机上。下次用户访问同一网站时，浏览器会将存储的 Cookie 连同 HTTP 请求一同发送给服务器。

Cookie 具有各种属性，包括名称、值、到期日期、路径和域，具体如下：

- 名称和值：必需属性，用于存储任意数据。
- 到期日期：用于指定 Cookie 应在何时到期。
- 路径和域：用于将 Cookie 的范围限制在网站的特定部分或特定域内。

可以在浏览器中使用 JavaScript 或服务器端编程语言（如 PHP、Python 或 Go）创建和读取 Cookie。

> **提示** Cookie 会受到各种安全和隐私问题的影响，例如跨站脚本攻击（XSS）、跨站请求伪造（CSRF）和用户跟踪。因此，Web 开发者在使用 Cookie 时需要谨慎，并采取适当的措施保护用户的安全和隐私。

5.1.1 Cookie 的基本操作

1. 创建 Cookie

当服务器接收到客户端发送的 HTTP 请求后，会在响应中包含 Set-Cookie 标头的信息。Cookie 通常存储在客户端浏览器中，客户端浏览器在发送请求时会通过 HTTP 标头携带相应的 Cookie 返回给服务器。

Cookie 分为以下几种。

（1）Set-Cookie 和 Cookie 标头。

Set-Cookie 是服务器在 HTTP 响应中使用的标头，用于将 Cookie 发送到用户代理（如浏览器）处。随后，浏览器在请求中使用 Cookie 标头，将 Cookie 发送回服务器。

（2）会话 Cookie。

会话 Cookie 的特点是，当关闭浏览器时，它会被删除，因为它没有指定 Expires 或 Max-Age 属性。然而，一些 Web 浏览器可能会具有“会话恢复”功能，这会使得大多数会话 Cookie 保持有效，就像浏览器从未被关闭过一样。

（3）持久性 Cookie。

持久性 Cookie 不会在关闭浏览器时过期，而是在达到特定日期（通过 Expires 属性设置）或经过一定时间长度（通过 Max-Age 属性设置）后过期。例如：

```
Set-Cookie: id=b8gNc; Expires=Sun, 31 Dec 2024 07:28:00 GMT;
```

（4）安全 Cookie。

安全 Cookie 只能通过 HTTPS 协议加密传输，确保它们不会通过不安全的连接被发送。即使如此，仍然不应在 Cookie 中存储敏感信息，因为 Cookie 本质上并不完全安全。

2. Cookie 的作用域

Cookie 的作用域由 Domain 和 Path 属性定义，即指定了哪些 URL 可以接收和发送该 Cookie。

（1）Domain 属性。

Domain 属性指定了可以接收该 Cookie 的主机。如果未指定 Domain，则默认情况下 Cookie 仅适用于当前主机（不包含子域名）。如果指定了 Domain，则该 Cookie 也适用于当前主机所包含的子域名。例如，设置 Domain=baidu.com，则该 Cookie 适用于 baidu.com 及其子域名（如 news.baidu.com）。

（2）Path 属性。

Path 属性指定了 Cookie 的使用路径，即在哪些 URL 下 Cookie 可用。例如，设置 Path=/test，则表示在以下路径下 Cookie 都可用：

```
/test
/test/news/
/test/news/id
```

5.1.2 【实战】设置 Cookie

在 Gin 框架中，可以使用 http.SetCookie()函数来设置 Cookie。以下是一个实战示例。

（1）创建一个新的 gin.Engine 实例，并定义用于设置 Cookie 的路由。代码如下：

```
package main

import (
    "github.com/gin-gonic/gin"
    "net/http"
    "time"
)

func main() {
    r := gin.Default()

    // 设置一个 Cookie
    r.GET("/set-cookie", func(c *gin.Context) {
        cookie := &http.Cookie{
            Name:    "username",
            Value:   "shirdon",
            Expires: time.Now().Add(24 * time.Hour),
            Path:    "/",
        }
        http.SetCookie(c.Writer, cookie)
        c.String(http.StatusOK, "Cookie 设置成功")
    })

    r.Run()
}
```

在上述代码中，为/set-cookie 这个 URL 定义了一个路由。在处理函数中，创建了一个新的 http.Cookie 对象，名称为 username，值为 shirdon，过期时间为从现在开始的 24 小时后，路径为“/”。

接着，使用 http.SetCookie()函数在响应头中设置该 Cookie。http.SetCookie()函数的第一个参数是 gin.Context 对象的 http.ResponseWriter，即 c.Writer，第二个参数是刚刚创建的 Cookie 对象，即 cookie。

（2）启动服务器并测试 Cookie。

通过调用 r.Run()方法来启动服务器，然后在 Web 浏览器中访问 URL：http://127.0.0.1:8080/set-cookie。Gin 会在响应头中设置 Cookie，浏览器将会存储该 Cookie。开发者可以在浏览器的“开发者工具”中的“存储”或“程序”选项卡中查看是否成功设置了 Cookie。

在浏览器中运行的结果如图 5-1 所示。

图 5-1

5.1.3 【实战】读取 Cookie

在 Gin 框架中，可以使用 gin.Context 对象的 Cookie()方法来读取 Cookie。以下是一个示例。

（1）创建一个新的 gin.Engine 实例，定义用于读取 Cookie 的路由并读取 Cookie，代码如下：

```
package main

import (
    "github.com/gin-gonic/gin"
    "net/http"
)

func main() {
    r := gin.Default()

    // 读取 Cookie
    r.GET("/read-cookie", func(c *gin.Context) {
        username, err := c.Cookie("username")
        if err != nil {
            c.String(http.StatusBadRequest, "未找到 Cookie")
            return
        }
        c.String(http.StatusOK, "Hi %s", username)
    })

    r.Run()
}
```

在上述代码中，为 /read-cookie 这个 URL 定义了一个路由。在处理函数中，使用 gin.Context

对象的 Cookie()方法来读取名为 username 的 Cookie 的值。如果未找到该 Cookie，则返回状态码 400 和一条提示消息；如果成功读取 Cookie，则返回状态码 200，并在消息中包含 username 的值。

（2）启动服务器并测试 Cookie。

通过调用 r.Run()方法启动服务器，然后在 Web 浏览器中访问 http://127.0.0.1:8080/read-cookie。浏览器返回的结果如图 5-2 所示。

图 5-2

5.1.4　【实战】删除 Cookie

在 Gin 框架中，可以使用 http.SetCookie()函数删除 Cookie——通过将 Cookie 的过期时间设置为过去的时间来实现。以下是一个示例。

（1）创建一个新的 gin.Engine 实例，定义用于删除 Cookie 的路由并删除 Cookie，代码如下：

```
package main

import (
    "github.com/gin-gonic/gin"
    "net/http"
    "time"
)

func main() {
    r := gin.Default()

    // 删除 Cookie
    r.GET("/delete-cookie", func(c *gin.Context) {
        cookie := &http.Cookie{
            Name:    "username",
            Value:   "",
            Expires: time.Unix(0, 0),
            Path:    "/",
        }
        http.SetCookie(c.Writer, cookie)
        c.String(http.StatusOK, "Cookie 已成功删除")
```

```
    })

    r.Run()
}
```

在上述代码中，为/delete-cookie 这个 URL 定义了一个路由。在处理函数中，创建了一个新的 http.Cookie 对象，名称为 username，值为空字符串，过期时间设置为过去的时间点（time.Unix(0, 0)），路径为“/”。

接着，使用 http.SetCookie()函数将这个过期的 Cookie 添加到响应头中，从而通知浏览器删除该 Cookie。http.SetCookie()函数的第一个参数是 gin.Context 对象的 http.ResponseWriter，即 c.Writer，第二个参数是创建的 Cookie 对象，即 cookie。

（2）启动服务器并测试 Cookie 删除。

调用 r.Run()方法启动服务器，然后在 Web 浏览器中访问 http://127.0.0.1:8080/delete-cookie。Gin 会通过在响应头中设置一个已过期的 Cookie，使浏览器删除对应的 Cookie。

浏览器返回的结果如图 5-3 所示。

图 5-3

5.2 Gin 中间件

在 Gin 中，中间件是一种向 HTTP 处理程序添加通用功能的方法。在 Gin 的上下文中，中间件是指在 HTTP 请求的请求-响应周期中执行的一组函数或处理程序。

5.2.1 什么是 Gin 中间件

Gin 中间件可以用于多种用途，例如记录日志、验证身份、限流、处理错误等。开发者可以自定义中间件，或者使用 Gin 社区提供的现有中间件。

Gin 中间件的特点如下：

- 模块化：中间件可以在不影响程序核心功能的情况下添加、删除或修改。
- 可重用性：中间件可以在多个程序和路由中使用。

- 可链式调用：允许按照特定顺序调用多个中间件来处理请求。
- 互操作性：中间件能够与程序中使用的其他中间件和第三方库兼容。
- 上下文感知：中间件可以访问并修改请求和响应对象，以及其他相关的上下文信息。
- 错误处理机制：中间件可以确保错误能被正确处理，不会导致程序出现意外行为。

中间件是在基于 Gin 的 Web 程序中添加附加功能的一种方法。它们按照添加到路由器中的顺序执行，能够在主路由处理程序之前或之后修改请求和响应，或者执行其他任务。

Gin 中间件的关键组件包括：

- 函数签名：一个接收*gin.Context 对象的函数。
- 返回值：返回一个 gin.HandlerFunc，这是 Gin 中间件函数必须满足的类型。
- 中间件逻辑：在中间件函数内部执行任何必要的操作，例如日志记录、身份验证、请求验证，或者修改请求和响应。

下面是一个简单的中间件示例，用于记录请求的方法和 URL：

```
func LoggerMiddleware() gin.HandlerFunc {
    return func(c *gin.Context) {
        log.Printf("请求方法：%s，请求 URL：%s", c.Request.Method, c.Request.URL)
        c.Next()
    }
}
```

在上述代码中，先调用 LoggerMiddleware()函数返回了一个 Gin 中间件函数（该函数使用标准库的 log 包记录了请求的方法和 URL），然后调用 c.Next()将控制权传递给下一个中间件或路由处理程序。

要想在 Gin 应用中使用上述中间件，可以通过以下方式：

```
func main() {
    router := gin.Default()

    // 使用中间件
    router.Use(LoggerMiddleware())

    // 定义一个路由处理器
    router.GET("/", func(c *gin.Context) {
        c.JSON(http.StatusOK, gin.H{
            "message": "Hello, World!",
        })
    })
```

```
    router.Run(":8080")
}
```

在这个示例中，通过 router.Use(LoggerMiddleware())将中间件添加到了路由器中。这样所有传入的请求都会先经过 LoggerMiddleware()记录请求的方法和 URL，然后由指定的路由处理程序处理请求并返回响应。

5.2.2 【实战】使用 Gin 中间件

在 Gin 框架中，中间件用于对所有请求或特定的一组请求执行通用的功能。中间件可以修改 gin.Context 对象，以执行额外的处理操作，或者拦截请求和响应。

以下是一个在 Gin 中使用中间件的示例：

```
package main

import (
    "github.com/gin-gonic/gin"
    "net/http"
)

func main() {
    r := gin.Default()

    // 定义中间件
    r.Use(func(c *gin.Context) {
        c.Set("user", "Shirdon")
        c.Next()
    })

    // 定义路由
    r.GET("/", func(c *gin.Context) {
        user, exists := c.Get("user")
        if !exists {
            c.String(http.StatusBadRequest, "未找到用户")
            return
        }
        c.String(http.StatusOK, "Hi %s", user)
    })

    r.Run(":8080")
}
```

在上述代码中，首先创建了一个新的 Gin 实例 r。接着，使用 r.Use()方法添加一个中间件函数。这个中间件函数通过调用 c.Set()方法在 gin.Context 对象中设置了键为 user、值为 Shirdon 的数据。然后，通过调用 c.Next()方法将控制权交给下一个中间件或路由处理函数。

接下来，为路径“/”定义了一个 GET 路由。路由处理函数尝试从 gin.Context 中获取键为 user 的值：如果获取失败（即键不存在），则返回状态码 400，并显示消息“未找到用户”。如果获取成功，则返回状态码 200，并在响应中包含 user 的值。

当服务器接收到请求后，中间件函数会在路由处理函数之前执行。由于中间件在 gin.Context 中设置了 user 的值，因此路由处理函数能够成功获取并使用该值。

在 Web 浏览器中访问 http://127.0.0.1:8080。浏览器返回的结果如图 5-4 所示。

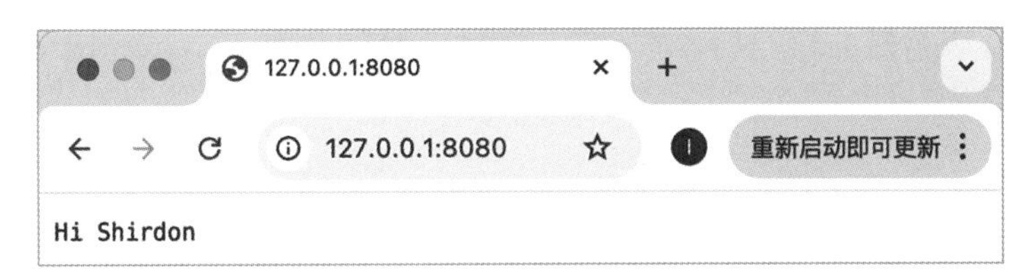

图 5-4

5.2.3 【实战】自定义中间件

在 Gin 框架中，可以通过自定义中间件来为程序添加额外的功能。自定义中间件是一个接收 *gin.Context 对象参数且不返回任何值的函数。中间件可以修改请求上下文、执行额外的处理，或者拦截和修改请求与响应。

以下是一个在 Gin 中创建自定义中间件的示例：

```
package main

import (
    "github.com/gin-gonic/gin"
    "log"
    "net/http"
    "time"
)

func main() {
    r := gin.Default()

    // 添加自定义中间件
    r.Use(myCustomMiddleware())

    // 定义路由
    r.GET("/", func(c *gin.Context) {
```

```
        c.String(http.StatusOK, "Hello, world!")
    })

    r.Run(":8080")
}

// 自定义中间件函数
func myCustomMiddleware() gin.HandlerFunc {
    return func(c *gin.Context) {
        // 请求前的操作：记录开始时间
        startTime := time.Now()
        c.Set("startTime", startTime)

        // 处理请求
        c.Next()

        // 请求后的操作：计算处理时间并记录日志
        elapsed := time.Since(startTime)
        log.Printf("请求处理时间：%s", elapsed)
    }
}
```

对以上代码的说明如下：

- 自定义中间件函数：myCustomMiddleware()返回一个 gin.HandlerFunc 类型的函数。该函数接收*gin.Context 作为参数。
- 请求前的操作：在处理请求之前，记录当前时间并将其存储在上下文中，方便后续计算请求处理时间。
- 处理请求：使用 c.Next()方法将控制权交给下一个中间件或实际的路由处理函数进行处理。
- 请求后的操作：在路由处理完成后，计算请求处理耗时，并通过日志记录下来。

当服务器接收到请求后，myCustomMiddleware()中间件会在实际的路由处理函数之前执行。在请求处理前后分别执行操作，可以用于日志记录、性能监控、鉴权等功能。

在 Web 浏览器中访问 http://127.0.0.1:8080。浏览器返回的结果如图 5-5 如所示。

图 5-5

5.2.4 【实战】使用 Gin 中间件实现速率限制

下面介绍如何在不依赖任何外部包的情况下，使用 Gin 框架的中间件机制来实现简单的速率限制功能。示例如下：

```
package main

import (
    "github.com/gin-gonic/gin"
    "net/http"
    "sync"
    "time"
)

type RateLimiter struct {
    sync.Mutex
    Requests map[string]int
}

func main() {
    r := gin.Default()

    // 设置速率限制中间件
    rateLimiter := &RateLimiter{Requests: make(map[string]int)}
    r.Use(RateLimitMiddleware(rateLimiter, 2, 5*time.Minute))

    // 定义路由
    r.GET("/", func(c *gin.Context) {
        c.String(http.StatusOK, "Hi, welcome!")
    })

    r.Run(":8080")
}

func RateLimitMiddleware(rateLimiter *RateLimiter, limit int, interval
time.Duration) gin.HandlerFunc {
    return func(c *gin.Context) {
        ip := c.ClientIP()

        rateLimiter.Lock()
        requests := rateLimiter.Requests[ip]

        if requests >= limit {
            rateLimiter.Unlock()
```

```
            c.AbortWithStatusJSON(http.StatusTooManyRequests, gin.H{"error":
"Too many requests."})
            return
        }

        rateLimiter.Requests[ip] = requests + 1
        rateLimiter.Unlock()

        // 在指定时间后减少请求计数
        go func() {
            time.Sleep(interval)
            rateLimiter.Lock()
            rateLimiter.Requests[ip]--
            if rateLimiter.Requests[ip] <= 0 {
                delete(rateLimiter.Requests, ip)
            }
            rateLimiter.Unlock()
        }()

        c.Next()
    }
}
```

上述代码实现了一个简单的速率限制器，说明如下：

- RateLimiter 结构体：用于跟踪每个客户端 IP 地址的请求次数，包含一个互斥锁 sync.Mutex 和一个映射 Requests，并将 IP 地址映射到请求计数处。
- RateLimitMiddleware()函数：这是实际的中间件函数，接收一个 RateLimiter 实例、限制值 limit 和时间间隔 interval 作为参数，返回一个符合 gin.HandlerFunc 类型的函数。

提示 这种实现方式相对简单，可能不如令牌桶等专业速率限制算法那样精确和健壮，但对于基本的速率限制需求已经足够。

在生产环境中，建议使用成熟的速率限制库或算法，以获得更可靠、更高效的性能。

5.3 Gin 处理 Session

本节先介绍 Session（会话）的概念，然后概述 gin-contrib/sessions 包的功能，再介绍如何安装和使用 gin-contrib/sessions 包，最后展示如何使用 Redis 作为存储引擎来持久化 Session 数据，提升应用的性能和可扩展性。

5.3.1　什么是 Session

Session 是用户与计算机程序（通常是网络浏览器或移动程序）之间交互的一段时间。在此期间，用户执行一系列由程序处理的操作或请求，程序会维护有关用户活动的状态信息，例如用户的身份、偏好和当前的 Session 数据。

通常，当用户登录系统或访问网站时，Session 就开始了，它会持续一段时间或直到用户注销。在 Session 期间，用户可以与程序中的多个页面或界面交互，并在这些交互中维护状态信息。

Session 对于维护安全性和隐私性至关重要，因为它允许程序验证用户的身份并限制对敏感信息或操作的访问。同时，它还能通过记住用户的偏好和历史记录，提供个性化的用户体验。

当用户首次访问 Web 程序时，通常会创建一个 Session，并为其分配一个唯一的 Session ID。这个 ID 通常以 Cookie 的形式被存储在用户的浏览器中，或者通过 URL 参数在客户端和服务器端之间传递。当用户与程序交互时，他们的数据和操作会被存储在服务器的内存中，或被存储在与 Session ID 关联的数据库中。

Session 的主要作用如下：

- 保持用户登录状态：即使用户离开程序并稍后返回，仍能保持用户登录状态。
- 提供个性化的体验：根据用户之前的交互或偏好，显示相关的内容或信息。

> **提示**　如果 Session 管理不当，则可能带来安全风险。例如，如果 Session ID 不够随机，或者被攻击者获取，则攻击者可能劫持 Session，获得对用户数据或操作的访问权限。因此，遵循 Session 管理的最佳实践非常重要，例如使用安全的 Session ID，并在一段时间后使 Session 过期。

5.3.2　gin-contrib/sessions 包简介

gin-contrib/sessions 是一个 Go 语言包，提供了基于 Gin 框架的 Web 程序的 Session 管理中间件。它允许开发者轻松地在 Web 程序中实现服务器端 Session，用于在多个请求之间存储和检索用户特定的数据。

该包通过在客户端使用 Cookie 存储唯一的 Session ID 来实现 Session 管理。服务器端的 Session 数据则被存储在键值对中。该包提供了中间件功能，可以在请求的上下文中检索和存储 Session 数据，并处理 Session 的过期和续订行为。

使用 gin-contrib/sessions 包可以在 Web 程序中实现各种基于 Session 的功能，例如用户身份验证、授权及用户活动跟踪。该包还支持多种安全特性，如 Session 加密、安全的 Cookie 处理和防止 Session 固定攻击。

gin-contrib/sessions 包由以下组件组成：

- 中间件：这是该包的核心功能，用于为基于 Gin 的 Web 程序添加 Session 支持。可以使用 Use()方法将中间件添加到 Gin 的路由器中，它负责为每个请求初始化和管理 Session。
- Store（存储）：Session 数据存储在服务器端，gin-contrib/sessions 包提供了多种后端存储来保存 Session 数据，例如内存存储、基于 Cookie 的存储、数据库存储等。
- Encoder/Decoder（编码器/解码器）：负责在后端存储中对 Session 数据进行编码和解码，以确保 Session 数据的安全。默认的编码器/解码器是基于 Base64 编码的，但开发者也可以自定义编码器/解码器。

5.3.3 【实战】安装和使用 gin-contrib/sessions 包

安装和使用 gin-contrib/sessions 包的详细步骤如下。

1. 安装 gin-contrib/sessions 包

要在 Gin 中使用 Session 管理功能，需要安装 gin-contrib/sessions 包。可以使用以下命令：

```
$ go get github.com/gin-contrib/sessions
```

该命令将下载 Session 包及其依赖项，并将其安装到 Go 语言工作区。

也可以使用以下命令，将包添加到项目的 go.mod 文件中并下载依赖项：

```
$ go mod tidy
```

运行上述命令后，就可以在代码中导入该包了：

```
import "github.com/gin-contrib/sessions"
```

现在就可以使用该包提供的函数和类型来管理 Gin 程序中的 Session 了。

2. 使用 gin-contrib/sessions 包

在基于 Gin 的 Web 程序中，可以使用 gin-contrib/sessions 包以多种方式实现 Session 管理。下面是一个使用该包实现用户身份验证和授权的示例。

（1）导入必要的包，代码如下：

```
import (
    "github.com/gin-gonic/gin"
    "github.com/gin-contrib/sessions"
    "github.com/gin-contrib/sessions/cookie"
)
```

（2）初始化 Gin 路由器和 Session 存储，代码如下：

```
router := gin.Default()

store := cookie.NewStore([]byte("secret"))
```

```
router.Use(sessions.Sessions("mysession", store))
```

在上述代码中，创建了一个基于 Cookie 的 Session 存储，并使用密钥 secret 进行加密。

（3）设置登录路由，在 Session 中保存用户 ID，代码如下：

```
router.POST("/login", func(c *gin.Context) {
    username := c.PostForm("username")
    password := c.PostForm("password")

    // 假设有一个函数 validateUser()用于验证用户凭据
    if validateUser(username, password) {
        session := sessions.Default(c)
        session.Set("user_id", username) // 或者使用用户的唯一 ID
        session.Save()

        c.JSON(http.StatusOK, gin.H{"status": "登录成功"})
    } else {
        c.JSON(http.StatusUnauthorized, gin.H{"error": "用户名或密码错误"})
    }
})
```

在上述代码中，首先获取用户提交的用户名和密码，验证用户凭据是否正确。若验证成功，则在 Session 中保存用户 ID。

（4）创建一个中间件，检查用户是否已通过身份验证，代码如下：

```
func authMiddleware() gin.HandlerFunc {
    return func(c *gin.Context) {
        session := sessions.Default(c)
        userID := session.Get("user_id")
        if userID == nil {
            c.AbortWithStatusJSON(http.StatusUnauthorized, gin.H{"error": "未授
权访问"})
            return
        }
        c.Set("user_id", userID)
        c.Next()
    }
}
```

在这个中间件中，通过检查 Session 中的 user_id 来判断用户是否已登录。如果未登录，则返回 401 状态码（未授权）并终止请求。

（5）实现需要身份验证的受保护的路由，代码如下：

```
authorized := router.Group("/")
```

```
authorized.Use(authMiddleware())
{
    authorized.GET("/protected", func(c *gin.Context) {
        userID, _ := c.Get("user_id")
        c.JSON(http.StatusOK, gin.H{"user_id": userID})
    })
}
```

在上述代码中，创建了一个受保护的路由组 authorized，并应用了 authMiddleware 中间件。只有通过身份验证的用户才能访问组内的路由。在/protected 路由中，从上下文中获取用户 ID，并在响应中返回。

5.3.4 【实战】开发基于 Redis 存储引擎的 Session

在 Gin 程序中，要想将 Redis 作为 Session 的存储引擎，可以按照以下步骤操作。

（1）导入必要的包，代码如下：

```
import (
    "github.com/gin-gonic/gin"
    "github.com/gin-contrib/sessions"
    "github.com/gin-contrib/sessions/redis"
)
```

（2）初始化 Gin 路由器和 Redis 存储，代码如下：

```
router := gin.Default()

store, err := redis.NewStore(10, "tcp", "localhost:6379", "", []byte("secret"))
if err != nil {
    panic(err)
}
router.Use(sessions.Sessions("mysession", store))
```

在上述代码中，使用了 Redis 作为 Session 存储引擎。首先，创建了一个具有 10 个连接池的 Redis 存储，连接到位于 localhost:6379 的 Redis 服务器，并使用密钥对 Session 数据进行加密。然后，将 Session 中间件添加到 Gin 路由器中。

（3）实现登录路由，在 Session 中设置用户 ID，代码如下：

```
router.POST("/login", func(c *gin.Context) {
    username := c.PostForm("username")
    password := c.PostForm("password")

    // 验证用户名和密码
    if validUser(username, password) {
```

```
        session := sessions.Default(c)
        session.Set("user_id", username) // 或者使用用户的唯一 ID
        session.Save()

        c.JSON(http.StatusOK, gin.H{"status": "登录成功"})
    } else {
        c.JSON(http.StatusUnauthorized, gin.H{"error": "用户名或密码错误"})
    }
})
```

在上述代码中，首先验证用户的凭据。如果验证成功，则在 Session 中设置用户的 ID 并保存 Session，然后返回登录成功的响应；否则，返回 401 状态码（未授权）。

（4）实现一个用于检查用户是否已经通过身份验证的中间件，代码如下：

```
func authMiddleware() gin.HandlerFunc {
    return func(c *gin.Context) {
        session := sessions.Default(c)
        userID := session.Get("user_id")
        if userID == nil {
            c.AbortWithStatusJSON(http.StatusUnauthorized, gin.H{"error": "未授
权访问"})
            return
        }
        c.Set("user_id", userID)
        c.Next()
    }
}

router.Use(authMiddleware())
```

在上述代码中，中间件通过检查 Session 中的 user_id 来判断用户是否已经登录。如果用户未登录，则返回 401 状态码（未授权）并终止请求；如果已登录，则将 user_id 设置到上下文中，供后续处理使用。

（5）实现需要身份验证的受保护路由，代码如下：

```
router.GET("/protected", func(c *gin.Context) {
    userID, _ := c.Get("user_id")
    c.JSON(http.StatusOK, gin.H{"user_id": userID})
})
```

在上述代码中，从请求的上下文中获取用户 ID，并在响应中返回它。这是一个受保护的路由，只有经过身份验证的用户才能访问。

第 6 章 Gin GORM 操作数据库

6.1 GORM——适用于 Go 语言的 ORM 库

在介绍 GORM 库之前，我们先来介绍什么是 ORM。

1. 什么是 ORM

ORM（Object-Relational Mapping，对象关系映射）是一种技术，它将代码中的对象与关系数据库中的表进行映射。代码中的每个对象均代表数据库表中的一条记录或一个实体。这种映射使得后端开发者能够通过操作编程语言中的对象来执行数据库操作，例如数据的检索、存储、更新和删除，而不需要编写复杂的 SQL 语句。

使用 ORM 有以下优势：

- 数据库抽象：ORM 在代码和数据库之间建立了一个抽象层，使后端开发者可以专注于业务逻辑，无须处理数据库的底层细节。
- 可移植性：通过 ORM，开发者可以轻松切换不同的数据库管理系统（DBMS），而不需要对应用代码进行大量修改。ORM 会自动处理不同数据库之间的 SQL 语法差异。
- 增强安全性：ORM 提供了内置的安全机制，比如防止 SQL 注入攻击，因为 ORM 能够正确处理输入数据，并在代码与数据库交互时避免常见的安全漏洞。
- 加快开发速度：ORM 简化了数据库操作的复杂性，开发者无须手动编写 SQL 语句，从而提高了程序的开发效率。

ORM 可以显著减少后端开发的工作量，同时提高代码的可维护性和安全性。

2. 什么是 GORM

GORM 是一个广泛使用的 Go 语言 ORM 库，提供了一种简单而优雅的代码与数据库交互的方式。它支持多种数据库系统，包括 MySQL、PostgreSQL、SQLite、SQL Server 等。通过 GORM，开发者可以将数据库表映射到 Go 语言的代码对象（结构体）上，从而使用 Go 代码而非直接编写 SQL 语句来操作数据库。此外，GORM 提供了自动创建和迁移表、构建查询、处理表间关联等强大的功能。

GORM 采用了“约定优于配置”的理念，这意味着许多设置已预先做好，开发者仅需要在必要时进行少量的自定义配置即可。这使得开发过程更加简化，开发者能够专注于业务逻辑，而无须过多关注数据库的细节。

GORM 的主要功能包括：

- 与数据库无关：GORM 能够与多种数据库系统配合使用，如 MySQL、PostgreSQL、SQLite 和 SQL Server，提供了高度的灵活性。
- 支持 CRUD 操作：GORM 提供了一套完整的方法来执行创建、读取、更新、删除（Create、Read、Update、Delete）操作，使得通过 Go 语言结构体与数据库交互变得更加直观和简单。
- 支持表间关系：GORM 支持定义表之间的关系，如“一对一”“一对多”“多对多”关系。这使得开发者可以轻松获取和操作相关联的数据。
- 支持事务：GORM 提供了事务支持，允许开发者将多个数据库操作放在一个事务中，并在发生错误时自动回滚，从而保证数据的一致性。
- 钩子机制：开发者可以定义在特定数据库操作之前或之后执行的钩子函数，例如在记录创建或更新后触发特定的逻辑。这对于实现复杂的业务规则或约束非常有用。
- 数据库迁移：GORM 支持数据库模式的自动迁移管理，开发者可以通过 Go 代码定义数据库架构的更改，GORM 会自动生成并执行相应的 SQL 语句来更新数据库结构。
- 可扩展性：GORM 高度可扩展，拥有可插拔的架构，允许开发者添加新功能或自定义现有功能。社区中有许多第三方插件可供使用，如全文搜索、地理空间查询等。

以上这些功能使得 GORM 成为 Go 语言生态中功能强大且灵活的 ORM 工具，大大简化了与数据库的交互。

6.2 GORM 基础入门

本节主要讲解 GORM 基础入门，包括安装 Gin、GORM 和 MySQL 包，以及导入驱动程序并连接数据库。

6.2.1 安装数据库

1. 安装 Gin

在终端运行以下命令来安装 Gin：

```
$ go get -u github.com/gin-gonic/gin
```

以上命令将下载并安装最新版本的 Gin 及其相关依赖到开发者的 Go 工作区。

2. 安装 GORM

设置好工作区后，通过以下命令安装 GORM：

```
$ go get -u github.com/go-gorm/gorm
```

以上命令将下载并安装 GORM 及其相关依赖。开发者也可以使用另一种方式安装：

```
$ go get -u gorm.io/gorm
```

安装过程中会自动下载 GORM 及所需的依赖包。

3. 安装 MySQL 驱动程序

开发者可以通过以下命令安装 MySQL 驱动程序：

```
$ go get -u gorm.io/driver/mysql
```

以上命令将下载并安装 MySQL 驱动程序及其相关依赖。

6.2.2 连接数据库

1. 导入驱动程序

在使用 GORM 连接数据库之前，需要先导入相应的数据库驱动程序。例如，使用 MySQL 时，代码如下：

```
import (
    "gorm.io/driver/mysql"
    "gorm.io/gorm"
)
```

2. 连接数据库

以下是连接 MySQL 数据库的示例代码：

```
dsn := "user:password@tcp(host:port)/dbname?charset=utf8mb4&parseTime=
True&loc=Local" // 替换为开发者的连接信息
db, err := gorm.Open(mysql.Open(dsn), &gorm.Config{})
if err != nil {
    // 处理连接错误
}
```

在以上代码中，首先定义了一个 dsn 字符串，该字符串包含用于连接 MySQL 数据库的必要信息。dsn 的组成部分如下：

- user:password：数据库用户名和密码。
- @tcp(host:port)：MySQL 服务器的地址（主机地址和端口号）。
- /dbname：数据库的名称。
- ?charset=utf8mb4&parseTime=True&loc=Local：其他连接参数，指定字符集、启用时间解析，并将时区设为本地。

通过以下代码连接数据库：

```
db, err := gorm.Open(mysql.Open(dsn), &gorm.Config{})
```

使用 GORM 的 gorm.Open()函数与 MySQL 数据库建立连接。dsn 包含连接信息，&gorm.Config{}为 GORM 提供的默认配置。连接成功后，数据库对象将被存储在 db 变量中，供后续开发使用。

请确保将 dsn 中的占位符替换为实际的数据库连接信息（例如用户名、密码、主机等）。&parseTime=True&loc=Local 参数确保时间字段会被正确解析，并使用本地时区。

一旦成功连接数据库，便可以使用 GORM 来定义模型并进行数据库操作。

6.3 GORM 的基本操作

6.3.1 创建

1. 创建单条记录

GORM 的 Create()方法用于在数据库表中插入一条新记录。传入的参数是结构体的指针，GORM 会根据该结构体的值创建对应的记录。使用 Create()的基本语法如下：

```
db.Create(&record)
```

其中，db 是 GORM 的数据库对象，&record 是指向包含要插入数据的结构体的指针。

创建单条记录的示例如下：

```
package main

import (
    "fmt"
    "gorm.io/driver/mysql"
    "gorm.io/gorm"
```

```
)

// Customer 结构体表示数据库中的客户信息
type Customer struct {
    Id    int    `gorm:"primaryKey"`
    Name  string
    Phone string
}

func main() {
    dsn := "root:a123456@tcp(127.0.0.1:3306)/your_db_name?charset=
utf8mb4&parseTime=True&loc=Local" // 替换为实际的数据库连接字符串
    db, err := gorm.Open(mysql.Open(dsn), &gorm.Config{})
    if err != nil {
        panic(err)
    }

    // 创建 Customer 对象
    customer := &Customer{Name: "Shirdon", Phone: "18888888888"}

    // 插入单条记录
    db.Create(customer)

    // 输出生成的 ID
    fmt.Println(customer.Id)
}
```

在以上示例中，首先定义了 Customer 结构体来表示数据库中的数据，然后创建了一个 Customer 对象并通过 Create()方法将其插入数据库，插入后，可以通过 customer.Id 获取新记录的主键 ID。

2. 创建多条记录

GORM 允许通过数组一次性插入多条记录，这比逐条插入更高效，特别是在插入大量数据时，能够减少数据库事务并提升性能。

创建多条记录的示例如下：

```
package main

import (
    "gorm.io/driver/mysql"
    "gorm.io/gorm"
)
```

```
// Customer 结构体表示数据库中的客户信息
type Customer struct {
    Id    int    `gorm:"primaryKey"`
    Name  string
    Phone string
}

func main() {
    dsn := "root:a123456@tcp(127.0.0.1:3306)/your_db_name?charset=
utf8mb4&parseTime=True&loc=Local" // 替换为实际的数据库连接字符串
    db, err := gorm.Open(mysql.Open(dsn), &gorm.Config{})
    if err != nil {
        panic(err)
    }

    // 创建多个 Customer 对象
    customers := []Customer{
        {Name: "Barry", Phone: "18888888886"},
        {Name: "Shirdon", Phone: "18888888889"},
    }

    // 插入多条记录
    db.Create(&customers)
}
```

在以上代码中，定义了一个 Customer 数组，其中包含多个对象，然后通过 Create()方法批量插入这些对象。

3. 通过 map 类型创建记录

GORM 还支持通过 map 类型的数据创建新记录，适用于动态生成数据或不使用结构体的情况。使用 map 创建记录的示例如下：

```
package main

import (
    "fmt"
    "gorm.io/driver/mysql"
    "gorm.io/gorm"
)

// Customer 结构体表示数据库中的客户信息
type Customer struct {
    Id    int    `gorm:"primaryKey"`
    Name  string
```

```
    Phone string
}

func main() {
    dsn := "root:a123456@tcp(127.0.0.1:3306)/your_db_name?charset=
utf8mb4&parseTime=True&loc=Local" // 替换为实际的数据库连接字符串
    db, err := gorm.Open(mysql.Open(dsn), &gorm.Config{})
    if err != nil {
        panic(err)
    }

    // 使用 map 创建记录
    customerData := map[string]interface{}{
        "Name":  "James",
        "Phone": "18888888882",
    }

    // 创建记录并映射到 Customer 结构体
    var customer Customer
    db.Model(&Customer{}).Create(customerData).Scan(&customer)

    // 输出生成的 ID
    fmt.Println(customer.Id)
}
```

在以上示例中，通过 map[string]interface{}创建一条新记录，并使用 Create()方法将其插入数据库。Scan()方法将创建的记录映射到 Customer 结构体。

提示 使用 map 时，map 的键名必须与结构体字段的名称相匹配，并且值的类型必须正确。

6.3.2 查询

1. 查询单个对象

GORM 的 First()方法用于查询符合条件的第一条记录，即查询单个对象。开发者可以通过 Select()方法指定要查询的字段，语法如下：

```
db.Select("field1, field2, ...").First(&result)
```

其中，db 是 GORM 的数据库对象，&result 是用于存储查询结果的变量，field1、field2 是开发者要查询的字段名。

查询单个对象的示例如下：

```
package main

import (
   "fmt"
   "gorm.io/driver/mysql"
   "gorm.io/gorm"
)

// Customer 结构体表示数据库中的客户信息
type Customer struct {
   Id    int `gorm:"primaryKey"`
   Name  string
   Phone string
}

func main() {
   dsn := "root:a123456@tcp(127.0.0.1:3306)/your_db_name?charset=
utf8mb4&parseTime=True&loc=Local" // 替换为实际的数据库连接字符串
   db, err := gorm.Open(mysql.Open(dsn), &gorm.Config{})
   if err != nil {
      panic(err)
   }

   // 按 ID 查询单个客户
   var customer Customer
   result := db.First(&customer, 1)
   if result.Error != nil {
      panic("未找到客户")
   }

   // 输出客户的 ID
   fmt.Println(customer.Id)
}
```

在以上示例中，Customer 结构体表示客户数据，通过调用 First()方法并传递客户的 ID 查询数据库中的记录。如果找到记录，则 customer 对象将填充数据库中的数据；如果未找到记录，则返回错误。

提示 First()方法会返回匹配条件的第一条记录。在本例中，通过客户的 ID 进行查询。如果需要匹配其他条件，则可以传递不同的条件给该方法。

2. 查询所有对象

GORM 的 Find()方法用于查询数据库表中的所有对象。也可以通过 Select()方法指定需要查询的字段，语法如下：

```
db.Select("field1, field2, ...").Find(&result)
```

其中，db 是 GORM 的数据库对象，&result 用于存储查询结果。

查询所有对象的示例如下：

```
package main

import (
    "fmt"
    "gorm.io/driver/mysql"
    "gorm.io/gorm"
)

// Customer 结构体表示数据库中的客户信息
type Customer struct {
    Id    int `gorm:"primaryKey"`
    Name  string
    Phone string
}

func main() {
    dsn := "root:a123456@tcp(127.0.0.1:3306)/your_db_name?charset=
utf8mb4&parseTime=True&loc=Local" // 替换为实际的数据库连接字符串
    db, err := gorm.Open(mysql.Open(dsn), &gorm.Config{})
    if err != nil {
        panic(err)
    }

    // 查询所有客户
    var customers []Customer
    result := db.Find(&customers)
    if result.Error != nil {
        panic("未找到任何客户")
    }

    // 输出所有客户的姓名
    for _, c := range customers {
        fmt.Println(c.Name)
    }
}
```

在以上示例中，Find()方法用于查询数据库中的所有客户信息。返回的结果将存储在 customers 切片中，并通过遍历切片输出每个客户的姓名。

提示　可以通过向 Find()方法添加条件来过滤查询结果，或者使用 Where()或 Order()方法进一步优化查询。例如，只查询特定条件下的记录或根据某一字段排序。

3. 条件查询

GORM 的 Where()方法用于向 SQL 查询添加 WHERE 子句，允许开发者根据指定条件过滤查询结果。可以结合 Select()方法指定要查询的字段，语法如下：

```
db.Select("field1, field2, ...").Where("condition").Find(&result)
```

其中，db 是 GORM 的数据库对象，&result 用于存储查询结果，field1、field2 是要检索的字段名，condition 是指定过滤条件的字符串。

例如，想要查询 ID 大于 10 的客户的姓名和邮箱，代码如下：

```
var users []User
db.Select("name, email").Where("id > ?", 10).Find(&users)
```

在以上代码中，Where("id > ?", 10)用于设置过滤条件，“?”是占位符，值为 10。这段代码将查询所有 ID 大于 10 的客户，并只检索 name 和 email 字段。

（1）多条件查询。

开发者可以使用多个 Where()调用组合查询条件，例如：

```
db.Select("name, email").Where("id > ?", 10).Where("email LIKE ?",
"%@xyz.com").Find(&users)
```

以上代码将检索所有 ID 大于 10 且 email 字段包含@xyz.com 的客户。

（2）字符串条件查询。

在 GORM 中使用字符串条件查询的示例如下：

```
package main

import (
    "fmt"
    "gorm.io/driver/mysql"
    "gorm.io/gorm"
)

// Customer 结构体表示数据库中的客户信息
type Customer struct {
```

```
    Id    int `gorm:"primaryKey"`
    Name  string
    Phone string
}

func main() {
    dsn := "root:a123456@tcp(127.0.0.1:3306)/your_db_name?charset=
utf8mb4&parseTime=True&loc=Local" // 替换为实际的数据库连接字符串
    db, err := gorm.Open(mysql.Open(dsn), &gorm.Config{})
    if err != nil {
        panic(err)
    }

    // 根据 ID 查询客户
    var customers []Customer
    result := db.Where("id > ?", 6).Find(&customers)
    if result.Error != nil {
        panic("查询失败")
    }

    // 输出所有客户的姓名
    for _, c := range customers {
        fmt.Println(c.Name)
    }
}
```

在以上示例中，Where("id > ?", 6)用于匹配所有 ID 大于 6 的客户。“?”是占位符，实际执行时会被“6”这个值替换。如果查询成功，则 Find()方法将会填充 customers 切片。

提示 可以将各种字符串条件与 Where()一起使用，包括比较和逻辑运算符。可以链式组合多个 Where()调用，以实现更复杂的查询。

（3）结构体条件查询。

GORM 还支持基于结构体字段的条件查询。通过传入结构体实例，GORM 会自动映射字段作为查询条件。

结构体条件查询的示例如下：

```
package main

import (
    "fmt"
    "gorm.io/driver/mysql"
```

```
    "gorm.io/gorm"
)

// Customer 结构体表示数据库中的客户信息
type Customer struct {
    Id    int `gorm:"primaryKey"`
    Name  string
    Phone string
}

type QueryParams struct {
    Id   int
    Name string
}

func main() {
    dsn := "root:a123456@tcp(127.0.0.1:3306)/your_db_name?charset=
utf8mb4&parseTime=True&loc=Local" // 替换为实际的数据库连接字符串
    db, err := gorm.Open(mysql.Open(dsn), &gorm.Config{})
    if err != nil {
        panic(err)
    }

    // 定义查询参数
    queryParams := QueryParams{
        Id:   1,
        Name: "Shirdon",
    }

    // 根据结构体字段查询客户
    var customers []Customer
    result := db.Where(&Customer{Name: queryParams.Name, Id:
queryParams.Id}).Find(&customers)
    if result.Error != nil {
        panic("查询失败")
    }

    // 输出所有客户的姓名
    for _, c := range customers {
        fmt.Println(c.Name)
    }
}
```

在以上示例中，QueryParams 结构体用于存储查询条件，然后使用 Where()方法传入结构体进行条件查询。GORM 会自动将结构体字段映射到数据库的字段上。

> 提示 这种方式允许开发者将复杂的查询条件从自定义结构体映射到 GORM 的查询方法上，简化了复杂条件的查询操作。结构体中的字段可以是 GORM 支持的任何类型。

（4）按指定搜索字段进行条件查询。

在 GORM 中，可以根据结构体中的字段动态生成查询条件。下面是使用指定搜索字段进行条件查询的示例代码：

```
package main

import (
    "fmt"
    "gorm.io/driver/mysql"
    "gorm.io/gorm"
)

// Customer 结构体表示数据库中的客户信息
type Customer struct {
    Id    int    `gorm:"primaryKey"`
    Name  string
    Phone string
}

// QueryParams 结构体用于存储查询参数
type QueryParams struct {
    Id   int
    Name string
}

func main() {
    dsn := "root:a123456@tcp(127.0.0.1:3306)/your_db_name?charset=
utf8mb4&parseTime=True&loc=Local" // 替换为实际的数据库连接字符串
    db, err := gorm.Open(mysql.Open(dsn), &gorm.Config{})
    if err != nil {
        panic(err)
    }

    // 定义查询参数
    queryParams := QueryParams{
        Id:   1,
        Name: "Shirdon",
    }
```

```
    // 动态构建搜索字段映射
    searchFields := make(map[string]interface{})
    if queryParams.Name != "" {
        searchFields["name"] = queryParams.Name
    }
    if queryParams.Id != 0 { // 假设 ID 为非零值时才作为条件
        searchFields["id"] = queryParams.Id
    }

    // 根据搜索字段查询客户
    var customers []Customer
    result := db.Where(searchFields).Find(&customers)
    if result.Error != nil {
        panic("查询失败")
    }

    // 输出所有客户的姓名
    for _, c := range customers {
        fmt.Println(c.Name)
    }
}
```

在以上代码中，Customer 结构体表示要从数据库中检索的数据。QueryParams 结构体用于存储查询时的参数。searchFields 会根据 QueryParams 的值动态生成映射，用于传递到 Where()方法中作为查询条件。

根据 QueryParams 结构体中的字段值，如果 Name 非空或者 ID 非零，则这些字段会作为查询条件。Where()方法会基于 searchFields 中的键值对执行查询。

提示 Where()方法可以动态映射查询条件，开发者可以根据 QueryParams 结构体中的值有选择地添加条件。这样处理可以避免对每个可能的条件都单独写 Where()语句，提高代码的灵活性和可读性。

4. 检索特定字段

GORM 的 Select()方法用于从数据库中检索特定字段，而非检索所有字段。其语法如下：

```
db.Select("field1, field2, ...").Find(&result)
```

其中，db 是 GORM 的数据库对象，&result 用于存储查询结果。field1、field2 是开发者想要从表中检索的字段名称，可以用逗号分隔多个字段。

假设 users 表中有多个字段，如果开发者只想检索 name 和 email 这两个字段，则可以使用以下代码：

```
var users []User
db.Select("name, email").Find(&users)
```

以上代码将从 users 表中仅检索 name 和 email 字段，并将它们存储到 users 变量中。

> 提示 可以使用 Select()方法从数据库中选择任意字段组合，同时可以与其他方法（如 Where()、Order()等）结合使用，灵活检索特定字段。

5. 排序

Order()方法用于对查询结果按一个或多个字段进行排序，需要指定字段名和排序方式（升序或降序）。语法如下：

```
db.Order("field1 [ASC|DESC], field2 [ASC|DESC], ...").Find(&result)
```

其中，field1、field2 是排序的字段名，ASC 指定升序，DESC 指定降序。示例如下：

```
db.Order("name ASC, created_at DESC").Find(&result)
```

以上代码将按 name 升序、created_at 降序对查询结果进行排列。

> 提示 Order()方法支持按多个字段排序，并且可以与其他查询方法结合使用，以进一步优化查询结果。

6. 限制和偏移

Limit()方法用于限制查询返回的记录数。Offset()方法用于跳过指定数量的记录，常与 Limit()方法一起使用，以实现分页查询。

Limit()方法的语法如下：

```
db.Limit(n).Find(&result)
```

其中 n 是要查询的最大记录数。

Offset()方法的语法如下：

```
db.Offset(n).Find(&result)
```

其中 n 是要跳过的记录数。

示例如下：

```
db.Limit(10).Offset(20).Find(&result)
```

以上代码将跳过前 20 条记录，查询接下来的 10 条记录。

提示 可以将 Limit()、Offset()、Order()、Where()等方法结合使用，方便实现分页查询等功能，从数据库中检索特定的记录子集。

6.3.3 更新

1. 保存所有记录

GORM 数据库对象中的 Save()方法用于更新数据库表中的现有记录，或插入不存在的新记录。它以一个指针作为输入，用结构体的值更新表中的相应记录，如果有错误则返回错误。在 GORM 中，使用 Save()方法的语法如下：

```
db.Save(&record)
```

其中，db 是 GORM 数据库对象，&record 是指向包含要更新或插入表中的数据的结构体的指针。

要保存 GORM 模型实例的所有记录，可以使用 Save()方法。示例如下：

```
package main

import (
    "gorm.io/driver/mysql"
    "gorm.io/gorm"
)

// Customer 结构体表示数据库中的客户信息
type Customer struct {
    Id    int `gorm:"primaryKey"`
    Name  string
    Phone string
}

func main() {
    dsn := "root:a123456@tcp(127.0.0.1:3306)/gin_vue_ch6?charset=
utf8mb4&parseTime=True&loc=Local" // 替换为开发者的数据库连接字符串
    db, err := gorm.Open(mysql.Open(dsn), &gorm.Config{})
    if err != nil {
        panic(err)
    }

    customer := &Customer{0, "Shirdon", "18888888899"}

    // 创建记录
    db.Save(customer)
}
```

2. 更新单列

GORM 数据库对象中的 UpdateColumn()方法用于更新数据库表中现有记录的特定列。它采用两个参数作为输入：要更新的列的名称和列的新值。

在 GORM 中使用 UpdateColumn()方法的语法如下：

```
db.Model(&record).UpdateColumn("<column_name>", <new_value>)
```

其中，db 是 GORM 数据库对象，&record 是指向包含表中要更新的数据的结构体的指针，<column_name>是要更新的列的名称，<new_value>是列的新值。

更新 GORM 模型实例的单个特定列，可以使用 gorm.DB 对象提供的 UpdateColumn()方法。示例如下：

```
package main

import (
    "gorm.io/driver/mysql"
    "gorm.io/gorm"
)

// Customer 结构体表示数据库中的客户信息
type Customer struct {
    Id    int `gorm:"primaryKey"`
    Name  string
    Phone string
}

func main() {
    dsn := "root:a123456@tcp(127.0.0.1:3306)/gin_vue_ch6?charset=
utf8mb4&parseTime=True&loc=Local" // 替换为开发者的数据库连接字符串
    db, err := gorm.Open(mysql.Open(dsn), &gorm.Config{})
    if err != nil {
        panic(err)
    }

    // 按 ID 查询单个客户
    var customer Customer
    result := db.First(&customer, 1)
    if result.Error != nil {
        panic("failed to find customer")
    }
    customer.Phone = "18888888899"
    result = db.Model(&customer).UpdateColumn("phone", "18888888899")
```

```
    if result.Error != nil {
        panic("failed to update customer")
    }
}
```

3. 更新多列

GORM 数据库对象中的 Updates()方法用于更新数据库表中现有记录的一列或多列。Updates()方法采用映射或结构体作为输入，键表示要更新的列的名称，值表示列的新值。

在 GORM 中使用 Updates()方法的语法如下：

```
db.Model(&record).Updates(<values>)
```

其中，db 是 GORM 数据库对象，&record 是指向包含表中要更新的数据的结构体的指针，<values>是要更新的列及其新值。

6.3.4 删除

1. 删除记录

GORM 数据库对象中的 Delete()方法用于根据给定条件从数据库表中删除一条或多条记录。它以指向结构体或映射的指针作为输入，结构体的值或映射的键表示删除记录的条件。

在 GORM 中使用 Delete()方法的语法如下：

```
db.Delete(&record, "condition")
```

其中，db 是一个 GORM 数据库对象，&record 是指向包含要从表中删除的数据的结构体的指针，condition 表示删除记录的字符串条件。

在 GORM 中，可以使用 Delete()方法从数据库中删除一条记录。示例如下：

```
package main

import (
    "gorm.io/driver/mysql"
    "gorm.io/gorm"
)

// Customer 结构体表示数据库中的客户信息
type Customer struct {
    Id    int `gorm:"primaryKey"`
    Name  string
    Phone string
}
```

```
func main() {
    dsn := "root:a123456@tcp(127.0.0.1:3306)/gin_vue_ch6?charset=
utf8mb4&parseTime=True&loc=Local" // 替换为开发者的数据库连接字符串
    db, err := gorm.Open(mysql.Open(dsn), &gorm.Config{})
    if err != nil {
        panic(err)
    }

    var customer Customer
    // 根据条件删除客户
    result := db.Where("phone = ?", "18888888882").Delete(&customer)

    if result.Error != nil {
        panic("failed to delete customer")
    }
}
```

在上面的示例中，使用指向该类型的指针在实例上调用 Delete()方法。该方法用于根据字段筛选要删除的记录。如果 Delete()方法执行成功，则对象 RowsAffected 的字段 Result 将被设置为受影响的行数。

> 提示 Delete()方法将生成一个 SQL DELETE 语句并针对数据库执行它。该记录将从数据库中被永久删除，因此请务必谨慎使用此方法。如果要删除记录而不将其从数据库中永久删除，则可以改用 SoftDelete()方法。

2. 用主键删除

在 GORM 中，可以通过 Delete()方法使用其主键从数据库中删除一条记录。示例如下：

```
package main

import (
    "gorm.io/driver/mysql"
    "gorm.io/gorm"
)

// Customer 结构体表示数据库中的客户信息
type Customer struct {
    Id    int `gorm:"primaryKey"`
    Name  string
    Phone string
}
```

```
func main() {
    dsn := "root:a123456@tcp(127.0.0.1:3306)/gin_vue_ch6?charset=
utf8mb4&parseTime=True&loc=Local" // 替换为开发者的数据库连接字符串
    db, err := gorm.Open(mysql.Open(dsn), &gorm.Config{})
    if err != nil {
        panic(err)
    }

    var customer Customer
    // 根据主键删除客户
    result := db.Delete(&customer, 40)

    if result.Error != nil {
        panic("failed to delete customer")
    }
}
```

在上面的示例中，Delete()方法是在实例上调用的，db 实例带有指向 Customer 类型的指针和要删除的记录的主键值。如果 Delete()方法执行成功，则对象 RowsAffected 的字段 Result 将被设置为受影响的行数。

3. 软删除

在 GORM 中，可以使用软删除将记录标记为“已删除”，而不是将其从数据库中物理删除。软删除常用于当开发者想要跟踪已删除的记录并能够在需要时恢复它们的场景。在 GORM 中，使用软删除的示例如下：

```
package main

import (
    "gorm.io/driver/mysql"
    "gorm.io/gorm"
)

// Customer 结构体表示数据库中的客户信息
type Customer struct {
    Id        int `gorm:"primaryKey"`
    Name      string
    Phone     string
    DeletedAt gorm.DeletedAt // 添加 DeletedAt 字段以启用软删除
}

func main() {
```

```
    dsn := "root:a123456@tcp(127.0.0.1:3306)/gin_vue_ch6?charset=
utf8mb4&parseTime=True&loc=Local" // 替换为开发者的数据库连接字符串
    db, err := gorm.Open(mysql.Open(dsn), &gorm.Config{})
    if err != nil {
        panic(err)
    }

    var customer Customer
    // 根据主键软删除
    result := db.Where("phone = ?", "18888888888").Delete(&customer)

    if result.Error != nil {
        panic("failed to delete customer")
    }
}
```

在上面的示例中，Customer 模型有一个 gorm.DeletedAt 类型的字段 DeletedAt。GORM 使用此字段来跟踪软删除记录。当一条记录被软删除时，DeletedAt 的值将被设置为当前时间。要查询软删除的记录，可以使用 Unscoped()方法将软删除的记录包含在结果集中。

6.3.5 原始 SQL 和 SQL 生成器

在 GORM 中，可以使用 Raw()方法执行原始 SQL 语句。此方法允许开发者编写自定义 SQL 查询并针对数据库执行它们。GORM 数据库对象中的 Raw()方法用于在数据库上执行原始 SQL 查询。Raw()方法采用一个或多个参数作为输入，第一个参数表示 SQL 查询，后续参数表示查询中占位符的值。

在 GORM 中使用 Raw()方法的语法如下：

```
db.Raw("SELECT * FROM users WHERE name = ?", "Barry").Scan(&result)
```

其中，db 是一个 GORM 数据库对象，“SELECT * FROM users WHERE name = ?”是要执行的原始 SQL 查询，Barry 是查询中占位符的值，&result 是指向将接收查询结果的结构体或变量的指针。

Raw()方法可用于任何 SQL 操作，包括 SELECT、INSERT、UPDATE、DELETE 和 CREATE TABLE 等。

> **提示** 如果输入未被正确过滤，则使用原始 SQL 查询可能会带来安全风险。因此，建议尽可能使用 GORM 的内置方法而不是原始 SQL 查询。

Raw()方法的示例如下：

```
package main

import (
   "fmt"
   "gorm.io/driver/mysql"
   "gorm.io/gorm"
)

// Customer 结构体表示数据库中的客户信息
type Customer struct {
   Id    int `gorm:"primaryKey"`
   Name  string
   Phone string
}

func main() {
   dsn := "root:a123456@tcp(127.0.0.1:3306)/gin_vue_ch6?charset=
utf8mb4&parseTime=True&loc=Local" // 替换为开发者的数据库连接字符串
   db, err := gorm.Open(mysql.Open(dsn), &gorm.Config{})
   if err != nil {
      panic(err)
   }

   var customers []Customer

   db.Raw("SELECT * FROM customers WHERE phone = ?",
"18888888899").Scan(&customers)

   fmt.Println(customers[0])
}
```

可以使用 Exec()方法执行不返回任何结果的原始 SQL 语句。例如，可以使用它来更新记录：

```
package main

import (
   "fmt"
   "gorm.io/driver/mysql"
   "gorm.io/gorm"
)

// Customer 结构体表示数据库中的客户信息
type Customer struct {
   Id    int `gorm:"primaryKey"`
   Name  string
```

```
    Phone string
}

func main() {
    dsn := "root:a123456@tcp(127.0.0.1:3306)/gin_vue_ch6?charset=
utf8mb4&parseTime=True&loc=Local" // 替换为开发者的数据库连接字符串
    db, err := gorm.Open(mysql.Open(dsn), &gorm.Config{})
    if err != nil {
        panic(err)
    }

    // 使用原始 SQL 语句更新客户记录
    result := db.Exec("UPDATE customers SET phone = ? WHERE name = ?",
"18888888887", "Barry")

    if result.Error != nil {
        // 处理错误
    }

    fmt.Println(result)
}
```

在上面的示例中，Exec()方法用于执行带有自定义 WHERE 子句的 UPDATE 语句。Exec()方法返回的对象包含有关受查询影响的行数信息。

6.4 【实战】用 GORM 从 MySQL 数据库中导出 CSV 文件

本节将演示如何使用 GORM 从 MySQL 数据库中导出数据到 CSV 文件，步骤如下。

（1）创建一个 GORM DB 实例以连接 MySQL 数据库。可以通过使用适当的数据库驱动程序和连接字符串调用 Open()函数来完成此操作。代码如下：

```
import (
    "gorm.io/driver/mysql"
    "gorm.io/gorm"
)

db, err := gorm.Open(mysql.Open("user:password@tcp(hostname:port)/database"),
&gorm.Config{})
if err != nil {
    // ...处理错误
}
defer db.Close()
```

（2）执行 SQL 查询来检索要导出的数据。可以使用 GORM 数据库实例的 Find()方法来执行 SELECT 语句并将数据检索为结构切片。示例如下：

```
type User struct {
   ID       uint   `gorm:"primary_key"`
   Name     string `gorm:"column:name"`
   Email    string `gorm:"column:email"`
   Password string `gorm:"column:password"`
}

var users []User
db.Find(&users)
```

在以上代码中，Find()方法从表中检索所有行的 users 并将它们存储在 users 切片中。

（3）将数据写入 CSV 文件。可以使用 encoding/csv 包创建新的 CSV 编写器并将数据写入文件。示例如下：

```
import (
   "encoding/csv"
   "os"
)

file, err := os.Create("users.csv")
if err != nil {
   // ...处理错误
}
defer file.Close()

writer := csv.NewWriter(file)
writer.Write([]string{"ID", "Name", "Email", "Password"})
for _, user := range users {
   writer.Write([]string{strconv.Itoa(int(user.ID)), user.Name, user.Email,
user.Password})
}
writer.Flush()
```

在以上代码中，os.Create()函数用于创建一个名为 users.csv 的文件；csv.NewWriter()函数用于创建一个写入文件的新的 CSV 编写器；Write()方法用于将标题行和数据行写入 CSV 文件；最后，调用 Flush()方法确保将所有数据写入文件。

第 7 章 Gin RESTful API 开发

7.1 什么是 RESTful API

REST(Representational State Transfer)是一种通过 HTTP 设计松散耦合程序的架构风格，常用于开发 Web 服务。RESTful API 是基于 REST 架构风格的应用程序接口。

提示 REST 没有强制执行任何有关“如何在较低级别实现它”的规则，它只是提出了高级设计指南，让开发者自己考虑具体的实现。

下面简单介绍一些基于 RESTful 的资源命名规范。

1. 什么是资源

（1）资源可以是单例或集合。

一般来说，“users”表示一个集合资源，“user”表示一个单例资源。可以使用/users 来标识 users 集合资源，使用/users/{userId}来标识 user 单例资源。

（2）资源也可以包含子集合资源。

在网上商城业务域中，可以使用/users/{userId}/accounts 来标识特定用户的子集合资源“accounts”。类似地，可以使用/users/{userId}/accounts/{accountId}来标识子集合资源内的单例资源“account”。

（3）RESTful API 使用统一资源标识符（URI）来定位资源。

RESTful API 设计者应创建能够向潜在的客户端开发者传达 API 资源模型的 URI。当资源命名得当时，API 直观且易于使用；当资源命名不当时，同样的 API 也会变得难以使用和理解。

2. 表示资源

RESTful URI 通常引用名词来表示资源，而不是引用动词，因为名词可以更好地表示具体的实体或对象，而动词通常表示动作或行为，一般不适合用来表示资源。资源可以是系统中的各种对象，例如用户、账户、设备等。示例如下：

```
http://api.sample.com/resource/managed-resources
http://api.sample.com/resource/managed-resources/{resource-id}
http://api.sample.com/user/users
http://api.sample.com/user/users/{id}
```

在设计 RESTful API 时，可以将资源划分为四个类别（文档、集合、存储和控制器）。

（1）文档。

文档资源是一种类似于对象实例或数据库记录的单一概念。在 RESTful 中，可以将其视为资源集合中的单例资源。文档的状态表示中通常包括具有值的字段和指向其他相关资源的链接。可以使用单数名词来表示文档资源：

```
http://api.sample.com/resource/managed-resources/{resource-id}
http://api.sample.com/user/users/{id}
http://api.sample.com/user/users/admin
```

（2）集合。

集合资源是服务器管理的资源目录。用户可以建议将新资源添加到集合中，但是否创建新资源由集合决定。集合资源选择它想要包含的内容，并决定每个包含的资源的 URI。可以使用复数名词表示集合资源：

```
http://api.sample.com/resource/managed-resources
http://api.sample.com/user/users
http://api.sample.com/user/users/{id}/accounts
```

（3）存储。

存储资源是由客户端管理的资源集合。客户端可以向存储中添加资源，并决定何时删除它们。每个存储资源都有一个 URI，这个 URI 是客户端在最初添加资源时所选择的，而存储本身并不会生成新的 URI。通常，存储资源使用复数名词表示：

```
http://api.sample.com/users/{id}/carts
http://api.sample.com/users/{id}/playlists
```

（4）控制器。

控制器资源模拟程序概念。控制器资源类似于可执行函数，具有参数和返回值、输入和输出。可以使用动词表示控制器资源：

```
http://api.sample.com/users/{id}/carts/checkout
http://api.sample.com/users/{id}/playlists/play
```

3. 保持一致性

使用一致的资源命名约定和 URI 格式，可以最大限度地减少混淆并提高程序的可读性和可维护性。可以遵循以下设计提示来实现一致性。

（1）使用斜杠（/）表示层次关系。

斜杠（/）字符用于 URI 的路径部分，以指示资源之间的层次关系。例如：

```
http://api.sample.com/resource
http://api.sample.com/resource/managed-resources
http://api.sample.com/resource/managed-resources/{id}
http://api.sample.com/resource/managed-resources/{id}/scripts
http://api.sample.com/resource/managed-resources/{id}/scripts/{script-id}
```

（2）不要在 URI 尾部使用斜杠（/）。

作为 URI 路径中的最后一个字符，斜杠（/）不仅不会增加语义价值，还可能导致混淆，因此最好省略。例如：

```
http://api.sample.com/resource/managed-resources/  // 不推荐，尾部斜杠可能导致混淆
http://api.sample.com/resource/managed-resources   // 推荐，不使用尾部斜杠
```

（3）使用连字符（-）来提高 URI 的可读性。

为了使开发者易于扫描和解释 URI，请使用连字符（-）来提高长路径的可读性。例如：

```
http://api.sample.com/inventory/managed-entities/{id}/product-cup-big
// 更可读
http://api.sample.com/inventory/managedEntities/{id}/productCupBig
// 不推荐
```

（4）不要使用下画线（_）。

虽然可以使用下画线作为分隔符，但在某些字体中，下画线字符可能无法完整显示。为了避免这种混淆，请使用连字符（-）而非下画线（_）。例如：

```
http://api.sample.com/inventory/managed-entities/{id}/product-cup
// 不容易出错
http://api.sample.com/inventory/managed_entities/{id}/product_cup
// 容易出错
```

（5）在 URI 中使用小写字母。

在 URI 中，应始终首选小写字母。RFC 3986 将 URI 定义为区分大小写，方案和主机名除外。例如：

```
http://api.sample.org/my-docs/doc1     // 正确形式
HTTP://api.sample.ORG/my-docs/doc1     // 正确形式（方案和主机名不区分大小写）
http://api.sample.org/My-Docs/doc1     // 错误形式（在路径中使用了大写字母）
```

在上述示例中，前两个 URI 都是正确的，但第三个由于在路径中使用了大写字母而出现错误。

（6）不要使用文件扩展名。

文件扩展名看起来不美观，也不能增加任何优势，删除它们可以缩短 URI。此外，如果想突出显示 API 的媒体类型，则可以通过 Content-Type 头中的媒体类型来确定如何处理内容。例如：

```
http://api.sample.com/resource/managed-resources.json    // 不要使用文件扩展名
http://api.sample.com/resource/managed-resources         // 正确的 URI 形式
```

4. 切勿在 URI 中使用 CRUD 函数名

URI 应用于唯一标识资源，不应用于指示执行 CRUD 操作。应使用 HTTP 请求方法来指示执行具体的 CRUD 操作。例如：

```
HTTP GET     http://api.sample.com/resource/managed-resources    // 获取所有资源
HTTP POST    http://api.sample.com/resource/managed-resources    // 创建新资源
HTTP GET     http://api.sample.com/resource/managed-resources/{id}
// 根据指定 ID 获取资源
HTTP PUT     http://api.sample.com/resource/managed-resources/{id}
// 根据指定 ID 更新资源
HTTP DELETE  http://api.sample.com/resource/managed-resources/{id}
// 根据指定 ID 删除资源
```

5. 使用查询参数过滤 URI 集合

有时需要根据属性对资源进行排序、过滤或分页。为此，不要创建新的 API，而应该在资源集合 API 中启用排序、过滤和分页功能，将输入参数作为查询参数传递。例如：

```
http://api.sample.com/resource/managed-resources
http://api.sample.com/resource/managed-resources?region=CN
http://api.sample.com/resource/managed-resources?region=CN&brand=XYZ
http://api.sample.com/resource/managed-resources?region=CN&brand=XYZ&sort=in
stallation-date
```

RESTful 资源命名规范仅供参考。在实际开发中，不必严格按照以上规范命名资源，读者可以根据自身的具体情况命名。毕竟，适合自身实际的规范才是最好的规范。

7.2 API 的设计与实现

7.2.1 前后端分离

在计算机科学中，前后端分离（Frontend Backend Separation）是指软件设计中用户界面（前端）与后端逻辑和数据存储的分离。

- 前端是软件中直接与用户交互的部分。它通常包括图形用户界面（Graphical User Interface，GUI）和用户可以看到或与之交互的任何其他元素，例如按钮、菜单、表单和文本框。前端负责收集用户的输入，对其进行处理，并将结果显示给用户。
- 后端是在后台运行并进行数据处理和存储的软件部分。它通常包括服务器端代码、数据库和任何其他后端服务或组件。后端负责从存储中取出数据，根据业务逻辑进行处理，并将结果返回前端展示给用户。

前端通过 API 与后端进行通信。对于 Web 和移动前端，API 通常是基于 HTTP 请求/响应的。API 有时使用“前端的后端”(Backend for Frontend，BFF) 模式进行设计，该模式提供响应以简化前端的处理。

1. 为什么要前后端分离

在软件设计上，前后端分离有以下几个优点：

- 模块化：前后端分离后，可以独立处理每个部分，从而实现模块化，维护起来更容易。
- 可扩展性：前后端分离允许更大的可扩展性，因为每个部分都可以根据程序的需要独立扩展。
- 可重用性：前后端分离可以提高可重用性，因为每个部分都可以在不同的程序或上下文中重用。
- 安全性：前后端分离有助于提高安全性，更好地控制对敏感数据或功能的访问。

当然，并不是说前后端分离没有缺点，但与优点相比，其缺点可以忽略。是否进行前后端分离，完全取决于开发者的实际情况。

2. Web 开发前后端分离的技术栈差异

了解前端与后端软件开发者所需关注的知识，有助于更好地理解 Web 开发中的前后端分离。

（1）前端主要关注的技术领域如下：

- 标记和 Web 语言（如 HTML、CSS、JavaScript），以及这些语言中常用的辅助库（如 Sass 或 jQuery）。
- 异步请求处理和 AJAX。

- Web 性能（最大内容绘制、交互时间、动画和交互、内存使用情况等）。
- 跨浏览器兼容性问题和解决方法。
- 使用 Webpack 和 Gulp.js 等工具自动化转换和捆绑 JavaScript 文件、减小图像尺寸、简化其他流程。

（2）后端主要关注的技术领域如下：

- Go、Java 或 C#等编译语言，或 PHP、Python、Ruby、Perl、Node.js 等脚本语言。
- 程序数据访问。
- 程序业务逻辑。
- 数据库管理。
- 安全问题、身份验证和授权。
- 软件架构。

7.2.2 设计 RESTful API

在前后端分离的架构中，RESTful API 是连接前端和后端的重要桥梁。一个清晰、规范的 RESTful API 可以有效地帮助前端开发人员获取数据、执行操作，并与后端进行无缝通信。

1. 资源与 URI 设计

在 RESTful API 中，资源是要操作的对象（如用户、文章、订单等），而 URI（统一资源标识符）则是这些资源的唯一标识。设计良好的 API 通常使用名词表示资源，并尽量保持清晰、简洁。

- 资源名称：应使用复数名词来表示资源集合。例如，/users 表示所有用户，/orders 表示所有订单。
- 资源标识符：单例资源应使用唯一的标识符（如 ID）来表示。例如，/users/{id}表示特定 ID 的用户，/orders/{id}表示特定 ID 的订单。

2. 使用 HTTP 方法（Method）

RESTful API 依赖于 HTTP 方法来表示操作类型，不需要在 URI 中使用动词。示例如下：

```
GET /users           # 获取所有用户
POST /users          # 创建一个新用户
PUT /users/{id}       # 更新指定 ID 的用户信息
DELETE /users/{id}    # 删除指定 ID 的用户
```

3. 请求与响应格式

RESTful API 通常使用 JSON 或 XML 格式进行数据交换。前端可以通过 API 获取数据，后端则根据请求返回响应数据。

- 请求格式：前端发送的请求数据应在请求体（如 POST、PUT 请求）中传递。
- 响应格式：后端根据请求返回响应数据，通常是 JSON 格式的数据，包含请求结果和可能的错误信息。

示例如下（JSON 格式）：

```
{
  "id": 1,
  "name": "Barry Liao",
  "email": "barry@gmail.com"
}
```

4. 状态码

状态码（Status Code）用于指示 API 请求的结果。示例如下：

```
{
  "status": 200,
  "message": "Request successful"
}
```

5. 分页与过滤

当资源数据量较大时，常常需要支持分页和过滤功能。通过在 API 中加入分页参数（如 page、limit）和过滤条件（如 status、category 等）可以有效减小前端一次性加载大量数据的负担。示例如下：

```
GET /users?page=2&limit=20      # 获取第 2 页，每页 20 个用户
GET /users?status=active        # 获取状态为“active”的用户
```

6. 版本控制

为了保证旧版本 API 的兼容性，通常会在 API 的 URI 中引入版本控制，最常见的做法是在 URI 中加入版本号。示例如下：

```
GET /v1/users           # v1 版本的用户 API
GET /v2/users           # v2 版本的用户 API
```

7. 安全性与身份验证

在现代 Web 应用中，API 的安全性非常重要。常用的身份验证方式包括：

- API Key：通过请求头或查询参数传递 API 密钥进行身份验证。
- JWT（JSON Web Token）：通过 Bearer Token 机制在请求头中传递 JWT 以进行身份验证。
- OAuth：用于第三方授权验证。

8. 错误响应

API 应该能够返回明确的错误信息，并帮助客户端处理异常情况。通常，错误信息会包含状态码、错误消息及详细信息（可选），以便开发人员定位问题。示例如下：

```
{
  "status": 400,
  "message": "Invalid email address",
  "error": "Email format is incorrect"
}
```

7.2.3　序列化与反序列化

1. 序列化

（1）什么是序列化。

序列化（Serialization）是将复杂的数据结构（例如对象或数据集合）转换为可以轻松存储、传输或重建的格式的过程。它涉及将数据转换为可以被不同系统或编程语言理解的标准化格式。序列化的主要目的是促进数据在不同平台或系统之间的持久化和传输。数据经序列化处理后，可以被保存到文件中，或通过网络被发送和存储在数据库中。后续，可以对序列化后的数据进行反序列化，也就是从标准化格式到原始数据结构的逆过程。

序列化通常涉及将数据转换为可以轻松传输或存储的字节串或基于文本的表示形式。序列化数据可能包含数据结构、对象类型，以及属性或字段值等信息。有不同的序列化格式和协议可用，例如 JSON（JavaScript 对象表示法）、XML（可扩展标记语言）、Protocol Buffers 和 MessagePack。每种格式都有自己的语法和规则。

序列化广泛应用于各种场景，包括：

- 数据持久化：序列化数据可以被持久地存储在文件或数据库中。
- 进程间通信：当不同的进程或系统需要相互通信时，可以进行数据序列化，以双方都能理解的通用格式发送数据。
- 网络通信：序列化数据通常通过网络传输。序列化数据可以作为 HTTP、TCP 或 UDP 等网络协议中的有效负载被发送。
- 缓存：序列化数据可以存储在缓存中，例如内存缓存或分布式缓存，以便更快地检索。

需要注意的是，在序列化期间，某些类型的数据或行为可能无法得到准确保留，例如复杂的对象关系、循环引用或瞬态。因此，在程序中使用序列化数据时需要考虑各种潜在问题。

（2）Gin 实现序列化。

在 Go 语言中，序列化和反序列化通常使用 JSON 编码和解码实现。Gin 为使用对象的 JSON

序列化和反序列化提供了内置支持——gin.Context。

要将 Go 语言中的对象序列化为 JSON 数据，可以使用 json.Marshal()函数，它将 Go 语言对象转换为用包含对象的 JSON 编码表示的字节切片。示例如下：

```
package main

import (
    "encoding/json"
    "fmt"
    "github.com/gin-gonic/gin"
    "net/http"
    "strconv"
)

type Customer struct {
    ID    int    `json:"id"`
    Name  string `json:"name"`
    Email string `json:"email"`
}

func main() {
    r := gin.Default()

    r.GET("/customers/:id", func(c *gin.Context) {
        param := c.Param("id")
        id, err := strconv.Atoi(param)
        if err != nil {
            // 处理错误
        }
        // 从数据库或任何其他来源中获取 customer
        customer := Customer{ID: id, Name: "ShirDon", Email: 
"shirdonliao@example.com"}

        // 将用户对象 customer 序列化为 JSON 格式
        jsonData, err := json.Marshal(customer)
        if err != nil {
            c.JSON(http.StatusInternalServerError, gin.H{"error": 
"serialization error"})
            return
        }

        c.Writer.Header().Set("Content-Type", "application/json")
        c.Writer.Write(jsonData)
```

```
    })

    r.POST("/customers", func(c *gin.Context) {
        var customer Customer
        err := c.BindJSON(&customer)
        if err != nil {
            c.JSON(http.StatusBadRequest, gin.H{"error": "deserialization
error"})
            return
        }

        // 将用户对象 customer 保存到数据库或任何其他来源中
        fmt.Println(customer)

        c.JSON(http.StatusOK, gin.H{"message": "customer created
successfully"})
    })

    r.Run(":8080")
}
```

2. 反序列化

（1）什么是反序列化。

反序列化（Deserialization）是将标准化格式或表示形式的序列化数据转换回其原始数据结构或对象形式的过程，是序列化的逆过程。当数据被序列化时，它被转换成一种可以轻松存储、传输或重建的格式。反序列化操作将获取序列化数据并重建原始数据结构、对象或集合。

序列化数据可能包含原始数据的结构、类型和值的信息。通过了解此信息，反序列化过程可以使用正确的类型和值重建原始数据结构。

反序列化常用于以下场景：

- 数据检索：可以从存储中检索序列化数据，例如文件或数据库，并反序列化以重建原始数据结构。这对于检索持久化数据或缓存数据很有用。
- 进程间通信：数据在不同进程或系统之间传输时往往是串行化传输的。接收方可以通过反序列化数据以重建原始数据结构并使用它。
- 网络通信：序列化数据通常用于网络传输。接收方对数据进行反序列化，以还原发送方发送的原始信息。
- 对象创建：在某些情况下，对象实例或数据结构可能被序列化存储。反序列化允许重新创建这些对象实例或数据结构，使它们可以在程序中被进一步使用。

提示 在反序列化期间，必须考虑一些注意事项，例如数据验证、安全性和兼容性。反序列化会引入潜在的安全风险，如执行嵌入序列化数据中的恶意代码（即反序列化漏洞）。应实施适当的输入验证和安全的反序列化实践，以降低这些风险。

（2）Gin 实现反序列化。

在 Gin 中，请求数据的反序列化通常使用 Gin 提供的 Bind()和 ShouldBind()方法来实现。这些方法用于根据请求的内容类型（例如 JSON、表单数据等）自动解析请求数据并将其绑定到 Go 语言结构体上。反序列化的过程严重依赖 Go 语言的编码包，特别是 encoding/json、encoding/xml、encoding/x-www-form-urlencoded 和 mime/multipart 包。下面简单介绍 Gin 是如何实现反序列化的。

①JSON 反序列化。

为了处理 JSON 数据，Gin 使用 ShouldBindJSON()或 BindJSON()方法，具体使用哪个方法取决于开发者想要绑定一次数据还是绑定多次数据。

在 Gin 中实现 JSON 反序列化的示例如下：

```
package main

import (
   "net/http"

   "github.com/gin-gonic/gin"
)

type Customer struct {
   Name string `json:"name"`
   Age  int    `json:"age"`
}

// 使用 JSON 数据处理 POST 请求
func createCustomerHandler(c *gin.Context) {
   var customer Customer
   if err := c.ShouldBindJSON(&customer); err != nil {
      c.JSON(http.StatusBadRequest, gin.H{"error": err.Error()})
      return
   }
   // 处理客户数据
   c.JSON(http.StatusOK, gin.H{"message": "Customer created successfully",
"customer": customer})
}
```

```
func main() {
   // 创建一个新的 Gin 路由器
   r := gin.Default()

   // 定义路由
   r.POST("/createCustomer", createCustomerHandler)

   // 在端口 8080 上启动服务器
   if err := r.Run(":8080"); err != nil {
      panic("Failed to start the server")
   }
}
```

②表单数据反序列化。

对于表单数据，Gin 使用 ShouldBind()或 Bind()方法将数据绑定到 Go 语言结构体上。Gin 利用 Go 语言的 net/url 包来解码表单数据。

在 Gin 中实现表单数据反序列化的示例如下：

```
package main

import (
   "net/http"

   "github.com/gin-gonic/gin"
)

type FormData struct {
   Username string `form:"username"`
   Email    string `form:"email"`
}

// 使用表单数据处理 POST 请求
func formHandler(c *gin.Context) {
   var formData FormData
   if err := c.ShouldBind(&formData); err != nil {
      c.JSON(http.StatusBadRequest, gin.H{"error": err.Error()})
      return
   }
   // 处理表单数据
   c.JSON(http.StatusOK, gin.H{"message": "已处理的表单数据", "formData":
formData})
}
```

```
func main() {
    r := gin.Default()

    // 定义路由
    r.POST("/process-form", formHandler)

    // 在端口 8080 上启动服务器
    if err := r.Run(":8080"); err != nil {
        panic(err)
    }
}
```

在以上代码中，FormData 结构体表示表单中接收到的数据。它有两个字段：string 类型的 Username 和 string 类型的 Email ，分别用 form:"username"和 form:"email"标签来标记。这些标签指定如何使用 Gin 的 ShouldBind()方法将表单数据绑定到结构体字段上。formHandler()函数处理对“/process-form”端点的 POST 请求。它尝试将传入的表单数据绑定到 FormData 类型的 formData 变量上。如果绑定期间出现错误，则会以状态码 400 和错误消息进行响应。否则，该函数会处理表单数据并返回状态码 200，以及包含“已处理的表单数据”消息和实际表单数据的 JSON 对象。

③查询参数反序列化。

为了提取和绑定查询参数，Gin 使用了 ShouldBindQuery()方法。ShouldBindQuery()方法自动解析 URL 查询参数并将它们绑定到指定的 Go 语言结构体上。

在 Gin 中实现查询参数反序列化的示例如下：

```
package main

import (
    "net/http"

    "github.com/gin-gonic/gin"
)

type QueryParams struct {
    Username string `form:"username"`
    Email    string `form:"email"`
}

// 处理带查询参数的 GET 请求
func getQueryParamsHandler(c *gin.Context) {
    var queryParams QueryParams
```

```
    if err := c.ShouldBindQuery(&queryParams); err != nil {
        c.JSON(http.StatusBadRequest, gin.H{"error": err.Error()})
        return
    }
    // 处理查询参数
    c.JSON(http.StatusOK, gin.H{"message": "处理的查询参数", "queryParams":
queryParams})
}

func main() {
    r := gin.Default()

    // 定义路由
    r.GET("/get-query-params", getQueryParamsHandler)

    // 在端口 8080 上启动服务器
    if err := r.Run(":8080"); err != nil {
        panic(err)
    }
}
```

以上代码定义了一个新的结构体 QueryParams，用于表示 GET 请求中的查询参数。它有两个字段：string 类型的 Userame 和 string 类型的 Email ，分别用 form:"username"和 form:"email"标签来标记。这些标签指定如何使用 Gin 的 ShouldBindQuery()方法将查询参数绑定到结构体字段上。

getQueryParamsHandler()函数用于处理对“/get-query-params”端点的 GET 请求。它尝试将传入的查询参数绑定到 QueryParams 类型的 queryParams 变量上。如果绑定期间出现错误，则会以状态码 400 和错误消息进行响应。否则，该函数会处理查询参数并返回状态码 200，以及包含“处理的查询参数”消息和实际查询参数的 JSON 对象。

Gin 通过提供这些便捷的方法简化了反序列化的过程，使开发者无须手动解析和解码请求数据，而更加关注程序的业务逻辑。

7.2.4　API 安全机制

在使用 Gin 开发 API 时，可以实施多种安全机制来增强 API 的安全性。Gin API 的一些常用安全机制如下：

- 身份验证：实施用户身份验证以确保只有授权用户才能访问受保护的资源。开发者可以使用各种身份验证方法，例如 JWT、基于会话的身份验证、OAuth 或 API 密钥。Gin 通过中间件提供了与不同身份验证机制集成的灵活性。

- 授权：一旦用户通过身份验证，就可以实施授权以控制他们访问哪些操作或资源。定义用户角色或权限，并根据用户角色或与所请求资源相关的特定权限实施访问控制。
- 输入验证：验证和清理用户输入可以防止常见的安全漏洞，例如 SQL 注入、跨站脚本攻击（XSS）和其他形式的注入攻击。使用 govalidator 或 Gin 的内置验证方法可以验证和清理用户输入。
- 速率限制：通过实施速率限制，可以保护开发者的 API 免受滥用或被过度请求。应为每个客户端或 IP 地址设置请求数量限制。Gin 提供 gin-contrib/rate 等中间件，开发者可以使用 Redis 或 Memcached 等外部服务来进行速率限制。
- TLS/SSL 加密：使用传输层安全性（Transport Layer Security，TLS）或安全套接字层（Secure Sockets Layer，SSL）加密可以保护客户端与 API 之间的通信。这确保了通过网络传输的数据能被加密，并能防止数据被窃听或篡改。可以通过提供必要的证书和密钥，将开发者的 Gin 服务器配置为使用 HTTPS。
- 跨域资源共享：可以实施跨域资源共享（Cross-Origin Resource Sharing，CORS）标头以控制允许哪些域或源访问开发者的 API。这可以防止在其他域上运行的恶意 JavaScript 代码向开发者的 API 发出未经授权的请求。可以使用 gin-contrib/cors 中间件来处理 Gin 中的 CORS。
- 错误处理：妥善处理错误可以避免在错误信息中暴露敏感信息。在开发者的 API 中实施一致的错误处理和响应，可以确保错误消息不会泄露内部实施细节或敏感信息。
- 日志记录和监控：实施日志记录和监控可以跟踪 API 活动、检测和调查可疑行为并识别安全事件。应记录重要事件和错误，监控 API 使用情况，并针对异常模式或可疑活动设置警报。

提示 确保安全是一个持续的过程，应该在出现新的漏洞和威胁时定期审查和更新开发者的安全措施。了解安全最佳实践的最新动态并查阅相关安全资源，以在开发者的特定用例中实现全面的安全性，这一点很重要。

7.2.5 【实战】开发一个 RESTful API 从数据库返回数据

为了巩固前面所学的 Gin 知识，本节用 Gin 开发一个 RESTful API，从数据库返回数据。

1. 路由设计

Gin 的路由用法和 HttpRouter 包的路由用法很类似，代码如下：

```
router := gin.Default()
v2 := router.Group("/api/v2/user")
{
   v2.POST("/", createUser) // 用 POST 方法创建用户
   v2.GET("/", fetchAllUser)// 用 GET 方法获取所有用户
   v2.GET("/:id", fetchUser)// 用 GET 方法获取某个用户，形如：/api/v2/user/1
```

```
    v2.PUT("/:id", updateUser)// 用 PUT 方法更新用户，形如：/api/v2/user/1
    v2.DELETE("/:id", deleteUser)//用 DELETE 方法删除用户，形如：/api/v2/user/1
}
```

2. 数据表设计

为了简单，这里只创建一张表用来记录用户的基本信息，包括用户 ID、手机号、用户名、密码。登录数据库，创建一张名为 users 的表，SQL 语句如下：

```
CREATE TABLE `users` (
  `id` int(10) unsigned NOT NULL AUTO_INCREMENT,
  `phone` varchar(255) DEFAULT NULL,
  `name` varchar(255) DEFAULT NULL,
  `password` varchar(255) DEFAULT NULL,
  PRIMARY KEY (`id`)
) ENGINE=InnoDB AUTO_INCREMENT=39 DEFAULT CHARSET=utf8;
```

3. 模型代码编写

根据 users 数据表创建对应的结构体 User，以及响应返回的结构体 UserRes。这里单独定义响应返回的结构体 UserRes，目的是只返回某些特定字段的值。比如 User 结构体会默认返回全部字段，包括 Password 字段。为了简单，直接将两个结构体一起定义，代码如下：

```
type (
    // 数据表的结构体
    User struct {
        ID       uint   `json:"id"`
        Phone    string `json:"phone"`
        Name     string `json:"name"`
        Password string `json:"password"`
    }

    // 响应返回的结构体
    UserRes struct {
        ID       uint   `json:"id"`
        Phone    string `json:"phone"`
        Name     string `json:"name"`
    }
)
```

5. 逻辑代码编写

根据定义的路由，分别编写代码。

（1）用 POST 方法创建用户。

根据路由 v2.POST("/", createUser)，编写一个处理器函数 createUser()来创建用户。代码如下：

```
// 创建用户
func createUser(c *gin.Context) {
    phone := c.PostForm("phone")  // 获取 POST 请求参数 phone
    name := c.PostForm("name")    // 获取 POST 请求参数 name
    user := User{
        Phone:    phone,
        Name:     name,
        // 用户密码，可以动态生成，这里为了演示用法，使用固定密码
        Password: md5Password("666666"),
    }
    db.Save(&user)      // 保存到数据库
    c.JSON(
        http.StatusCreated,
        gin.H{
            "status":  http.StatusCreated,
            "message": "User created successfully!",
            "ID":      user.ID,
        })    // 返回状态到客户端
}
```

（2）用 GET 方法获取所有用户。

根据路由 v2.GET("/", fetchAllUser)，编写一个处理器函数 fetchAllUser()来获取所有用户。代码如下：

```
// 获取所有用户
func fetchAllUser(c *gin.Context) {
    var user []User            // 定义一个数组，去数据库中获取数据
    var _userRes []UserRes   // 定义一个响应数组，用于返回数据到客户端

    db.Find(&user)

    if len(user) <= 0 {
        c.JSON(
            http.StatusNotFound,
            gin.H{
                "status":  http.StatusNotFound,
                "message": "No user found!",
            })
        return
    }

    // 循环遍历，追加到响应数组
```

```
    for _, item := range user {
        _userRes = append(_userRes,
            UserRes{
                ID:    item.ID,
                Phone: item.Phone,
                Name:  item.Name,
            })
    }
    c.JSON(http.StatusOK,
        gin.H{"status":
        http.StatusOK,
            "data": _userRes,
        }) // 返回状态到客户端
}
```

（3）用 GET 方法获取某个用户。

根据路由 v2.GET("/:id", fetchUser)，编写一个处理器函数 fetchUser()来获取某个用户。代码如下：

```
// 获取某个用户
func fetchUser(c *gin.Context) {
    var user User          // 定义 User 结构体
    ID := c.Param("id")    // 获取参数 id

    db.First(&user, ID)

    if user.ID == 0 {      // 如果用户不存在，则返回响应
        c.JSON(http.StatusNotFound,
            gin.H{"status": http.StatusNotFound, "message": "No user found!"})
        return
    }

    // 返回响应结构体
    res := UserRes{ID: user.ID, Phone: user.Phone, Name: user.Name}
    c.JSON(http.StatusOK, gin.H{"status": http.StatusOK, "data": res})
}
```

（4）用 PUT 方法更新用户。

根据路由 v2.PUT("/:id", updateUser)，编写一个处理器函数 updateUser()来更新用户。代码如下：

```
// 更新用户
func updateUser(c *gin.Context) {
    var user User                // 定义 User 结构体
```

```
    userID := c.Param("id")     // 获取参数 id
    db.First(&user, userID)     // 查找数据库

    if user.ID == 0 {
        c.JSON(http.StatusNotFound,
            gin.H{"status": http.StatusNotFound, "message": "No user found!"})
        return
    }

    // 更新对应的字段值
    db.Model(&user).Update("phone", c.PostForm("phone"))
    db.Model(&user).Update("name", c.PostForm("name"))
    c.JSON(http.StatusOK,
        gin.H{"status": http.StatusOK, "message": "Updated User successfully!"})
}
```

（5）用 DELETE 方法删除用户。

根据路由 v2.DELETE("/:id", deleteUser)，编写一个处理器函数 deleteUser()来删除用户。代码如下：

```
// 删除用户
func deleteUser(c *gin.Context) {
    var user User               // 定义 User 结构体
    userID := c.Param("id")     // 获取参数 id

    db.First(&user, userID)     // 查找数据库

    if user.ID == 0 {           // 如果用户不存在，则返回
        c.JSON(http.StatusNotFound,
            gin.H{"status": http.StatusNotFound, "message": "No user found!"})
        return
    }

    // 删除用户
    db.Delete(&user)
    c.JSON(http.StatusOK,
        gin.H{"status": http.StatusOK, "message": "User deleted successfully!"})
}
```

在文件所在目录下打开命令行，输入运行命令：

```
$ go run main.go
```

在服务器端启动后，就可以模拟 RESTful API 请求了。浏览器返回的结果如图 7-1 所示。

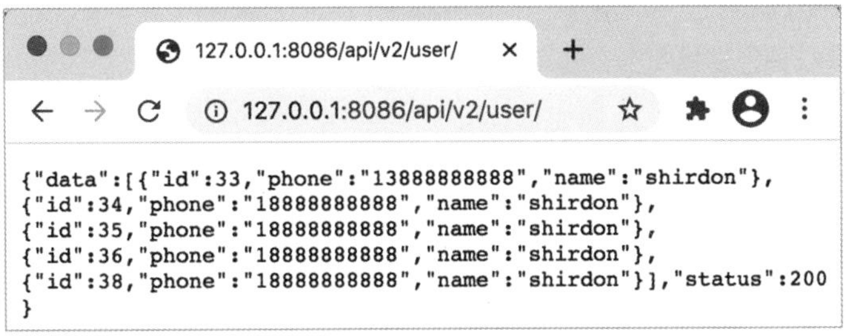

127.0.0.1:8086/api/v2/user/


```
{"data":[{"id":33,"phone":"13888888888","name":"shirdon"},
{"id":34,"phone":"18888888888","name":"shirdon"},
{"id":35,"phone":"18888888888","name":"shirdon"},
{"id":36,"phone":"18888888888","name":"shirdon"},
{"id":38,"phone":"18888888888","name":"shirdon"}],"status":200
}
```


图 7-1

7.3　Gin API 测试

7.3.1　为 API 编写单元测试

要在 Go 语言中对 API 进行单元测试，可以使用内置测试包及其他测试库（如 net/http/httptest 和 github.com/gin-gonic/gin）来模拟请求和响应。

为 API 编写单元测试的示例如下。

（1）创建一个名为 main.go 的文件，编写 main()函数。代码如下：

```
package main

import (
    "github.com/gin-gonic/gin"
    "net/http"
)

func GetUser(c *gin.Context) {
    // 从请求参数中获取用户 ID
    userID := c.Param("id")
    // 开发者可以在这里执行任何必要的断言或逻辑，如检查用户是否存在于数据库中
    // 返回 JSON 响应
    c.JSON(http.StatusOK, gin.H{"id": userID, "name": "ShirDon"})
}
```

（2）在与 main.go 文件相同的目录下创建一个名为 main_test.go 的文件，编写单元测试，代码如下：

```
// main_test.go
package main
```

```
import (
    "net/http"
    "net/http/httptest"
    "testing"

    "github.com/gin-gonic/gin"
)

func TestGetUser(t *testing.T) {
    router := gin.Default()
    router.GET("/users/:id", func(c *gin.Context) {
        userID := c.Param("id")
        c.JSON(http.StatusOK, gin.H{"id": userID, "name": "ShirDon"})
    })

    req, err := http.NewRequest(http.MethodGet, "/users/1", nil)
    if err != nil {
        t.Fatal(err)
    }

    res := httptest.NewRecorder()
    router.ServeHTTP(res, req)

    if res.Code != http.StatusOK {
        t.Errorf("expected status %d but got %d", http.StatusOK, res.Code)
    }

    expected := `{"id":"1","name":"ShirDon"}`
    if res.Body.String() != expected {
        t.Errorf("expected body %s but got %s", expected, res.Body.String())
    }
}
```

在以上代码中，GetUser()函数将被添加到测试文件中，代表“/users/:id”端点的处理函数。它接收 gin.Context 作为参数，并从请求参数中提取用户 ID。在以上代码中，它返回具有固定名称“ShirDon”和提取的用户 ID 的 JSON 响应。在 TestGetUser()函数中，Gin 路由的创建方式和普通的创建方式一样，但没有内联定义处理器函数，而是使用 GetUser()函数作为“/users/:id”端点的处理程序。

测试代码的其余部分保持不变，它将请求发送到“/users/1”端点，捕获响应，然后根据预期值检查响应状态码和响应体。使用 go test 命令运行测试，结果如下：

```
$ go test -v
=== RUN   TestGetUser
```

```
[GIN-debug] [WARNING] Creating an Engine instance with the Logger and Recovery
middleware already attached.

[GIN-debug] [WARNING] Running in "debug" mode. Switch to "release" mode in
production.
 - using env:   export GIN_MODE=release
 - using code:  gin.SetMode(gin.ReleaseMode)

[GIN-debug] GET    /users/:id                --> 
shirdon.com/goGinVue/chapter7/7%2e3.TestGetUser.func1 (3 handlers)
[GIN] 2024/01/16 - 15:49:44 | 200 |      94.095µs |                 | GET
"/users/1"
--- PASS: TestGetUser (0.00s)
PASS
ok      shirdon.com/goGinVue/chapter7/7.3      1.601s
```

7.3.2 【实战】使用 cURL 进行 API 测试

1. 什么是 cURL

cURL（Client for URL）是一个命令行工具和库，用于发出 HTTP 请求并与各种协议交互。它代表“URL 客户端”，通常使用各种协议（如 HTTP、HTTPS、FTP、SFTP 等）向服务器端发送数据或从服务器端获取数据。

cURL 提供了一种简单而强大的方法从命令行或通过脚本发出 HTTP 请求。它支持广泛的功能，包括发送请求头、处理 Cookie、指定请求方法（GET、POST、PUT、DELETE 等）、设置请求参数等。

以下是使用 cURL 向 URL 发出 HTTP GET 请求的示例：

```
$ curl https://b***u.com
```

执行以上命令将向 https://b***u.com 发送 GET 请求并在控制台中显示响应。

cURL 还可以处理更复杂的请求，包括请求头、请求体和身份验证。使用 JSON 数据发出 POST 请求的示例如下：

```
$ curl -X POST -H "Content-Type: application/json" -d '{"name": "John", "age":
25}' https://sample.com/api/users
```

在以上示例中，-X 选项将请求方法设置为 POST，-H 选项设置内容类型的请求头，-d 选项将 JSON 数据作为请求体发送。

cURL 可用于各种操作系统，包括 Linux、macOS 和 Windows。它是一种广泛使用的工具，用于测试 API、自动执行任务，以及从命令行与 Web 服务交互。

2. 使用 cURL 进行 API 测试

要使用 cURL 进行 API 测试，可以向 API 端点发送 HTTP 请求并检查响应。API 测试的一些常见 cURL 选项和示例如下。

发送 GET 请求的示例如下：

```
$ curl https://api.sample.com/endpoint
```

发送带有 JSON 数据的 POST 请求的示例如下：

```
$ curl -X POST -H "Content-Type: application/json" -d '{"key": "value"}'
https://api.sample.com/endpoint
```

发送带有 JSON 数据的 PUT 请求的示例如下：

```
$ curl -X PUT -H "Content-Type: application/json" -d '{"key": "updated_value"}'
https://api.sample.com/endpoint/123
```

发送 DELETE 请求的示例如下：

```
$ curl -X DELETE https://api.sample.com/endpoint/123
```

在请求中包含请求头的示例如下：

```
$ curl -H "Authorization: Bearer token" https://api.sample.com/endpoint
```

处理响应头的示例如下：

```
$ curl -I https://api.sample.com/endpoint
```

保存对文件的响应的示例如下：

```
$ curl -o response.json https://api.sample.com/endpoint
```

重定向的示例如下：

```
$ curl -L https://api.sample.com/endpoint
```

以上是使用 cURL 进行 API 测试的几个示例。开发者可以根据自身的特定需求自定义请求，例如设置请求头，或在请求体中发送不同类型的数据。对于更高级的测试场景，可能需要考虑使用专用的 API 测试工具或框架，这些工具或框架提供专为 API 测试设计的额外特性和功能。

第 3 篇

前端框架 Vue.js

第 8 章 Vue.js 基础应用

8.1 设置开发环境

Vue CLI 是 Vue.js 的官方命令行界面，它为 Vue.js 的快速开发提供了完整的系统，包括脚手架、管理插件，以及与其他工具的集成。

想要在服务器上安装 Vue CLI，可以按照以下步骤操作。

（1）确保开发者的服务器安装了 Node.js。如果没有，则可以从 Node.js 官方网站下载。

（2）安装 Node.js 后，打开终端或命令提示符并运行以下命令，全局安装 Vue CLI：

```
$ npm install -g @vue/cli
```

以上命令将在开发者的计算机上安装最新版本的 Vue CLI。

（3）安装完成后，可以运行以下命令来验证 Vue CLI 是否已安装：

```
$ vue --version
@vue/cli 4.5.13
```

运行以上命令会显示 Vue CLI 的版本号。

（4）安装一个 IDE 进行代码开发。

可以使用各种集成开发环境（Integrated Development Environments，IDE）和代码编辑器来简化 Vue.js 开发。其中比较流行的包括 Visual Studio Code、WebStorm 和 Atom 等。限于篇幅，请读者自行搜索、下载、安装，本书不做详细讲解。

8.2　设置第一个 Vue.js 应用

使用 Vue CLI 设置新的 Vue.js 项目的步骤如下。

（1）安装 Node.js。开发者需要在计算机上安装 Node.js，可以从官方网站下载最新版本。

（2）安装 Vue CLI。打开终端窗口并运行以下命令，全局安装 Vue CLI：

```
$ npm install -g @vue/cli
```

（3）创建一个新的 Vue.js 项目。运行以下命令，创建一个新的 Vue.js 项目：

```
$ vue create example-project
```

将 example-project 替换为开发者的项目名称。以上命令将提示开发者为项目选择预设配置，包括 Babel、TypeScript 和 Vuex 等功能。开发者还可以手动选择功能或跳过此步骤以使用默认配置。

（4）启动开发服务器。创建项目后，导航到项目目录并运行以下命令启动开发服务器：

```
$ cd example-project
$ yarn serve
yarn run v1.22.19
$ vue-cli-service serve
 INFO  Starting development server...
98% after emitting CopyPlugin

 DONE  Compiled successfully in 2418ms                                    16:29:13


  App running at:
  - Local:   http://localhost:8080/
  - Network: http://10.0.0.24:8080/

  Note that the development build is not optimized.
  To create a production build, run yarn build.
```

打开浏览器，输入 http://localhost:8080，输出结果如图 8-1 所示。

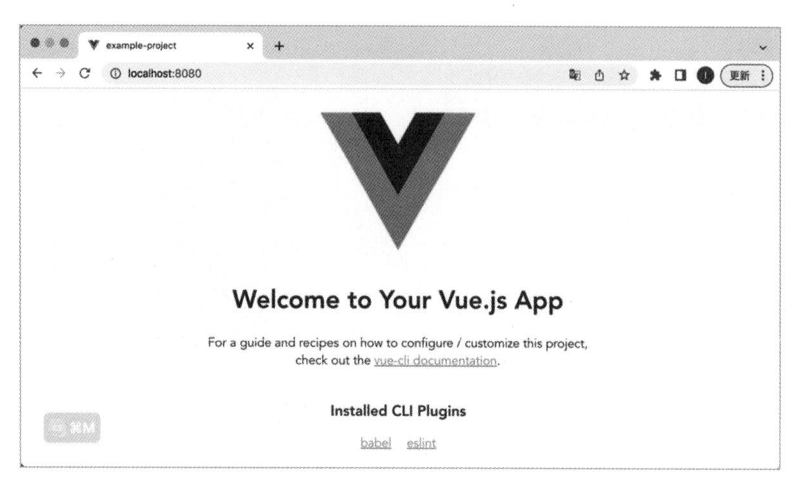

图 8-1

8.3 创建实例

Vue.js 程序以 Vue.js 实例开始，帮助开发者在程序中使用 Vue.js 组件。Vue.js 实例使用“模型-视图-视图-模型”（Model-View-View-Model，MVVM）模式。当创建一个 Vue.js 实例时，需要传递一个选项对象，它可以包含数据、方法、元素、模板等选项。

在 Vue.js 3 中创建 Vue.js 实例可以使用 Vue.js 库提供的 createApp()函数。createApp(App)是创建新 Vue.js 实例的函数调用。

语法如下：

```
const app = createApp(App);
```

- createApp()：Vue.js 库提供的函数。它负责创建一个新的 Vue.js 实例。
- App：开发者的 Vue.js 程序根组件。在本例中，它指的是从./App.vue 文件中导入的组件。App 组件作为程序的入口，通常包含程序的主要模板和逻辑。

当开发者调用 createApp()时，将基于提供的 App 组件创建一个新的 Vue.js 实例。这个实例代表开发者的整个 Vue.js 程序，可以在将它安装到 DOM 之前进一步对其进行配置。例如，可以使用该实例提供的各种方法来为程序配置行为、添加插件、设置路由等。

使用 createApp()创建 Vue.js 实例后，可以使用返回的对象调用其他方法，如使用 mount 将程序挂载到特定的 HTML 元素上。

使用 createApp()创建 Vue.js 实例并将其挂载到 HTML 元素上的示例如下：

```
import { createApp } from 'vue';
import App from './App.vue';

// 创建一个 Vue.js 实例
const app = createApp(App);
// 将实例挂载到 ID 为 app 的元素上
app.mount('#app');
```

在以上代码中，App 组件是程序的根组件，createApp()调用该组件创建一个新的 Vue.js 实例。然后，调用 app.mount('#app')将程序挂载到 ID 为 app 的 HTML 元素上。

8.4　模板

8.4.1　什么是 Vue.js 模板

Vue.js 使用基于 HTML 的模板语法，允许开发者以声明方式将呈现的 DOM 元素绑定到底层组件的数据上。所有 Vue.js 模板都是语法上有效的 HTML，可以被符合规范的浏览器和 HTML 解析器解析。

在底层，Vue.js 将模板编译成高度优化的 JavaScript 代码。结合反应性系统，Vue.js 可以智能地找出最少数量的组件来重新渲染，并在程序状态更改时执行最少次数的 DOM 操作。

Vue.js 模板的示例如下：

```
<template>
  <div>
    <h1>{{ titleExample }}</h1>
    <p>{{ contentExample }}</p>
  </div>
</template>
```

以上代码定义了一个模板，其中包含一个 div 元素、一个 h1 元素和一个 p 元素。使用 Vue.js 的模板语法插入两个数据属性来占位，用双花括号（{{ }}）包裹。渲染此模板时，Vue.js 会将这些占位符替换为相应的数据值。

还可以使用 Vue.js 指令向模板中添加更复杂的功能。指令是以“v-”为前缀的特殊属性，它们允许开发者绑定数据、有条件地呈现元素、遍历列表等。

使用 v-if 指令有条件地呈现元素的示例如下：

```
<template>
  <div>
```

```
    <h1>{{ titleExample }}</h1>
    <p v-if="showContent">{{ contentExample }}</p>
  </div>
</template>
```

以上代码使用 v-if 指令仅在 showContent 属性为 true 时有条件地呈现 p 元素。如果 showContent 属性为 false，则不会呈现 p 元素。

8.4.2 Vue.js 模板语法

Vue.js 的模板语法是一种声明式语法，用于定义 Vue.js 程序中用户界面的结构和内容。它允许开发者使用额外的指令和表达式来定义基于 HTML 的模板，以实现动态渲染和数据绑定。

每个.vue 文件中都必须有一个<template>标签。<template>标签本身只是一个容器，用于存放将要构建的组件的所有 HTML。下面介绍 Vue.js 模板的常用语法。

1. 插值

在 Vue.js 中，插值用于在模板中显示动态数据。Vue.js 模板的插值语法简介如下。

（1）双花括号。

在 Vue.js 模板中执行插值最常见的方法是使用双花括号，如{{ expression }}。在括号内可以编写在模板中计算和显示的 JavaScript 表达式。例如，{{ message }}将显示 message 数据属性的值。

（2）文本内容。

可以直接在元素的文本内容中使用插值。例如，<p>Hi, {{ name }}~</p> 将显示一个段落，其中插入了 name 数据属性的值。

（3）HTML 内容。

如果要动态呈现 HTML 内容，则可以使用 v-html 指令。例如，<p v-html="htmlContent"> </p> 会将 htmlContent 数据属性的值呈现为 HTML。

2. 指令

指令以“v-”为前缀，例如 v-if、v-for、v-bind、v-on 等。其中，v-bind 指令可以使用冒号“:”来简化语法编写，例如，:href="url"等同于 v-bind:href="url"。v-on 指令可以使用“@”符号来简化语法编写，例如，@click="clickFunction"等同于 v-on:click="clickFunction"。

3. 事件处理

对于事件处理，可以使用“@”符号简化语法或 v-on 指令。例如，@click="clickFunction"

或 v-on:click="clickFunction"。.prevent、.stop 和.capture 等事件的修饰符可用于修改事件行为。

4. 条件渲染

在 Vue.js 中，模板中的条件渲染是使用 v-if、v-else-if、v-else 和 v-show 指令实现的。

（1）v-if 指令。

v-if 指令的语法如下：

```
<element v-if="condition">...</element>
```

v-if 指令的示例如下：

```
<template>
  <div>
    <div v-if="showMessage">Hello, this is a v-if test data~</div>
  </div>
</template>

<script>
export default {
  data() {
    return {
      showMessage: true
    };
  }
};
</script>
```

（2）v-else-if 指令。

v-else-if 指令的语法如下：

```
<element v-else-if="condition">...</element>
```

v-else-if 指令的示例如下：

```
<template>
  <div>
    <div v-if="showMessage">Hi, this is a v-if test data~</div>
    <div v-else-if="showMessage2">Hi, this is a v-else-if test data~</div>
  </div>
</template>

<script>
export default {
```

```
  data() {
    return {
      showMessage: true,
      showMessage2: false
    };
  }
};
</script>
```

（3）v-else 指令。

v-else 指令的语法如下：

```
<element v-else>...</element>
```

v-else 指令的示例如下：

```
<template>
  <div>
    <div v-if="showMessage">Hello, this is a v-if test data~</div>
    <div v-else>Hello, this is a v-else test data~</div>
  </div>
</template>

<script>
export default {
  data() {
    return {
      showMessage: true
    };
  }
};
</script>
```

（4）v-show 指令。

v-show 指令是 v-if 指令的替代方法，它根据条件切换元素的可见性。v-show 指令的语法如下：

```
<element v-show="condition">...</element>
```

v-show 指令的示例如下：

```
<template>
  <div>
    <div v-show="showMessage">Hi, this is a v-show test data~</div>
  </div>
</template>
```

```
<script>
export default {
  data() {
    return {
      showMessage: true
    };
  }
};
</script>
```

提示　v-if 指令和 v-show 指令之间的区别在于，v-if 通过在 DOM 中添加或删除元素来有条件地呈现元素，而 v-show 切换元素的 CSS 显示属性以显示或隐藏元素。

可以使用上述指令有条件地呈现元素或组件，从而允许开发者控制 Vue.js 模板中内容的可见性和存在性。

5. 列表渲染

在 Vue.js 中，模板中的列表渲染是使用 v-for 指令实现的。v-for 指令允许开发者遍历数组或对象，并为每个项目呈现一个模板。Vue.js 模板中的列表渲染语法如下。

（1）数组迭代。

数组迭代的语法如下：

```
<element v-for="(item, index) in array" :key="uniqueKey">...</element>
```

数组迭代的示例如下：

```
<template>
  <ul>
    <li v-for="(value, key) in sampleData" :key="key">{{ value }}</li>
  </ul>
</template>

<script>
export default {
  data() {
    return {
      sampleData: ['Value 1', 'Value 2', 'Value 3', 'Value 4']
    };
  }
};
</script>
```

（2）对象迭代。

对象迭代的语法如下：

```
<element v-for="(value, key, index) in object" :key="uniqueKey">...</element>
```

对象迭代的示例如下：

```
<template>
  <ul>
    <li v-for="(value, key, index) in user" :key="index">{{ key }}:
{{ value }}</li>
  </ul>
</template>

<script>
export default {
  data() {
    return {
      user: {
        name: 'ShirDon',
        age: 18,
        email: 'abc@example.com',
        location: 'Chengdu, China'
      }
    };
  }
};
</script>
```

在以上代码中，使用 v-for 指令进行对象迭代。在指令内，提供迭代变量名称（值、键、索引），后跟关键字 in，以及开发者要迭代的数组或对象。开发者还可以选择提供:key 绑定以确保高效可靠地进行列表渲染。

v-for 指令为数组或对象中的每个项目均生成一个新模板，并将其呈现在 DOM 中。可以使用指令内提供的变量在模板中访问当前项目的值、索引和其他属性。

使用 v-for 指令可以根据数组或对象中的数据动态呈现元素或组件，从而允许开发者在 Vue.js 模板中创建动态的、响应式列表。

6. 组件使用

自定义组件可以使用 kebab-case 规范，例如，<my-component></my-component>。v-model 指令用于与自定义组件进行双向数据绑定。

> 提示　kebab-case 是一种命名规范，它将字符串中的单词用连字符（-）连接，并将所有字母小写。它的命名方式类似于烤串（kebab）的样子，因此得名 kebab-case。

7. 模板引用

可以使用元素上的 ref 属性创建模板引用。例如，<div ref="myRef"></div>。可以使用$refs 属性在组件的逻辑中访问模板引用。

8.5 组件

在 Vue.js 中，组件是用于构建用户界面的可重用的模块化构建块。组件允许开发者封装功能和样式，使代码更加模块化且更易于维护。

组件是具有自定义 HTML 元素的 Vue.js 实例。组件是独立的、可重用的，通常是单一职责的 UI 逻辑片段。组件可以根据需要被重复使用，也可以在另一个组件中使用，成为子组件。组件的基本组成如图 8-2 所示。

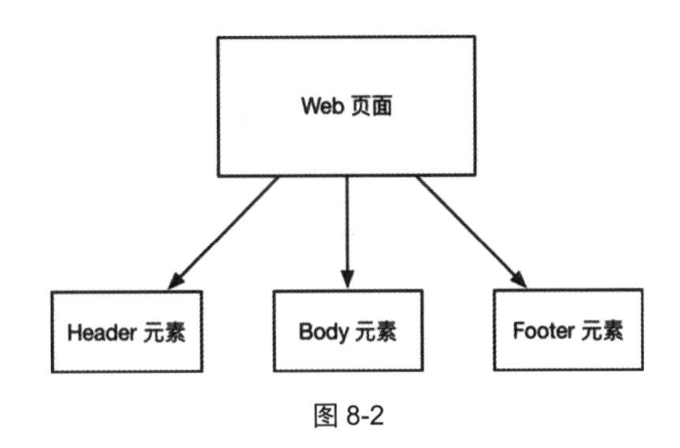

图 8-2

8.5.1 全局组件

在 Vue.js 中，全局组件是全局注册的，可以在程序中的任何地方使用，而无须在每个组件中导入或注册它们。它们对于构建需要在整个程序中使用的可重用 UI 组件非常有用。

要在 Vue.js 中注册一个全局组件，可以使用 app.component()方法。示例如下：

```
import App from './App.vue'
const app = createApp(App)
import GlobalComponent from "@/components/GlobalComponent.vue";
app.component(
    // 注册名称
    'TestGlobalComponent',
```

```
    GlobalComponent
)
```

在以上代码中，app.component()的第一个参数是开发者为全局组件指定的名称，这个名称将在模板中作为自定义元素的标签名称被使用。第二个参数是组件的定义，可以通过导入 GlobalComponent.vue 文件来传递这个参数。GlobalComponent.vue 的代码如下：

```
<template>
  <div class="hello">
    <h1>{{ msg }}</h1>
  </div>
</template>
<script>
export default {
  name: 'GlobalComponent',
  props: {
    msg: String
  }
  // ...
}
</script>
```

然后，在 main.js 文件中导入组件并使用 app.component()方法对其进行全局注册。app.component()的第一个参数是组件的名称，它将用作模板中的自定义元素名称。第二个参数是组件的定义。

一旦开发者注册了一个全局组件，他就可以通过简单的按名称引用，在程序的任何组件中使用它。例如，如果开发者需要在一个组件中使用 GlobalComponent 全局组件，那么他可以像这样简单地将它包含在模板中：

```
<template>
  <div>
    <TestGlobalComponent />
  </div>
</template>
```

使用全局组件可以更轻松地构建和维护开发者的程序，因为可以在整个程序中重用通用 UI 元素，而无须在每个组件中导入它们。不过，全局组件虽然方便，但其也有一些缺点：

- 如果开发者全局注册一个组件但最终没有在程序的任何地方使用它，那么它仍将包含在最终的包中，占用资源。
- 全局注册使依赖关系在大型程序中不那么明确，这使得很难从使用全局组件的父组件处定位子组件。这会影响长期可维护性，类似于使用过多的全局变量。

8.5.2 本地组件

在 Vue.js 中，本地组件是在特定组件内部注册的组件，而不是全局注册的组件。本地组件只能在注册它的组件内部使用，而不能在其他组件中使用。

要在 Vue.js 中注册本地组件，可以在组件定义中使用 components 选项。首先在 components 文件夹下新建一个名为 LocalComponent.vue 的文件，代码如下：

```
<template>
  <div class="hello">
    <h1>{{ msg }}</h1>
  </div>
</template>
<script>
export default {
  name: 'LocalComponent',
  props: {
    msg: String
  }
  // ...
}
</script>
```

（2）在其他组件中导入并使用 LocalComponent 组件，例如，定义一个名为 HelloWorld.vue 的文件，代码如下：

```
<template>
  <LocalComponent msg="test local component"/>
</template>

<script>
import LocalComponent from "@/components/LocalComponent.vue";

export default {
  name: 'HelloWorld',
  components: {LocalComponent},
  props: {
    msg: String
  }
}
</script>
```

使用本地组件有助于保持代码简洁，并使在程序的特定位置重用组件变得更加容易。但是，要确保开发者没有在本地组件之间复制太多代码，并在决定是在本地注册组件还是在全局注册组件之前，考虑是否需要在程序的其他位置使用该组件。

8.5.3 单文件组件

1. 什么是单文件组件

在 Vue.js 中，单文件组件（Single File Component，SFC）是一种在单个文件中定义组件的方法，将模板、脚本和样式组合在一起。这样可以更轻松地组织和维护代码，也可以更轻松地在项目之间共享组件。

单文件组件通常具有.vue 扩展名，并包含如下部分：

- <template>：此部分定义组件的 HTML 模板。它可以包含常规 HTML，以及特定于 Vue.js 的语法，如指令和绑定。
- <script>：此部分包含组件的 JavaScript 代码。它定义了组件的行为，并且可以包含数据、计算属性、方法和生命周期挂钩等内容。
- <script setup>：每个.vue 文件最多可以包含一个<script setup>部分（不包括普通的<script>）。该部分定义的变量和方法会直接暴露给模板使用。也就是说，在<script setup>中定义的所有变量和方法，都可以直接在模板中使用，无须通过 this 来访问。
- <style>：此部分定义组件的 CSS 样式。它可以包含常规样式，以及仅适用于组件及其子组件的作用域样式。
- 自定义块：可以包含在.vue 文件中，以满足任何项目的特定需求，例如<docs>块。

下面以一个简单的按钮组件为例，介绍单文件组件的实现步骤。

（1）在 components 文件夹下新建一个名为 SingleFileComponent.vue 的文件，代码如下：

```
<template>
  <button @click="clickFunc">{{ label }}</button>
</template>

<script>
export default {
  name: 'SingleFileComponent',
  props: {
    label: String
  },
  methods: {
    clickFunc() {
      this.$emit('click');
    }
  }
}
</script>
```

```
<style scoped>
button {
  background-color: #007bff;
  color: #fff;
  border: none;
  border-radius: 4px;
  padding: 8px 16px;
  cursor: pointer;
}
</style>
```

在以上代码中,定义了一个带有 label 属性的按钮组件和一个触发点击事件的 clickFunc()方法。CSS 样式通过 scoped 属性被限定在组件范围内，这意味着它们仅适用于当前组件及其子组件。

（2）要在另一个组件或模板中使用该组件，只需要导入它并像使用任何其他组件一样使用即可。例如，定义一个名为 HelloWorld.vue 的文件，代码如下：

```
<template>
  <SingleFileComponent label="Click event test" @click="handleClick"/>
</template>

<script>
import SingleFileComponent from "@/components/SingleFileComponent.vue";

export default {
  name: 'HelloWorld',
  components: {SingleFileComponent},
  props: {
    msg: String
  },
  methods: {
    handleClick() {
      // 处理点击事件
      alert("Single File Component")
    }
  }
}
</script>
```

2. 自动推断名称

（1）预处理器。

预处理器（preprocessor）的块可以使用属性声明预处理器语言 lang。最常见的情况是为<script>块使用 TypeScript，示例如下：

```
<script lang="ts">
  // ...省略 TypeScript 代码
</script>
```

lang 可以应用于任何块，例如，可以在<template>与 pug、<style>与 scss 中一起使用：

```
<template lang="pug">
p {{ msg }}
</template>

<style lang="scss">
  $primary-color: #333;
  body {
    color: $primary-color;
  }
</style>
```

注意，与各种预处理器的集成可能会因工具链的不同而有所不同。

（2）src 导入。

如果开发者更喜欢将组件拆分为多个文件，则可以使用 src 属性为语言块导入外部文件，示例如下：

```
<template src="./template.html"></template>
<style src="./style.css"></style>
<script src="./script.js"></script>
```

注意，src 导入遵循与 webpack 模块请求相同的路径解析规则，即相对路径需要以“./”开头。

可以从已安装的 npm 包中导入文件：

```
<!-- 从已安装的“todomvc-app-css”npm 包中导入文件 -->
<style src="todomvc-app-css/index.css" />
```

src 导入也适用于自定义块，例如：

```
<unit-test src="./unit-test.js">
</unit-test>
```

（3）注释。

在每个块中，都应使用所用语言（HTML、CSS、JavaScript、Pug 等）的注释语法。对于评论，则应使用 HTML 评论语法：

```
<!-- 评论内容 -->
```

3. 作用域 CSS

当<style>标签具有 scoped 属性时，其 CSS 样式将仅被应用于当前组件。示例如下：

```
<template>
  <div class="example" data-v-f3f3eg9>
    hi
  </div>
</template>

<style>
.example[data-v-f3f3eg9] {
  color: red;
}
</style>
```

（1）子组件根元素。

使用 scoped 属性，父组件的样式不会同步到子组件中。但是，子组件的根元素将同时受到父级作用域 CSS 样式和子级作用域 CSS 样式的影响。这是设计使然，以便可以为了布局设置子组件根元素的样式。

（2）深度选择器。

如果开发者希望样式中的选择器scoped属性能够影响子组件的样式，则可以使用:deep()伪类，示例如下：

```
<style scoped>
.a :deep(.b) {
  /* CSS 样式 */
}
</style>
```

上面的代码会被编译成：

```
.a[data-v-f3f3eg9] .b {
  /* CSS 样式 */
}
```

提示　创建的 DOM 内容 v-html 不受作用域样式的影响，但开发者仍然可以使用深度选择器来设置它们的样式。

4. CSS 模块

标签<style module>被编译为 CSS 模块，生成的 CSS 类将作为键的对象被公开给$style 组件，示例如下：

```
<template>
  <p :class="$style.red">
    /* CSS 样式 */
```

```
  </p>
</template>

<style module>
.red {
  color: red;
}
</style>
```

对生成的类进行哈希处理可以避免冲突，从而实现将 CSS 的作用范围限定到当前组件的效果。

（1）自定义注入名称。

可以通过给属性传递一个值来自定义注入类对象的属性键 module，示例如下：

```
<template>
  <p :class="$style.red">
    red
  </p>
</template>

<style module="classes">
.red {
  color: red;
}
</style>
```

（2）与 Composition API 一起使用。

可以通过 API 访问注入的类 useCssModule，示例如下：

```
import { useCssModule } from 'vue';

// 在 setup() 范围内...
export default {
  setup() {
    // 返回 <style module> 的类
    const defaultStyle = useCssModule();

    // 返回 <style module="classes"> 的类
    const namedStyle = useCssModule('classes');

    // ...其他的设置逻辑

    // 返回要在模板中使用的值
    return {
      defaultStyle,
```

```
      namedStyle
    };
  }
}
```

5. 使用函数绑定

<style>标签支持使用函数将 CSS 值链接到动态组件状态上，示例如下：

```
<template>
  <div :style="{ color: color }">hello</div>
</template>

<script>
export default {
  data() {
    return {
      color: 'red'
    };
  }
}
</script>

<style>
.text {
  /* .text 的其他样式规则*/
}
</style>
```

以上语法适用于<script setup>标签，并支持 JavaScript 表达式（必须用引号包裹）：

```
<script setup>
const theme = { color: 'red' };
</script>

<template>
  <p :style="{ color: theme.color }">hello</p>
</template>

<style scoped>
/* <p> 标签的静态样式可以放在此处 */
</style>
```

在 Vue.js 中，使用动态绑定样式时，实际的样式值会被编译成 CSS 自定义属性，因此 CSS 仍然是静态的。自定义属性将通过内联样式被应用于组件的根元素，并在源值更改时进行响应更新。

8.5.4 动态组件

在 Vue.js 中，动态组件（Dynamic Components）是一种基于动态数据或用户交互呈现不同组件的方法。它们提供了一种在运行时动态加载和卸载组件的方法，从而为开发者提供更高的灵活性和对程序的控制。

Vue.js 中有多种使用动态组件的方法，但最常见的一种是使用内置的<component>元素。此元素允许开发者根据数据属性的值动态呈现组件。

在 components 文件夹下创建 Tab1Components.vue 文件、Tab2Components.vue 文件，代码如下：

```
<!--Tab1Components.vue-->
<template>
  <div>
    <h2>This is Tab 1 Content</h2>
  </div>
</template>

<script>
export default {
  // ...
}
</script>

<style>
</style>
<!--Tab2Components.vue-->
<template>
  <div>
    <h2>This is Tab 2 Content</h2>
  </div>
</template>

<script>
export default {
  // ...
}
</script>

<style>
</style>
```

（2）在其他组件中导入并使用 Tab1Components 和 Tab2Components 组件，例如，定义一个名为 HelloWorld.vue 的文件，代码如下：

```
<template>
  <div>
    <button v-for="tab in tabs" :key="tab.id" @click="currentTab = tab.id">
      {{ tab.name }}
    </button>

    <component :is="currentTabComponent"></component>
  </div>
</template>

import Tab1 from './components/Tab1Components.vue';
import Tab2 from './components/Tab2Components.vue';

export default {
  data() {
    return {
      tabs: [
        { id: 'tab1', name: 'Tab 1' },
        { id: 'tab2', name: 'Tab 2' }
      ],
      currentTab: 'tab1'
    };
  },

  computed: {
    currentTabComponent() {
      if (this.currentTab === 'tab1') {
        return Tab1;
      } else if (this.currentTab === 'tab2') {
        return Tab2;
      }
    }
  }
};
</script>
```

以上代码中有两个组件——Tab1Components 和 Tab2Components。还有一个名为 currentTab 的数据属性，用于确定当前显示的是哪个组件。当用户点击选项卡按钮时，currentTab 属性会更新，这会让<component>元素动态呈现适当的组件。

8.6 指令

在 Vue.js 中，指令是一种特殊属性，可用于以声明方式向 HTML 元素中添加动态行为。指令本质上是可以绑定到 HTML 元素上以修改其行为的函数，是 Vue.js 中的强大功能，可以让开发者轻松创建复杂的交互式用户界面。

Vue.js 提供了一组开箱即用的内置指令，例如 v-if、v-for、v-bind、v-on 和 v-model：

- v-if：根据表达式的值有条件地呈现元素。
- v-for：呈现基于数组或对象的元素列表。
- v-bind：将属性或特性绑定到表达式上。
- v-on：将事件侦听器绑定到方法或表达式上。
- v-model：将表单输入元素或组件绑定到数据属性上。

除了以上这些内置指令，Vue.js 还允许开发者使用 Vue.directive()方法创建自定义指令。此方法有两个参数：指令的名称和定义指令行为的对象。

8.6.1 v-if 指令

v-if 指令在 Vue.js 模板中用于根据提供的表达式的值有条件地渲染或从 DOM 中删除元素。在 Vue.js 模板中使用 v-if 指令的示例如下：

```
<template>
  <div>
    <h1 v-if="showTitle">v-if 指令测试</h1>
    <p v-if="isTestPage">这是一个测试数据～</p>
    <button v-if="showButton" @click="handleFunc">点击</button>
  </div>
</template>

<script>
export default {
  data() {
    return {
      showTitle: true,
      isTestPage: true,
      showButton: false
    };
  },
  methods: {
```

```
    handleFunc() {
      // 处理点击事件
    }
  }
};
</script>
```

在上面的示例中，带有 v-if 指令的元素将根据相应表达式的值被渲染或删除。如果表达式的值为 true，则该元素将在 DOM 中呈现。如果表达式的值为 false，则该元素将从 DOM 中被删除。

在这种情况下，将呈现<h1>元素，因为 showTitle 被设置为 true。<p>元素也将被渲染，因为 isTestPage 被设置为 true。但是，<button>元素最初不会呈现，因为 showButton 被设置为 false。

8.6.2　v-for 指令

v-for 指令在 Vue.js 模板中用于迭代数组或对象，并呈现元素列表。它允许开发者根据 Vue.js 实例中的数据动态生成内容。在 Vue.js 模板中使用 v-for 的示例如下：

```
<template>
  <div>
    <ul>
      <li v-for="data in sampleData" :key="data.key">
        {{ data.val }}
      </li>
    </ul>
  </div>
</template>

<script>
export default {
  data() {
    return {
      sampleData: [
        { key: 1, val: 'This is Content 1' },
        { key: 2, val: 'This is Content 2' },
        { key: 3, val: 'This is Content 3' }
      ]
    };
  }
};
</script>
```

在上面的示例中，<li>元素使用 v-for 指令多次呈现。v-for 指令遍历 Vue.js 实例中的项目数组并为每个项目生成一个<li>元素。:key 属性用于为每个项目提供唯一的标识符，这有助于 Vue.js

在数组发生变化时高效地更新 DOM 中的元素。

注意，v-for 指令也可以与对象一起使用以迭代其属性。在这种情况下，可以使用两个变量（键和值）来访问键值对。示例如下：

```
<div v-for="(value, key) in object" :key="key">
  {{ key }}: {{ value }}
</div>
```

在以上代码中，v-for 指令遍历对象的属性并为每个键值对生成一个<div>元素，显示键和值。

8.6.3 v-bind 指令

在 Vue.js 中，v-bind 指令用于将元素的属性或特性绑定到表达式上。v-bind 指令允许开发者根据 Vue.js 实例中的数据动态更新属性或特性的值。

v-bind 的一般语法是 v-bind:attributeName="expression"，或简写为:attributeName="expression"。示例如下：

```
<template>
  <div>
    <img :src="imageUrl" alt="Image" />
    <a :href="linkUrl">地址</a>
    <button :disabled="isDisabled">提交</button>
  </div>
</template>

<script>
export default {
  data() {
    return {
      imageUrl:
'https://sh**don.com/wp-content/uploads/2022/01/29225055-1_w_23-350x309.jpeg
',
      linkUrl: 'https://sh**don.com',
      isDisabled: false
    };
  }
};
</script>
```

在上面的示例中，v-bind 指令用于将<img>元素的 src 属性绑定到 Vue.js 实例的 imageUrl 属性上。这允许根据 imageUrl 的值动态更新图像源。

同样地，v-bind 指令用于将<a>元素的 href 属性绑定到 linkUrl 属性上，以动态更新链接。

将:disabled 属性绑定到 isDisabled 属性上，可用于控制<button>元素是否被禁用。通过使用 v-bind 指令，可以根据 Vue.js 实例中的数据动态更新 HTML 元素的属性。

8.6.4　v-on 指令

Vue.js 中的 v-on 指令用于将事件侦听器附加到元素上并将它们绑定到 Vue.js 实例的方法或表达式上。它允许开发者对用户交互做出反应并执行响应事件的操作。

v-on 指令的一般语法是 v-on:eventName="methodName"，或简写为@eventName="methodName"。示例如下：

```
<template>
  <div>
    <button @click="handleClick">点击</button>
    <input type="text" @input="handleInput" />
  </div>
</template>

<script>
export default {
  methods: {
    handleClick() {
      console.log('按钮已点击!');
    },
    handleInput(event) {
      console.log('输入的值为：', event.target.value);
    }
  }
};
</script>
```

在上面的示例中，v-on 指令用于将点击事件侦听器附加到<button>元素上。点击按钮时，将调用 Vue.js 实例中的 handleClick()方法，该方法会将消息记录到控制台中。

类似地，v-on 指令用于将输入事件侦听器附加到<input>元素上。只要输入值发生变化，就会调用 handleInput()方法，并将输入的当前值记录到控制台中。

通过使用 v-on 指令，可以侦听各种事件，例如点击按钮、输入、鼠标悬停、按下按键等。然后可以执行操作、调用方法或更新数据以响应这些事件。

8.6.5　v-model 指令

Vue.js 中的 v-model 指令是一种双向数据绑定指令，它将表单输入元素或组件绑定到 Vue.js

实例的数据属性上。它提供了一种将输入元素的状态与基础数据同步的便捷方法。

v-model 指令的一般语法是 v-model="dataProperty"。示例如下：

```
<template>
  <div>
    <input type="text" v-model="inputValue" />
    <p>输入的值为: {{ inputValue }}</p>
  </div>
</template>

<script>
export default {
  data() {
    return {
      inputValue: ''
    };
  }
};
</script>
```

在上面的示例中，v-model 指令用于将<input>元素的值绑定到 Vue.js 实例的消息数据属性上。当用户在输入字段中输入内容时，消息属性会自动更新为输入的值。同样地，对 Vue.js 实例中消息属性的任何更改都将反映在输入字段上。

v-model 指令适用于各种表单元素，例如<input>、<textarea>和<select>，以及实现 value prop 和发出输入事件的自定义组件。通过使用 v-model 指令，可以轻松实现表单输入和数据属性之间的双向数据绑定，无须手动将输入值与数据同步。

8.7 事件

8.7.1 点击事件

在 Vue.js 中，可以使用 v-on 指令将点击事件绑定到 HTML 元素上。v-on 指令用于侦听 DOM 事件并触发 Vue.js 方法。在 Vue.js 中绑定点击事件的示例如下：

```
<template>
  <button v-on:click="clickFunc">点击~</button>
</template>

<script>
export default {
```

```
  methods: {
    clickFunc() {
      console.log('已点击～～');
    }
  }
};
</script>
```

在以上代码中，将 clickFunc()方法绑定到按钮元素的点击事件上。当用户点击该按钮时，会调用 clickFunc()方法，该方法会在控制台中记录一条消息。

还可以使用简写表示法“@”符号来绑定点击事件，如下所示：

```
<template>
  <button @click="clickFunc">点击～</button>
</template>
```

以上的代码是 Vue.js 中常用的一种简写方式，可以使模板更加简洁。除了将点击事件绑定到按钮上，还可以将点击事件绑定到其他 HTML 元素上，如链接、图像和输入。v-on 指令可用于侦听许多其他的 DOM 事件，例如 mousemove、submit、keydown 等。

8.7.2　事件修饰符

Vue.js 提供了事件修饰符，可以用来修改事件侦听器的行为。可以将这些修饰符添加到 v-on 指令中，以更改事件的处理方式。

Vue.js 中一些常见的事件修饰符如下。

（1）.prevent：此修饰符用于阻止事件的默认行为。例如，如果开发者有一个表单提交按钮，则可以使用此修饰符来阻止在点击该按钮时提交表单。示例如下：

```
<template>
  <form v-on:submit.prevent="submitFunc">
    <button type="submit">确定</button>
  </form>
</template>

<script>
export default {
  methods: {
    submitFunc() {
      // ...处理表单提交
    }
  }
};
</script>
```

（2）.stop：此修饰符用于停止事件传播，即事件不会冒泡到父元素中。例如，如果开发者有一个嵌套组件，并且想阻止点击事件被传播到父组件中，则可以使用此修饰符。示例如下：

```
<template>
  <div v-on:click.stop="clickFunc">
    <button>点击～～</button>
  </div>
</template>

<script>
export default {
  methods: {
    clickFunc() {
      // ...处理点击事件
    }
  }
};
</script>
```

（3）.capture：此修饰符用于在事件到达目标元素之前侦听事件。默认情况下，事件侦听器在冒泡阶段注册。示例如下：

```
<template>
  <div v-on:click.capture="clickFunc">
    <button>点击～～</button>
  </div>
</template>

<script>
export default {
  methods: {
    clickFunc() {
      // ...处理点击事件
    }
  }
};
</script>
```

（4）.once：此修饰符用于侦听一次事件，意思是，事件侦听器在第一次被触发后会自动移除。示例如下：

```
<template>
  <div v-on:click.once="clickFunc">
    <button>点击～～</button>
  </div>
```

```
</template>

<script>
export default {
  methods: {
    clickFunc() {
      // ...处理点击事件
    }
  }
};
</script>
```

8.7.3　按键修饰符

Vue.js 提供了按键修饰符，可用于在处理事件时检测特定的键盘按键。Vue.js 中常用的按键修饰符的如下。

（1）.enter：此修饰符用于检测回车键。示例如下：

```
<template>
  <input v-on:keyup.enter="submitFunc" />
</template>

<script>
export default {
  methods: {
    submitFunc() {
      // ...处理回车键
    }
  }
};
</script>
```

（2）.tab：此修饰符用于检测 Tab 键。示例如下：

```
<template>
  <input v-on:keydown.tab="TabCopeFunc" />
</template>

<script>
export default {
  methods: {
    TabCopeFunc() {
      // ...处理 Tab 键
    }
```

```
  }
};
</script>
```

（3）.delete：此修饰符用于检测 Delete 键。示例如下：

```
<template>
  <input v-on:keyup.delete="DeleteFunc" />
</template>

<script>
export default {
  methods: {
    DeleteFunc() {
      // ...处理 Delete 键
    }
  }
};
</script>
```

（4）.esc：此修饰符用于检测 Escape 键。示例如下：

```
<template>
  <div v-on:keyup.esc="EscFunc">
    <button>退出</button>
  </div>
</template>

<script>
export default {
  methods: {
    EscFunc() {
      // ...处理 Escape 键
    }
  }
};
</script>
```

8.7.4 自定义事件

Vue.js 允许开发者创建自定义事件，这些事件可以从子组件发出，然后由父组件通过 v-on 指令侦听。自定义事件对于组件层次结构中彼此不直接相关的组件之间的通信很有用。

在子组件中创建和发出自定义事件的示例如下：

```
<template>
  <button v-on:click="handleClick">Click me!</button>
</template>

<script>
export default {
  methods: {
    handleClick() {
      this.$emit('custom-event', 'Hello from child!');
    }
  }
};
</script>
```

在以上代码中，handleClick()方法使用$emit()方法发出名为 custom-event 的自定义事件。第一个参数是事件的名称，第二个参数是将要传递给父组件的数据。

要想在父组件中侦听这个自定义事件，则可以像下面这样使用 v-on 指令：

```
<template>
  <div>
    <event-example10 v-on:custom-event="handleCustomEvent"></event-example10>
    <p>{{ msg }}</p>
  </div>
</template>

<script>
import EventExample10 from './EventExample10.vue';

export default {
  components: {
    EventExample10
  },
  data() {
    return {
      msg: '自定义事件返回值：'
    };
  },
  methods: {
    handleCustomEvent(data) {
      this.message = data;
    }
  }
};
</script>
```

在以上代码中，首先导入 EventExample10 并将其作为子组件添加到父组件的模板中。然后使用 v-on 指令侦听自定义事件，并在事件发出时调用 handleCustomEvent() 方法。handleCustomEvent()方法接收从子组件传递的数据并将消息数据属性设置为该值。最后使用插值指令{{ msg }}在模板中显示消息。

Vue.js 中的自定义事件是用于组件通信的强大工具，允许开发者创建松散耦合的组件，这些组件可以在各种上下文中重用。

第 9 章 Vue.js 进阶应用

9.1 数据绑定

Vue.js 中的响应式界面允许开发者创建响应式数据，在视图发生变化时自动更新视图。这使得创建响应用户输入或数据更改的动态用户界面变得容易。

要在 Vue.js 中使用响应式接口，可以将数据属性定义为 Vue.js 实例或组件的一部分，然后在模板代码中使用它们。示例如下：

```
<template>
  <div>
    <p>Count: {{ count }}</p>
    <button @click="increment">点击增加数字</button>
  </div>
</template>

<script>
export default {
  data() {
    return {
      count: 0
    };
  },
  methods: {
    increment() {
      this.count++;
    }
  }
```

```
};
</script>
```

在上面的示例中，在组件的数据函数中定义了一个计数属性，并在模板代码中使用它来显示当前计数。还定义了一个增量方法，只要点击“点击增加数字”按钮，它就会更新计数属性。在命令行输入 yarn serve 运行项目，在 Web 浏览器中访问 http://localhost:8080。浏览器中的输出结果如图 9-1 所示。

图 9-1

因为已经将计数属性定义为组件数据的一部分了，所以它是自动响应的，这意味着对它进行任何更改都会反映在视图中。

9.1.1 绑定 HTML 类

在 Vue.js 中，可以使用 v-bind 指令基于动态表达式将 HTML 类绑定到元素上。这对于根据状态或条件动态切换元素的类很有用。以下是使用 v-bind 指令将类绑定到元素上的示例：

```
<template>
  <div :class="{ 'class_one': isActive, 'class_two': isDisabled }">绑定
HTML</div>
</template>

<script>
export default {
  data() {
    return {
      isActive: true,
      isDisabled: false
    }
  }
}
</script>

<style>
.class_one {
```

```
  color: green;
}
.class_two {
  color: yellow;
}
</style>
```

在上面的示例中，使用 v-bind:class 的简写方式:class 将类绑定到 div 元素上。该类被定义为对象文字，其中键是类名，值是确定是否应用该类的布尔表达式。在这种情况下，当 isActive 为 true 时应用活动类，当 isDisabled 为 false 时应用禁用类。在命令行输入 yarn serve 运行项目，在 Web 浏览器中访问 http://localhost:8080。浏览器中的输出结果如图 9-2 所示。

图 9-2

还可以使用数组语法根据计算属性或方法将多个类绑定到一个元素上，示例如下：

```
<template>
  <div :class="[ activeClass, errorClass ]">绑定多个类</div>
</template>

<script>
export default {
  data() {
    return {
      isActive: true,
      hasError: false
    }
  },
  computed: {
    activeClass() {
      return this.isActive ? 'active' : ''
    },
    errorClass() {
      return this.hasError ? 'error' : ''
    }
  }
}
</script>
```

```
<style>
.active {
  color: red;
}
.error {
  border: 1px solid red;
}
</style>
```

在上面的示例中，使用数组语法将两个类绑定到一个 div 元素上。activeClass 和 errorClass 属性根据组件的数据状态返回类名。如果 isActive 为 true，则应用活动类；如果 hasError 为 false，则应用错误类。在命令行输入 yarn serve 运行项目，在 Web 浏览器中访问 http://localhost:8080。浏览器中的输出结果如图 9-3 所示。

图 9-3

9.1.2　绑定内联样式

在 Vue.js 中，可以使用 v-bind 指令基于动态表达式将内联样式绑定到元素上。这对于基于状态或条件将样式动态应用到元素中很有用。

使用 v-bind 指令将内联样式绑定到元素上的示例如下：

```
<template>
  <div :style="{ color: fontColor, fontSize: fontSize + 'px' }">绑定 CSS</div>
</template>

<script>
export default {
  data() {
    return {
      fontColor: 'green',
      fontSize: 36
    }
  }
}
</script>
```

在上面的示例中，使用 v-bind:style 的简写方式:style 将内联样式绑定到 div 元素上。样式被定义为对象文字，其中键是 CSS 属性名称，值是确定样式值的动态表达式。在这种情况下，应用带有 fontColor 数据属性值的颜色样式，以及 fontSize 数据属性值的字号样式。在命令行输入 yarn serve 运行项目，在 Web 浏览器中访问 http://localhost:8080。浏览器返回的结果如图 9-4 所示。

图 9-4

还可以使用计算属性或方法来动态返回样式对象：

```
<template>
  <div :style="computedStyles">绑定 CSS 示例</div>
</template>

<script>
export default {
  data() {
    return {
      fontColor: 'grey',
      fontSize: 36
    }
  },
  computed: {
    computedStyles() {
      return {
        color: this.fontColor,
        fontSize: this.fontSize + 'px'
      }
    }
  }
}
</script>
```

在上面的示例中，使用计算属性 computedStyles 来根据组件的数据状态动态返回样式对象。在命令行输入 yarn serve 运行项目，在 Web 浏览器中访问 http://localhost:8080，浏览器返回的结果如图 9-5 所示。

图 9-5

9.1.3 表单输入绑定

在 Vue.js 中，可以使用 v-model 指令在表单输入元素和组件数据属性之间创建双向绑定。这允许开发者在 Vue.js 程序中创建动态响应式表单。

使用 v-model 指令将表单输入值绑定到组件数据属性上的示例如下：

```
<template>
  <div>
    <label>账号:</label>
    <input type="text" v-model="account">
    <p>您的账号是: {{ account }}</p>
  </div>
</template>

<script>
export default {
  data() {
    return {
      account: ''
    }
  }
}
</script>
```

在上面的示例中，使用 v-model 指令在输入元素的值和用户名数据属性之间创建双向绑定。每当用户在输入字段中输入内容时，用户名数据属性就会更新，反之亦然。在命令行输入 yarn serve 运行项目，在 Web 浏览器中访问 http://localhost:8080，浏览器返回的结果如图 9-6 所示。

图 9-6

还可以将 v-model 指令与其他表单输入元素一起使用，例如 textarea、select，甚至自定义表单输入组件，示例如下：

```
<template>
  <div>
    <label>输入消息</label>
    <textarea v-model="msg"></textarea>
    <p>您输入的消息是：{{ msg }}</p>

    <label>选择示例</label>
    <select v-model="language">
      <option value="Java">Java</option>
      <option value="Go">Go</option>
      <option value="Python">Python</option>
    </select>
    <p>您选中的选项是：{{ language }}</p>
  </div>
</template>

<script>
export default {
  data() {
    return {
      msg: '',
      language: ''
    }
  }
}
</script>
```

在以上代码中，将 v-model 指令与一个 textarea 元素、一个 select 元素和其他组件一起使用。v-model 指令的工作方式与输入元素相同，即在表单输入元素和组件数据属性之间创建双向绑定。在命令行输入 yarn serve 运行项目，在 Web 浏览器中访问 http://localhost:8080，浏览器返回的结果如图 9-7 所示。

图 9-7

9.2 渲染

9.2.1 条件渲染

在 Vue.js 中，可以使用条件渲染根据特定条件或状态来显示或隐藏模板中的元素。在 Vue.js 中有多种方法可以进行条件渲染，包括使用 v-if 和 v-show 指令。

1. v-if 条件渲染

v-if 指令用于根据表达式的真值（true）或假值（false）有条件地呈现元素。当 v-if 中的表达式计算结果为 true 时，该元素将被渲染；否则，它将从 DOM 中被删除。示例如下：

```
<template>
  <div>
    <p v-if="showMsg">当 showMsg 为 true 时才会显示此消息</p>
  </div>
</template>

<script>
export default {
  data() {
    return {
      showMsg: true
    }
  }
}
</script>
```

在以上代码中，使用 v-if 指令根据 showMsg 数据属性的值有条件地呈现 p 元素。如果 showMsg 为 true，则将渲染 p 元素；否则，它将从 DOM 中被删除。在命令行输入 yarn serve 运行项目，在 Web 浏览器中访问 http://localhost:8080，浏览器返回的结果如图 9-8 所示。

图 9-8

2. v-show 条件渲染

v-show 指令类似于 v-if 指令，但它并不用于从 DOM 中删除元素，而是根据表达式的真实性简单地切换元素的 CSS 样式。示例如下：

```
<template>
  <div>
    <p v-show="showMsg">该消息将会根据 showMsg 的值显示或隐藏</p>
  </div>
</template>

<script>
export default {
  data() {
    return {
      showMsg: true
    }
  }
}
</script>
```

在以上代码中，使用 v-show 指令根据 showMsg 数据属性的值有条件地切换 p 元素的显示属性。如果 showMsg 为 true，则将显示 p 元素；否则，它将被隐藏。在命令行输入 yarn serve 运行项目，在 Web 浏览器中访问 http://localhost:8080，浏览器返回的结果如图 9-9 所示。

图 9-9

9.2.2　列表渲染

在 Vue.js 中，可以使用 v-for 指令来呈现基于数组或对象的项目列表。v-for 指令可用于根据列表中项目的值有条件地呈现元素。示例如下：

```
<template>
  <div>
    <ul>
      <!-- 在过滤列表上使用 v-for 指令代替 -->
      <li v-for="sample in
visibleSamples" :key="sample.key">{{ sample.value }}</li>
```

```
    </ul>
  </div>
</template>

<script>
export default {
  data() {
    return {
      samples: [
        { key: 1, value: 'Vue', visible: true },
        { key: 2, value: 'Go', visible: true },
        { key: 3, value: 'Flutter', visible: false },
        { key: 4, value: 'React', visible: true }
      ]
    }
  },
  computed: {
    // 过滤列表的计算属性
    visibleSamples() {
      return this.samples.filter(sample => sample.visible);
    }
  }
}
</script>
```

在以上代码中，使用 v-for 指令来呈现基于项目数组的 li 元素列表。v-if 指令只渲染 visible 属性为 true 的项。这允许根据某些条件仅动态渲染可见的项目。v-for 指令将迭代项目数组并为每个项目生成一个 li 元素。还使用:key 指令为列表中的每个元素分配一个唯一的标识符。在命令行输入 yarn serve 运行项目，在 Web 浏览器中访问 http://localhost:8080，浏览器返回的结果如图 9-10 所示。

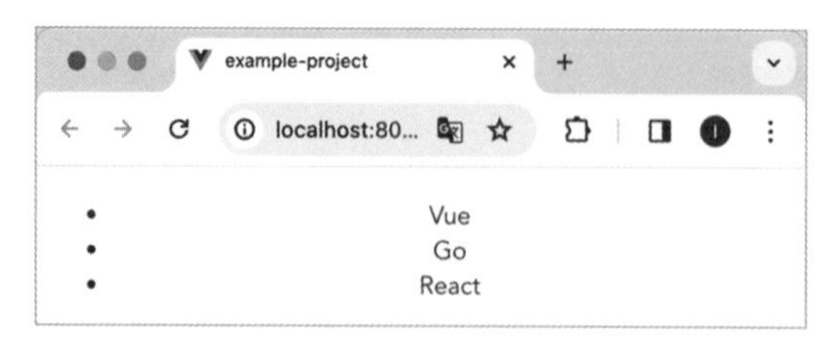

图 9-10

还可以将 v-for 指令与对象一起使用以呈现键值对列表。示例如下：

```
<template>
  <div>
```

```
    <ul>
      <li v-for="(v, k) in samples" :key="k">{{ k }}: {{ v }}</li>
    </ul>
  </div>
</template>

<script>
export default {
  data() {
    return {
      samples: {
        key1: 'Value1',
        key2: 'Value2',
        key3: 'Value3'
      }
    }
  }
}
</script>
```

在以上代码中，v-for 指令遍历 items 对象中的每个键值对，并为每个键值对生成一个 li 元素。还使用键值作为列表中每个元素的唯一标识符。在命令行输入 yarn serve 运行项目，在 Web 浏览器中访问 http://localhost:8080，浏览器返回的结果如图 9-11 所示。

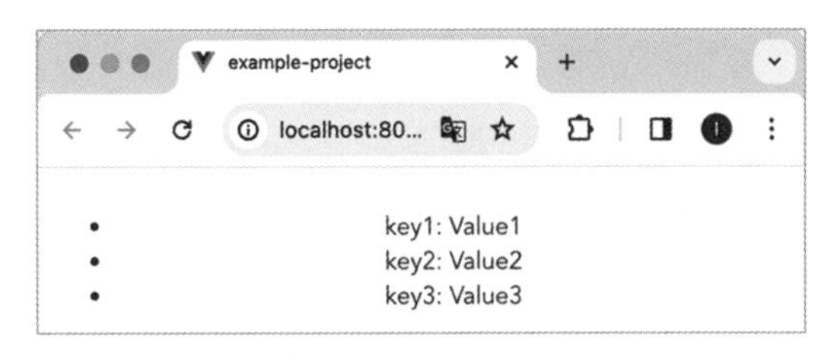

图 9-11

9.3　过渡和动画

9.3.1　过渡

在 Vue.js 中，可以使用<transition>组件在添加、更新或从 DOM 中删除元素时，为元素添加过渡效果。<transition>组件提供了一种在元素状态发生变化时将 CSS 过渡和动画应用于元素的方法，从而可以轻松地在 Vue.js 程序中创建吸引人的视觉效果。

使用<transition>组件添加淡入淡出过渡的示例如下：

```
<template>
  <div>
    <button @click="isShow = !isShow">示例按钮</button>
    <transition name="fade">
      <div v-if="isShow">过渡示例</div>
    </transition>
  </div>
</template>

<script>
export default {
  data() {
    return {
      isShow: false
    }
  }
}
</script>

<style>
.fade-enter-active, .fade-leave-active {
  transition: opacity .6s;
  color: green;
}
.fade-enter, .fade-leave-to {
  opacity: 0;
}
</style>
```

在以上代码中，使用<transition>组件的 name 属性来设置将在转换期间应用于元素的 CSS 类的名称。使用 v-if 指令根据显示数据属性的值有条件地呈现元素。在命令行输入 yarn serve 运行项目，在 Web 浏览器中访问 http://localhost:8080，浏览器返回的结果如图 9-12 所示。

提示 在 Vue.js 中，CSS 类.fade-leave-active 是 Vue.js 内置转换类的一部分。该类在元素转换期间由 Vue.js 自动添加和删除。当元素作为淡出过渡的一部分从 DOM 中被删除时，.fade-leave-active 会被应用于该元素中。它在过渡的离开阶段处于活动状态，这意味着它在元素淡出时被应用。

图 9-12

CSS 样式在组件的样式部分中被定义。.fade-enter-active 和.fade-leave-active 类定义了控制元素在进入和离开 DOM 时的过渡效果。.fade-enter 和.fade-leave-to 类定义了过渡期间元素的开始状态和结束状态。

还有其他几种方法可以使用<transition>组件自定义过渡行为，例如使用不同的 CSS 类实现进入、离开和移动过渡效果，自定义过渡时间，以及使用 JavaScript 钩子来控制过渡时间。由于篇幅限制，这里不做详细介绍，感兴趣的读者可以自行阅读 Vue.js 官方文档了解更多详细信息。

9.3.2　动画

在 Vue.js 中，可以使用<transition>组件在添加、更新或从 DOM 中删除元素时，为元素设置基本动画。但是，如果开发者想创建更复杂的动画或自定义动画行为，则可以使用 transition-group 组件或使用 transition 钩子。使用 transition 钩子创建自定义动画的示例如下：

```
<template>
  <div>
    <button @click="isShow = !isShow">动画示例</button>
    <transition name="fade" @before-enter="beforeEnter" @enter="enter"
@leave="leave">
      <div v-if="isShow" :class="animationClass">这是一个动画示例</div>
    </transition>
  </div>
</template>

<script>
export default {
  data() {
    return {
      isShow: false,
      animationClass: ''
    }
  },
  methods: {
    beforeEnter(el) {
```

```
      el.style.opacity = 0
    },
    enter(el, done) {
      const delay = el.dataset.index * 50
      setTimeout(() => {
        el.style.transition = 'opacity 1s'
        el.style.opacity = 1
        done()
      }, delay)
    },
    leave(el, done) {
      el.style.transition = 'opacity 1s'
      el.style.opacity = 0
      setTimeout(() => {
        done()
      }, 2000)
    }
  }
}
</script>

<style>
.fade-enter-active,
.fade-leave-active {
  transition: opacity 1s;
  color:green;
}
</style>
```

在以上代码中，使用 v-if 指令根据显示数据属性的值有条件地呈现元素。还将 animationClass 数据属性绑定到元素的类属性上。在命令行输入 yarn serve 运行项目，在 Web 浏览器中访问 http://localhost:8080，浏览器返回的结果如图 9-13 所示。

图 9-13

transition 钩子提供了 3 个回调函数：beforeEnter()、enter()和 leave()。这些函数在动画生

命周期的不同阶段被调用。在以上代码中，使用 beforeEnter()函数将元素的初始不透明度设置为 0，使用 enter()函数将元素的不透明度设置为动画，从 0 到 1，持续时间为 1 秒，使用 leave()函数设置动画在 1 秒的持续时间内，元素的不透明度从 1 到 0。

9.3.3 钩子

在 Vue.js 中，钩子是在组件生命周期的特定时间点执行的函数。常用的 Vue.js 钩子如下：

- beforeCreate：在初始化实例后，设置数据观察和事件/观察程序之前立即执行。它是生命周期中的第一个钩子，因此对组件功能的访问受到限制。
- created：在创建实例、设置响应数据和事件之后，安装或渲染虚拟 DOM 之前执行。这是进行 API 调用或执行不需要访问 DOM 的操作的方法。
- beforeMount：在安装开始之前执行，表示渲染函数即将被第一次调用。这个钩子很少使用，因为大多数任务都是在创建或安装中执行的。
- mounted：在组件安装后执行，这意味着组件的模板和虚拟 DOM 已渲染，并且可以进行实际的 DOM 操作。它是执行 DOM 相关操作（例如访问或修改 DOM 元素）的绝佳方法。
- beforeUpdate：在重新渲染和修补虚拟 DOM 之前触发，以响应反应性数据更改。它允许开发者在 DOM 更新之前执行操作，通常用于优化。
- updated：在数据更新及虚拟 DOM 重新渲染和修补后执行。当 DOM 处于更新状态时，可以使用该钩子，但要避免在此处更新状态，因为这可能会导致无限更新循环。

以上这些钩子提供了在组件生命周期，以及在特定时间点执行特定操作的方法。通过使用这些钩子，开发者可以编写更高效、更具模块化的代码，并确保组件在其整个生命周期中都按照预期运行。

在 Vue.js 组件中使用创建的钩子从 API 中获取数据的示例如下：

```
<template>
  <div>
    <h1>{{ title }}</h1>
    <ul>
      <li v-for="sample in
visibleSamples" :key="sample.name">{{ sample.title }}</li>
    </ul>
  </div>
</template>

<script>
export default {
  data() {
    return {
```

```
    title: '钩子示例',
    sampleData: [],
   }
  },
  created() {
   fetch('http://127.0.0.1:8082/json_response')
      .then(response => response.json())
      .then(data => {
        console.log(data)
        this.sampleData = data
      })
  },
  computed: {
   // 过滤列表的计算属性
   visibleSamples() {
     return this.sampleData.filter(sample => sample.visible);
   }
  }
}
</script>
```

在以上代码中，使用创建的钩子从 API 中获取数据并将其存储在组件的 sampleData 数据属性中。使用 fetch API 发出 HTTP 请求，并使用 response.json()方法将响应数据解析为 JSON 格式。获得数据后，使用 this.sampleData = data 将其设置为 sampleData 属性。在命令行输入 yarn serve 运行项目，在 Web 浏览器中访问 http://localhost:8080，浏览器返回的结果如图 9-14 所示。

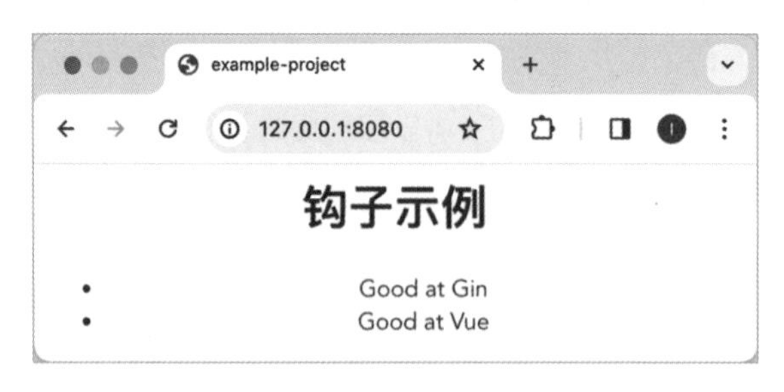

图 9-14

提示 上述示例中创建的钩子在创建组件实例并设置数据观察之后，呈现模板之前执行。这意味着组件将使用初始数据值进行渲染，然后在获取数据并将其设置为 sampleData 属性后进行更新。这可能会导致渲染出现闪烁或延迟，因此在开发者的模板和 CSS 中妥善处理此问题非常重要。

9.4 混合

在 Vue.js 中，混合（mixin）是一种跨多个组件重用代码和功能的方法。混合本质上是一个包含组件选项（如数据、方法、计算等）的对象，并且可以与 Vue.js 组件的选项合并。

在 Vue.js 中定义和使用混合的示例如下：

```
<template>
  <div>
    <p>{{ msg }}</p>
    <button @click="sampleFunc">示例数据</button>
    <br>
    <button @click="sampleFuncWithName">测试一下</button>
  </div>
</template>
<script>
// 定义混合
const mixinSample = {
  data() {
    return {
      msg: '这是一个在混合中定义的数据'
    }
  },
  methods: {
    sampleFunc() {
      alert(this.msg);
    }
  }
}

// 在组件中使用混合
export default {
  mixins: [mixinSample],
  data() {
    return {
      attr: '这是一个示例属性'
    }
  },
  methods: {
    sampleFuncWithName() {
      alert(`注意, ${this.attr}!`);
```

```
    }
  },
}
</script>
```

在以上代码中，定义了一个名为 mixinSample 的混合宏，它包含一个带有消息字符串的数据属性和一个带有消息警报的 sampleFunc()方法。在命令行输入 yarn serve 运行项目，在 Web 浏览器中访问 http://127.0.0.1:8080，浏览器返回的结果如图 9-15 所示。

图 9-15

然后将它添加到组件选项中的 mixins 数组中，以在 Vue.js 组件中使用混合。这将混合的选项与组件的选项合并。在以上代码中，组件还定义了自己的数据属性，其中包含一个名称字符串和一个带有自定义消息警报的 sampleFuncWithName()方法。

当组件被挂载时，它可以访问这些数据属性和方法，这使得能够跨多个组件重用代码和功能，而无须重复编写代码。

9.5 传送

传送（teleport）是一个内置组件，允许将组件模板的一部分“传送”到该组件的 DOM 层次结构之外的 DOM 节点中。在 Vue.js 3 中，<teleport>组件（也称为 Portal 组件）允许开发者在 DOM 层次结构中的不同位置渲染内容。对于需要在文档的不同部分呈现组件或在不同组件中呈现组件的场景非常有用。

<teleport>组件提供了一种方法，可以创建在 DOM 的其他部分使用的传送槽。这允许开发者在当前组件模板之外呈现内容，但仍保持组件与该内容的逻辑关联。

在 Vue.js 中使用<teleport>组件的示例如下。

（1）创建<teleport>组件，代码如下：

```
<template>
  <div class="modal">
```

```
    <div class="modal-content">
      <h2>{{ title }}</h2>
      <p>{{ message }}</p>
      <button @click="close">Close</button>
    </div>
  </div>
</template>

<script>
export default {
  props: {
    title: {
      type: String,
      required: true,
    },
    message: {
      type: String,
      required: true,
    },
  },
  methods: {
    close() {
      this.$emit('close');
    },
  },
};
</script>

<style>
.modal {
  position: fixed;
  top: 0;
  left: 0;
  width: 100%;
  height: 100%;
  background-color: rgba(0, 0, 0, 0.5);
  display: flex;
  justify-content: center;
  align-items: center;
}

.modal-content {
  background-color: #fff;
  padding: 20px;
```

```
  border-radius: 4px;
  box-shadow: 0 2px 8px rgba(0, 0, 0, 0.15);
}

h2 {
  margin-top: 0;
}

button {
  margin-top: 10px;
}
</style>
```

（2）调用<teleport>组件，代码如下：

```
<template>
  <div>
    <button @click="toggleModal">Open Modal</button>

    <teleport to="body">
      <ModalExample v-if="showModal" @close="closeModal"  message="" title=""/>
    </teleport>
  </div>
</template>

<script>
import { ref } from 'vue';
import ModalExample from './ModalExample.vue';

export default {
  components: {
    ModalExample,
  },
  setup() {
    const showModal = ref(false);

    const toggleModal = () => {
      showModal.value = !showModal.value;
    };

    const closeModal = () => {
      showModal.value = false;
    };

    return {
```

```
      showModal,
      toggleModal,
      closeModal,
    };
  },
};
</script>
```

在以上代码中，有一个按钮可以切换模式组件的可见性。模式组件包装在<teleport>组件中，并被设置为传送到文档的 body 元素。这意味着模式内容将呈现为 Vue.js 程序根元素的同级元素。在命令行输入 yarn serve 运行项目，在 Web 浏览器中访问 http://127.0.0.1:8080，浏览器返回的结果如图 9-16 所示。

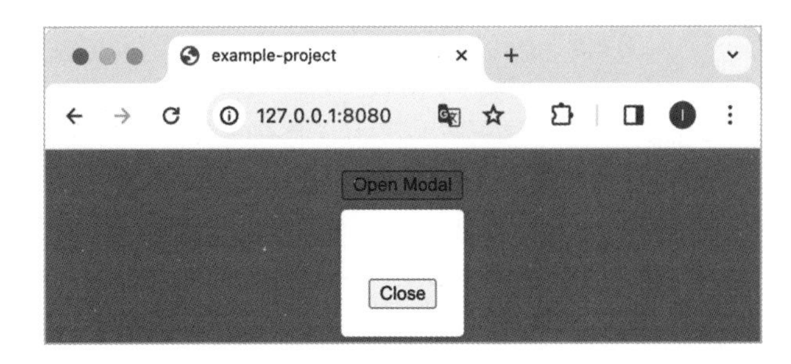

图 9-16

使用<teleport>组件允许模式组件在当前组件模板之外呈现，但仍保持其与组件的逻辑关联。

> **提示** <teleport>组件的 to 属性指定内容应传送到的目标 DOM 元素。它可以是任何有效的 DOM 选择器或对 DOM 元素的引用。

9.6 <keep-alive>组件

在 Vue.js 3 中，<keep-alive>组件用于缓存和保留在其中动态渲染的组件状态。它允许开发者保留组件的状态并避免在切换 DOM 时重新渲染。

对于那些渲染或初始化过程比较昂贵的组件来说，使用<keep-alive>组件可以保持组件的完整性。示例如下：

```
<template>
  <div>
    <button @click="sampleFunc">切换组件</button>
    <keep-alive>
```

```
      <component :is="currentComponent" v-if="showComponent" />
    </keep-alive>
  </div>
</template>

<script>
import ComponentA from './ComponentA.vue';
import ComponentB from './ComponentB.vue';

export default {
  components: {
    ComponentA,
    ComponentB,
  },
  data() {
    return {
      showComponent: false,
      currentComponent: 'ComponentA',
    };
  },
  methods: {
    sampleFunc() {
      this.showComponent = !this.showComponent;
      this.currentComponent = this.showComponent ? 'ComponentA' : 'ComponentB';
    },
  },
};
</script>
```

在以上代码中，定义了两个组件 ComponentA 和 ComponentB，以及一个在它们之间切换的按钮。其中 ComponentA 组件的代码如下：

```
<template>
  <div>
    <h2>Component A</h2>
    <p>{{ message }}</p>
    <button @click="increment">增加：</button>
  </div>
</template>

<script>
export default {
  data() {
    return {
```

```
    message: '初始值：',
    count: 0,
   };
  },
 methods: {
   increment() {
    this.count++;
    this.message = `Count: ${this.count}`;
   },
  },
};
</script>
```

ComponentA 和 ComponentB 组件包装在<keep-alive>组件内。当 ComponentA 处于活动状态时，在其关闭时，其状态将通过<keep-alive>被保留在缓存中。类似地，当 ComponentB 处于活动状态时，它的状态也会被保留。在命令行输入 yarn serve 运行项目，在 Web 浏览器中访问 http://127.0.0.1:8080，浏览器返回的结果如图 9-17 所示。

图 9-17

通过使用<keep-alive>组件，可以防止在每次切换组件时使用不必要的重新渲染和重新初始化来提高性能。需要注意的是，<keep-alive>有一些限制和注意事项。缓存的组件应该有一个唯一的 key prop 来区分它们。另外，请注意内存使用情况，因为使组件在内存中保持活动状态可能会消耗更多的资源。

提示　onActivated、onDeactivated 这两个钩子不仅适用于缓存的根组件<keep-alive>，还适用于缓存树中的后代组件。

9.7 状态管理

在 Vue.js 3 中，状态管理方式相比于之前的版本得到了简化。Vue.js 3 引入了 Composition API，它提供了一种更灵活、更强大的方式来管理组件的状态。尽管 Vue.js 3 中没有像 Vue.jsx（在 Vue.js 2 中很流行）这样的内置状态管理解决方案，但开发者仍然可以使用 Composition API 和一些额外的库（如果需要）来实现有效的状态管理。

Vue.js 3 状态管理的特点如下：

- 使用 Composition API：Vue.js 3 的 Composition API 允许开发者使用 ref 和 reactive()函数在组件内定义响应式变量。ref()创建对值的响应式引用，而 reactive()则创建响应式对象。然后，可以在组件的模板或方法中使用这些响应式变量。Composition API 还提供计算和监视等功能，以实现更复杂的状态管理场景。
- 使用提供和注入模式：提供和注入模式允许开发者将状态或其他数据从父组件传递到其后代，而无须通过每个中间组件显式传递 props。可以在父组件中使用 ref()或 reactive()函数创建响应式对象，并使用 provide()函数提供它。然后，可以在子组件中使用注入函数来访问 provide()函数提供的状态。
- 第三方状态管理库：虽然 Vue.js 3 中没有像 Vue.jsx 这样的内置状态管理解决方案，但开发者仍然可以使用第三方库，例如 Vue.jsx 4、Pinia 或 Zustand。这些库提供了更高级的状态管理功能，并且可以与 Vue.js 3 很好地集成。

在 Vue.js 3 中选择状态管理方法时，请考虑程序的复杂性和大小。对于简单的程序，使用组合 API，以及提供和注入模式可能就足够了。然而，对于更大、更复杂的程序，使用专用的状态管理库可能是处理日益增长的复杂性的更好选择。

状态管理的示例如下：

```
<template>
  <div>
    <p>Count: {{ count }}</p>
    <button @click="increment">增加</button>
    <button @click="decrement">减少</button>
  </div>
</template>

<script>
import { ref } from 'vue';
```

```
export default {
  setup() {
    // 使用 ref() 定义响应式变量
    const count = ref(0);

    // 定义修改状态的方法
    const increment = () => {
      count.value++;
    };

    const decrement = () => {
      count.value--;
    };

    // 返回模板中要使用的状态和方法
    return {
      count,
      increment,
      decrement
    };
  }
};
</script>
```

reactive()函数的示例如下：

```
<template>
  <div>
    <p>用户名: {{ user.username }}</p>
    <p>邮箱: {{ user.email }}</p>
    <input v-model="user.username" placeholder="用户名" />
    <input v-model="user.email" placeholder="邮箱" />
  </div>
</template>

<script>
import { reactive } from 'vue';

export default {
  setup() {
    // 使用 reactive()定义一个 reactive 状态对象
    const user = reactive({
      username: '',
      email: ''
    });
```

```
    // 开发者还可以定义计算属性或监视更改
    // 返回要在模板中使用的对象
    return {
      user
    };
  }
};
</script>
```

在以上代码中，用一个表单组件来管理用户名和邮箱的状态。Composition API 中的响应式函数用于定义名为 user 的对象，其中包含属性 username 和 email。

在模板中，使用双花括号（{{ }}）显示 user.username 和 user.email 的值，还使用 v-model 指令将输入字段绑定到用户的相应属性上，从而实现双向数据绑定。输入字段中所做的任何更改都会自动更新 user.username 和 user.email 的值，反之亦然。在命令行输入 yarn serve 运行项目，在 Web 浏览器中访问 http://127.0.0.1:8080，浏览器返回的结果如图 9-18 所示。

图 9-18

第 10 章 Vue.js 高级应用

10.1 用 Vue Router 管理路由

10.1.1 什么是 Vue Router

Vue Router 是一个强大的 Vue.js 路由库。它允许开发者轻松地将动态客户端路由添加到他们的 Vue.js 程序中，允许用户在不同页面或视图之间导航，无须刷新整个页面。

使用 Vue Router，可以定义路由和相关组件，然后根据用户交互（例如点击或 URL 更改）指定应该如何匹配和导航这些路由。这允许开发者创建复杂的多页程序（就像创建单页程序一样），提供流畅的用户体验。

简单来说，Vue Router 的原理如图 10-1 所示。

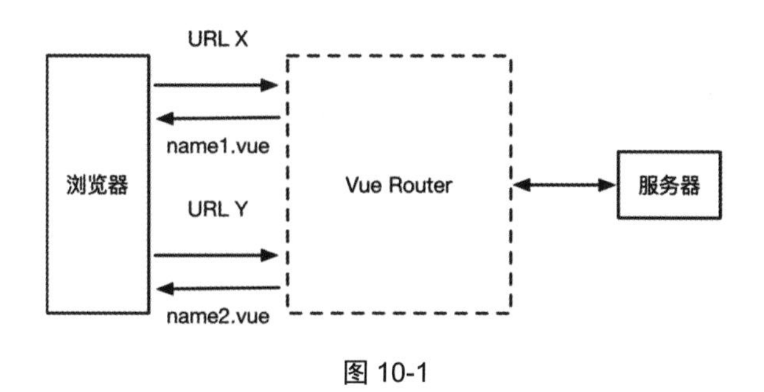

图 10-1

Vue Router 的一些主要功能和概念如下：

- 路由：Vue Router 允许开发者为程序中的不同视图或页面定义路由。每个路由都与特定的 URL 相关联，并映射到相应的组件中。

- 路由器实例：要使用 Vue Router，需要通过调用 createRouter()函数并传入定义路由的配置对象来创建路由器实例。
- 路由配置：路由配置定义了 URL 和组件视图之间的映射。可以指定路径、组件和其他选项，例如路由参数和查询参数。
- Router View：<router-view>组件用于渲染当前路由的匹配组件。它充当占位符，用于呈现活动路由的相应组件。
- 路由参数：路由参数允许开发者定义路由路径中的动态段。它们用冒号（:）后跟参数名来表示。参数值是从 URL 中提取的，并作为 Route.params 对象的一部分在组件中提供。
- 查询参数：查询参数用于将 URL 中的附加信息作为键值对传递。它们用问号（?）表示，在组件中可以通过 route.query 对象来访问。

Vue Router 与 Vue.js 无缝集成，并为构建复杂和动态程序提供了强大的路由解决方案。它使开发者能够有拥有流畅的导航体验，方便处理路由参数和查询参数，并将程序组织成模块化视图。

要使用 Vue Router，需要将其作为依赖项安装在项目中，并根据程序的路由要求进行配置。设置完成后，可以定义路由、在视图之间导航，并利用 Vue Router 提供的各种功能和概念来构建健壮的、交互式的 Vue.js 程序。

10.1.2 如何使用 Vue Router

Vue Router 是 Vue.js 的路由库，允许开发者使用客户端路由创建单页程序（Single Page Application，SPA）。它还提供了一种将 URL 映射到组件的方法，允许开发者构建复杂的多页程序，而无须为每个新视图重新加载页面。

使用 Vue Router 的基本步骤如下。

（1）安装 Vue Router。

首先使用 npm 或 yarn 命令安装 Vue Router，以 yarn 为例，代码如下：

```
$ yarn add vue-router
```

（2）创建路由器实例。

在主入口文件（通常是 main.js）中导入 Vue Router 并使用 createRouter()函数创建路由器实例，代码如下：

```
import { createApp } from 'vue';
import { createRouter, createWebHistory } from 'vue-router';
import App from './App.vue';

const router = createRouter({
  history: createWebHistory(),
```

```
  routes: [
    // 在此自定义路由
  ],
});

const app = createApp(App);
app.use(router);
app.mount('#app');
```

（3）路由定义。

在 Vue.js 中，可以使用 vue-router 插件来管理应用的路由。路由定义通常通过一个路由表（routes 数组）来指定，每个路由对象中都包含 path（路由路径）和 component（对应的组件）这两个主要属性。以下是一个简单的路由定义示例：

```
// 路由定义，每个路由对象中包含 path 和 component 两个属性
const routes = [
  {
    path: '/',              // 路由路径，例如访问 '/' 时显示 Home 组件
    component: Home,        // 对应的组件
  },
  // ...可以在这里继续添加更多的路由
];

// 创建路由器实例
const router = createRouter({
  history: createWebHistory(),  // 路由模式：使用 HTML5 历史记录模式
  routes,                       // 传入定义好的路由表
});
```

（4）在程序中设置路由器。

在主程序组件中，将内容与组件包装在一起，<router-view>根据当前路由显示适当的组件，代码如下：

```
<template>
  <div id="app">
    <router-view></router-view>
  </div>
</template>
```

（5）链接到路由。

要创建指向不同路由的链接，可以使用该<router-link>组件，代码如下：

```
<router-link to="/">Home</router-link>
<router-link to="/about">About</router-link>
```

（6）访问路由参数。

如果开发者有带参数的动态路由，则可以使用 route 组件中的对象或通过 useRoute()函数来访问它们，代码如下：

```
import { useRoute } from 'vue-router';

export default {
  setup() {
    const route = useRoute();

    console.log(route.params.id); // 访问“id”参数
  }
}
```

10.1.3 命名路由

Vuex 是 Vue.js 的状态管理库，Vue Router 是 Vue.js 的路由库，而命名路由是 Vue Router 的一个特性。这两个概念是相关的，但有不同的用途。

Vue Router 中的命名路由允许开发者为特定路由命名，当在程序中导航时，可以通过名称而不是 URL 引用它，这使得管理和维护程序的导航变得更加容易——如果开发者想更新路由的 URL，则只需要在一个地方更新它。

在 Vuex 中管理状态的同时，如果要使用 Vue Router 进行命名路由导航，则可以按照以下方式操作：从组件中分派 actions 来触发 Vuex 中的 mutations 以更新状态，然后使用 Vue Router 进行导航。代码如下：

```
<template>
  <div>
    <button @click="goToMyPage">访问页面</button>
  </div>
</template>

<script>
export default {
  methods: {
    goToMyPage() {
      this.$store.dispatch('updatePageState', { /* 状态数据 */ })
      this.$router.push({ name: 'my_page' })
    }
  }
}
</script>
```

在上面的代码中，当用户点击“访问页面”按钮时，会执行 goToMyPage()方法。该方法会先调用 Vuex 中定义的 actions——updatePageState 来更新 store 中的状态，然后使用 Vue Router 的 push()方法导航到指定的命名路由 my_page。

Vuex store 中有 mutations，它根据传递给 actions 的数据更新状态 updateDashboardState，代码如下：

```
// store.js
import Vue from 'vue';
import Vuex from 'vuex';

Vue.use(Vuex);

export default new Vuex.Store({
  state: {
    dashboardData: {} // 定义一个 state 来存储状态
  },
  mutations: {
    // 定义 mutations 用于更新状态
    updateDashboardState(state, data) {
      state.dashboardData = data; // 更新状态
    }
  },
  actions: {
    // 定义 actions 用于分派 mutations
    updateDashboardState({ commit }, data) {
      commit('updateDashboardState', data); // 调用 mutations 更新状态
    }
  }
});
```

在以上代码中，state 用于存储状态数据，这里使用 dashboardData 来存储与页面相关的状态。mutations 中定义了 updateDashboardState()方法，用于接收从组件中传递的数据并更新状态。actions 中同样定义了 updateDashboardState()方法，作用是触发 commit()方法调用对应的 mutations。

通过以上设置，可以轻松地使用命名路由在 Vue.js 程序中导航，同时使用适当的数据更新开发者的 Vuex store 状态。

10.1.4　命名视图

在 Vue.js 中，命名视图允许开发者在同一个父组件中呈现多个组件视图。通过使用命名视图，开发者可以在页面的不同位置加载不同的组件。本质上，命名视图是一个占位符，可以用一个组件

填充。要创建命名视图，可以在<router-view>组件中使用 name 属性指定视图的名称。代码如下：

```
<template>
  <div>
    <router-view name="header"></router-view>
    <router-view></router-view> <!-- 默认视图 -->
    <router-view name="footer"></router-view>
  </div>
</template>
```

在以上代码中有 3 个视图：header、默认视图和 footer。没有 name 属性的<router-view>被视为默认视图（name 属性默认为 default）。

接下来，开发者可以在路由配置中指定每个命名视图应该呈现的组件。代码如下：

```
const router = new VueRouter({
  routes: [
    {
      path: '/',
      components: {
        header: HeaderComponent,
        default: HomeComponent,
        footer: FooterComponent
      }
    }
  ]
})
```

在以上代码中，HeaderComponent 将在名为 header 的视图中呈现。HomeComponent 将在默认视图中呈现。FooterComponent 将在名为 footer 的视图中呈现。通过这种方式，开发者可以在同一个页面的不同位置同时呈现多个组件，方便地构建复杂的页面布局。

10.1.5 路由传参

在 Vue.js 应用中，可以通过路由参数和查询参数在不同组件之间传递数据。这些参数允许开发者创建动态路由，并能够从 URL 中检索相关数据，从而实现页面内容的动态渲染。

路由参数适合用于标识资源（如用作用户 ID、文章 ID 等），而查询参数通常用于提供筛选、排序和搜索的条件。通过 this.$route.params 和 this.$route.query，可以方便地在组件中访问这些参数，从而实现复杂的动态页面逻辑。

1. 定义带参数的动态路由

在 routes.js 中定义路由时，可以使用路由参数来匹配不同的 URL。在路由路径中使用冒号（:）加参数名的形式可以声明路由参数，例如：

```
{
  path: '/user/:id',
  component: User
}
```

在上面的路由定义中，:id 是路由参数的一部分，当 URL 匹配“/user/123”这种格式时，id 参数的值（例如 123）将被传递给 User 组件。

在组件中可以通过 this.$route.params.id 访问这个路由参数。例如，在 User 组件中使用 this.$route.params.id 可以获得当前用户的 ID。

2. 访问多个路由参数

如果需要定义带有多个参数的路由，则可以在路由路径中添加多个路由参数。示例如下：

```
{
  path: '/users/:userId/books/:bookId',
  component: Book
}
```

在上面的路由定义中，userId 和 bookId 都是路由参数。例如，/users/123/books/456 是一个匹配的 URL 示例，此时 userId 的值为 123，bookId 的值为 456。

在 Book 组件中，可以使用 this.$route.params.userId 和 this.$route.params.bookId 来分别访问这两个参数。

3. 使用查询参数

除了使用路由参数，Vue Router 还支持通过 URL 中的查询参数传递数据。查询参数通常用于对数据进行过滤、搜索或排序。查询参数不属于路由路径的一部分，而是通过“?”后接键值对的形式被附加到 URL 中的。假设路由路径如下：

```
{
  path: '/search',
  component: Search
}
```

则当用户访问/search?q=vue 时，就可以在 Search 组件中使用 this.$route.query.q 访问查询参数 q 的值。这种方式常用于搜索功能的实现。

4. 路由参数与查询参数的区别

路由参数在路由路径中定义，例如/users/:id，可以通过 this.$route.params 来访问。查询参数则被附加在 URL 的最后，例如/search?q=vue，可以通过 this.$route.query 来访问。

以下是一个包含路由参数和查询参数的完整示例：

```
// 定义路由
const routes = [
  {
    path: '/user/:id',
    component: User, // 路由参数 :id
  },
  {
    path: '/search',
    component: Search, // 查询参数 ?q=value
  },
  {
    path: '/users/:userId/books/:bookId',
    component: Book, // 多个路由参数 :userId 和 :bookId
  }
];

// 在组件中访问参数
export default {
  computed: {
    userId() {
      return this.$route.params.userId; // 访问路由参数 userId
    },
    bookId() {
      return this.$route.params.bookId; // 访问路由参数 bookId
    },
    searchQuery() {
      return this.$route.query.q; // 访问查询参数 q
    }
  }
};
```

10.1.6 编程式导航

在 Vue.js 中，编程式导航允许开发者使用 JavaScript 代码在程序中进行路由切换，而无须依赖链接或按钮的点击事件。这可以通过 Vue Router 提供的 API 来实现。

1. 创建和配置 Vue Router

首先，需要在项目中配置 Vue Router，并将其与 Vue.js 实例集成。具体步骤如下。

（1）在 main.js 中导入 Vue.js 和 Vue Router，代码如下：

```
import { createApp } from 'vue';// 导入 Vue.js
import { createRouter, createWebHistory } from 'vue-router'; // 导入 Vue Router
import App from './App.vue';    // 导入根组件
```

```
import routes from './routes'; // 导入路由配置

// 创建 Vue.js 实例
const app = createApp(App);

// 创建路由器实例
const router = createRouter({
  history: createWebHistory(), // 使用 HTML5 模式
  routes, // 引入定义好的路由
});

// 将路由器实例挂载到 Vue.js 实例上
app.use(router);
app.mount('#app');
```

在以上代码中，createRouter()方法用于创建路由器实例。createWebHistory()方法设置了 HTML5 模式，这种模式不会在 URL 中添加#符号。通过 app.use(router)将路由器实例挂载到 Vue.js 实例上。

（2）在单独的 routes.js 文件中定义路由。

可以在单独的文件（如 routes.js）中定义路由，便于代码管理，代码如下：

```
// routes.js
import Home from './components/Home.vue';
import About from './components/About.vue';

const routes = [
  {
    path: '/',          // 根路径匹配到 Home 组件
    component: Home
  },
  {
    path: '/about',     // "/about" 路径匹配到 About 组件
    component: About
  }
];

export default routes;
```

在以上代码中，routes 是一个路由配置数组，每个路由对象都包含两部分：path（路由路径）和 component（对应的组件）。可以根据需要将更多的路由配置添加到 routes 数组中。

（3）创建路由器实例并将其挂载到 Vue.js 实例上。

在 main.js 文件中使用 createRouter()方法创建路由器实例，并将其挂载到 Vue.js 实例上，

代码如下：

```
const router = createRouter({
  history: createWebHistory(), // 使用 HTML5 模式
  routes // 引入路由配置
});

app.use(router);    // 将路由器实例挂载到 Vue.js 实例上
app.mount('#app'); // 将 Vue.js 实例挂载到 DOM 元素上
```

2. 使用编程式导航在路由之间切换

在配置好路由后，可以在组件中使用 Vue Router 提供的编程式导航方法，例如 push()方法和 replace()方法，以在不同路由之间进行导航。常见的用法如下。

（1）基本导航。

使用 this.$router.push()方法可以实现基本导航，跳转到指定的页面：

```
this.$router.push('/about'); // 跳转到 /about 页面
```

在以上代码中，this.$router 是 Vue Router 的实例，可以在组件内部使用。push()方法用于添加一个新的历史记录条目。

（2）导航到命名路由并传递路由参数。

可以使用命名路由和路由参数来导航。定义路由时可以为每个路由指定一个 name 属性：

```
{
  path: '/user/:userId',
  name: 'user', // 为该路由指定名称
  component: User
}
```

在组件中通过 push()方法导航到命名路由，并传递路由参数：

```
this.$router.push({ name: 'user', params: { userId: 123 } });
```

在以上代码中，params 对象用于传递路由参数，例如 userId 参数会被填充到路由路径中，从而生成/user/123 这样的 URL。如果没有在路由路径中定义对应的路由参数，那么这样传递参数会导致导航失败。

（3）使用查询参数进行导航。

查询参数常用于过滤和搜索数据，它们不会影响路由路径的结构：

```
this.$router.push({ path: '/search', query: { q: 'vue' } });
```

在以上代码中，生成的 URL 形式为/search?q=vue，q 是查询参数。在目标组件中，可以通过

this.$route.query.q 来访问这个查询参数的值。

除了 push()方法，还可以使用 replace()和 go()等方法。例如，this.$router.go(n)表示在浏览历史记录中前进 n 步，示例如下：

```
this.$router.replace('/home');
this.$router.go(-1);
```

在以上代码中，this.$router.go(−1)相当于浏览器的后退按钮。

10.2 用 Vuex 实现状态管理

10.2.1 什么是 Vuex

Vuex 是用于 Vue.js 程序的状态管理模式库。它对程序中的所有组件进行集中存储，并通过特定规则确保组件的状态只能以可预测的方式发生变化。状态管理模式是专门为管理 Vue.js 程序中的状态而定制的设计模式。Vuex 的主要目的是解决以可预测和集中的方式跨多个组件对状态进行共享和管理的问题。它有助于维护程序数据的单一事实来源，从而更轻松地跟踪和管理更新。

以下是 Vuex 的一些关键概念和功能：

- state：即程序的状态，Vuex 将程序的状态存储在中央存储中。状态表示需要通过多个组件共享和访问的数据。
- mutations：负责修改 Vuex store 中状态的函数，确保状态修改遵循受控流程并且可以追踪。
- actions：可以调度 mutations 或其他操作的函数。它们通常用于处理异步操作，例如发出 API 请求或在提交 mutations 之前执行复杂的逻辑。
- getters：根据现有状态计算并返回派生状态的函数。它们对于以计算方式访问和操作状态非常有用，类似于 Vue.js 组件中的计算属性。
- 模块：Vuex 允许开发者模块化自己的 store。每个模块都可以有自己的 state、mutations、actions 和 getters，允许开发者以结构化的方式组织和管理程序。
- 双向绑定：Vuex 支持存储中的状态和使用它的组件之间的双向绑定。这意味着当状态改变时，组件会自动更新，并且更新会反映在存储中。

通过使用 Vuex，可以集中管理 Vue.js 程序的状态，从而更轻松地推理和维护程序的数据流。Vuex 促进单向数据流，并帮助开发者构建更具可扩展性和可维护性的 Vue.js 程序，如图 10-2 所示。

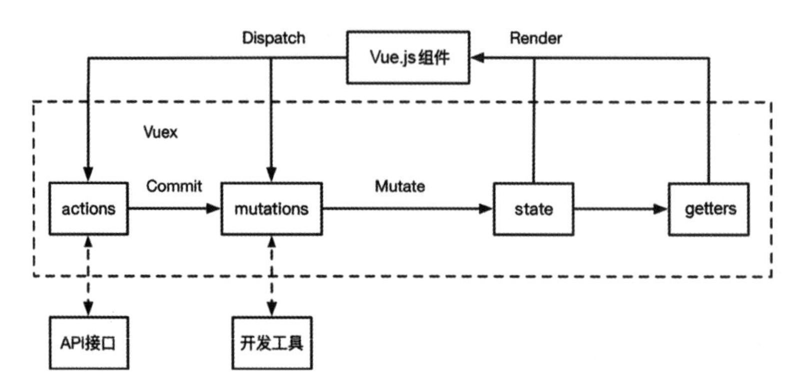

图 10-2

需要注意的是，Vuex 并不是每个 Vue.js 项目都必须使用的。它在多个组件需要共享和同步数据的大型程序中更有用。对于较小的项目，内置的 Vue.js 响应系统和组件通信方法就足够了。

10.2.2 【实战】第一个 Vuex

在本节中，我们将介绍如何在 Vue.js 项目中使用 Vuex 来管理全局状态。通过 Vuex，我们可以集中管理应用中的数据状态，并且在多个组件之间共享数据，具体步骤如下。

（1）安装 Vuex。

在开发者的 Vue.js 项目中安装 Vuex：

```
$ npm install vuex
```

（2）创建一个 Vuex store。

在项目的根目录下创建一个名为 store.js 的新文件，并定义开发者的 Vuex store：

```
import { createStore } from 'vuex';

const store = createStore({
  state: {
    count: 0
  },
  mutations: {
    increment(state) {
      state.count++;
    },
    decrement(state) {
      state.count--;
    }
  },
  actions: {
```

```
    incrementAsync(context) {
      setTimeout(() => {
        context.commit('increment');
      }, 1000);
    }
  },
  getters: {
    getCount(state) {
      return state.count;
    }
  }
});

export default store;
```

在以上代码中，store 中有一个名为 count 的状态属性。mutations 对象定义了两个操作，增量和减量，用于修改计数状态。actions 对象包含一个名为 incrementAsync 的操作，该操作会在延迟后增加计数。getters 对象定义了一个名为 getCount 的操作，用来检索当前的计数。

（3）在 Vue.js 程序中注册 store。

在 main.js 文件中导入 Vuex store 并将其注册到开发者的 Vue.js 程序中：

```
import { createApp } from 'vue';
import store from './store';
import App from './App.vue';

const app = createApp(App);

app.use(store);
app.mount('#app');
```

在以上代码中，使用 app.use()方法导入并注册 store。这使得程序内的所有组件都可以使用该存储。

（4）访问组件中 store 的状态和操作。

现在可以访问 Vue.js 组件中 store 的状态和操作了。例如，在名为 Counter.vue 的组件中，可以使用 store 的状态和操作，代码如下：

```
<template>
  <div>
    <p>Count: {{ count }}</p>
    <button @click="increment">Increment</button>
    <button @click="decrement">Decrement</button>
    <button @click="incrementAsync">Increment Async</button>
```

```
  </div>
</template>

<script>
import { computed } from 'vue';
import { useStore } from 'vuex';

export default {
  setup() {
    const store = useStore();

    const count = computed(() => store.state.count);
    const increment = () => store.commit('increment');
    const decrement = () => store.commit('decrement');
    const incrementAsync = () => store.dispatch('incrementAsync');

    return {
      count,
      increment,
      decrement,
      incrementAsync
    };
  }
};
</script>
```

以上组件使用 store.state.count 访问状态，并分别使用 store.commit('increment')和 store.dispatch('decrement')来调用相关的操作。

10.2.3 状态管理

1. state

（1）单一状态树。

Vuex 的核心原则之一是使用单一状态树，这意味着整个应用的状态都存储在一个名为 store 的单一对象中。这个 store 充当应用所有数据的中心，是整个应用的“唯一数据源”。

通过将所有状态保存在一个对象中，Vuex 使得推理应用的状态和管理复杂的数据流变得更容易。同时，这也简化了调试过程，因为应用的所有状态都集中在一处。

除了单一状态树，Vuex 还提供了一套修改和更新状态的规则和模式。所有对状态的修改和更新都必须通过显式的 mutations 实现，这有助于确保状态在整个应用中保持可预测性和一致性。

单一状态树的几个关键优势如下：

- 简单：将应用的所有状态放在一个地方，使得推理和调试变得更加简单。
- 可预测性：由于所有状态更改都必须通过 store，因此预测和跟踪状态的变化更加容易。
- 性能优化：拥有单一的状态来源有助于优化性能，减少不必要的组件重新渲染。
- 组织结构清晰：将所有状态保存在一个对象中为应用数据提供了清晰的结构，有助于维护。

（2）在 Vue.js 组件中引入 Vuex 状态。

要在 Vue.js 组件中使用 Vuex 状态，需要将组件连接到 Vuex store。通常使用 Vuex 提供的辅助函数 mapState()来完成。

以下是使用 mapState()将组件连接到 Vuex store 的示例：

```
<template>
  <div>
    <p>{{ message }}</p> <!-- 显示来自 Vuex 状态的 message -->
    <button @click="setMessage">更新消息</button> <!-- 点击按钮，触发 Vuex 状态更新
-->
  </div>
</template>

<script>
import { mapState } from 'vuex'; // 导入名为 mapState 的辅助函数

export default {
  computed: {
    // 使用 mapState() 将 Vuex store 中的状态映射为组件的计算属性上
    ...mapState({
     message: state => state.message
     // 将 state.message 映射到本地的计算属性 message 上
    })
  },
  methods: {
    // 使用 this.$store.commit 调用 Vuex 中定义的 mutations 方法来更新状态
    setMessage() {
     this.$store.commit('setMessage', '这是一个消息～');
     // 提交 setMessage mutations 方法，传递新的消息内容
    }
  }
}
</script>
```

在以上代码中，使用 mapState()函数将 Vuex store 中的 state.message 映射到组件的计算属性 message 上。在模板中，{{ message }}直接使用该计算属性来显示 Vuex 状态的值。通过 this.$store.commit，调用了 Vuex 中的 setMessage mutations 方法来更新状态。

2. getters

在 Vuex 中，getters 用于根据 store 中的状态派生出需要的计算属性。以下是在 Vue.js 中定义和使用 getters 的方法。

（1）定义 getters。

在 Vuex store 中，使用 getters 选项来定义 getters。getters 是一个函数，接收 state 作为参数，返回基于 state 的计算值。示例如下：

```
const myModule = {
  state: () => ({
    count: 0
  }),
  getters: {
    getCount(state) {
      return state.count;
    },
    getDoubleCount(state) {
      return state.count * 2;
    }
  },
  // ...其他代码
};
```

（2）在 Vue.js 组件中访问 getters。

在 Vue.js 组件中，可以使用计算属性或 mapGetters()辅助函数来访问 getters。

使用计算属性的示例：

```
import { computed } from 'vue';
import { useStore } from 'vuex';

export default {
  setup() {
    const store = useStore();

    const count = computed(() => store.getters.getCount);
    const doubleCount = computed(() => store.getters.getDoubleCount);

    return {
      count,
      doubleCount
    };
```

```
  }
};
```

使用 mapGetters()辅助函数的示例：

```
import { mapGetters } from 'vuex';

export default {
  computed: {
    ...mapGetters(['getCount', 'getDoubleCount'])
  }
};
```

通过使用计算属性或 mapGetters()函数，可以方便地访问 Vuex store 中定义的 getters。当这些 getters 所依赖的状态发生变化时，计算属性会自动更新。

提示　在 Vue.js 3 中使用 Composition API，可以直接从 Vuex 中导入 useStore()，不需要额外安装任何插件。@vue/composition-api 包只在 Vue.js 2 中使用 Composition API 时才需要。

通过在 Vuex 中定义和访问 getters，可以根据状态派生出需要的计算属性，执行复杂的转换或计算，而无须直接修改状态。这有助于使代码更具组织性、更加可维护且更加高效。

3. mutations

在 Vuex 中，mutations 用于修改 store 中的状态，它是同步函数。以下是在 Vue.js 中定义和使用 mutations 的方法。

（1）在 Vuex store 中定义 mutations。

在 Vuex store 中，mutations 是函数，接收 state 作为第一个参数，且可选择接收额外的载荷（payload）数据。示例如下：

```
const myModule = {
  state: () => ({
    count: 0,
    value: ''
  }),
  mutations: {
    increment(state) {
      state.count++;
    },
    updateValue(state, payload) {
      state.value = payload;
    }
  },
```

```
  // ...其他代码
};
```

在上述代码中，mutations 根据定义的逻辑直接修改状态属性。

（2）在 Vue.js 组件中提交 mutations。

在 Vue.js 组件中，可以通过调用 Vuex store 实例的 commit()方法来提交 mutations：

```
import { useStore } from 'vuex';

export default {
  setup() {
    const store = useStore();

    const increment = () => {
      store.commit('increment');
    };

    const updateValue = (newValue) => {
      store.commit('updateValue', newValue);
    };

    return {
      increment,
      updateValue
    };
  }
};
```

在上述示例中，调用 store.commit()方法传入要执行的 mutations 的名称。如果需要传递载荷，则可以将其作为第二个参数传递给 commit()方法。

> 提示　在 Vue.js 3 中使用 Composition API，可以直接使用 useStore()函数，无须安装额外的插件。

通过 mutations 可以修改 Vuex store 的状态，并触发依赖于该状态变化的组件中的响应式更新，从而确保 Vue.js 应用中的数据流可预测。

3. actions

（1）什么是 actions。

在 Vuex 中，actions 用于处理异步操作、发送 API 请求，以及在提交 mutations 之前执行复杂的业务逻辑。使用 actions 有助于将状态管理与组件分离，实现更灵活、更具可维护性的代码。

使用 actions 的原则和优势如下：

- 异步操作：actions 用于处理异步任务，例如发送 API 请求或执行耗时的计算。它们确保长时间运行的操作不会阻塞主线程，导致页面卡顿。通过将此类操作放在 actions 中，程序可以保持响应性，提供流畅的用户体验。
- 业务逻辑：actions 适合处理可能涉及多个 mutations 或状态交互的复杂业务逻辑。它们提供了一个集中的位置来封装和管理逻辑，与组件分离。这使代码组织更合理，提高了代码的可重用性和可维护性。
- 使用 Composition API：在 Vue.js 3 中，使用 Composition API 可以在组件的 setup()函数中访问 Vuex store 并派发 actions。

（2）actions 实战示例。

假设有一个名为 counter 的 Vuex 模块，用于管理计数器状态，并包含一个异步递增计数器的 actions：

```
const counterModule = {
  state: () => ({
    count: 0
  }),
  mutations: {
    increment(state) {
      state.count++;
    }
  },
  actions: {
    incrementAsync({ commit }) {
      setTimeout(() => {
        commit('increment');
      }, 1000);
    }
  }
};

export default counterModule;
```

在上述代码中，incrementAsync()方法等待一秒后提交 increment。

（3）在 Vue.js 组件中派发 actions。

在 Vue.js 组件中可以派发 incrementAsync 来触发异步的递增操作，示例如下：

```
import { useStore } from 'vuex';
```

```
export default {
  setup() {
    const store = useStore();

    const incrementCounter = () => {
      store.dispatch('incrementAsync');
    };

    return {
      incrementCounter
    };
  }
};
```

在上述代码中，incrementCounter()方法通过调用 store.dispatch('incrementAsync')来派发 incrementAsync。这将触发在 Vuex store 中定义的 actions。当派发 incrementAsync 时，它会设置一个定时器，一秒后提交 increment，增加计数器的值。

10.2.4 模块

Vuex 模块是一个独立的状态管理逻辑，可以添加到 Vuex store 中。模块通常用于组织程序的特定功能或部分状态和操作。在 Vuex 模块中，可以定义特定于该模块的 state、mutations、actions 和 getters。

要创建 Vuex 模块，通常会创建一个新的 JavaScript 文件，该文件导出一个对象，其中包含 state、mutations、actions 和 getters 的属性。一个用于管理购物车的简单 Vuex 模块的示例如下：

```
const state = {
  items: []
}

const mutations = {
  addItem(state, item) {
    state.items.push(item)
  },
  removeItem(state, index) {
    state.items.splice(index, 1)
  }
}

const actions = {
  addToCart({ commit }, item) {
    commit('addItem', item)
  },
```

```
  removeFromCart({ commit }, index) {
    commit('removeItem', index)
  }
}

const getters = {
  itemCount(state) {
    return state.items.length
  }
}

export default {
  state,
  mutations,
  actions,
  getters
}
```

以上模块定义了一个 state，其中包含一个项目数组 items、用于在购物车中添加和删除项目的 mutations、调用这些 mutations 的 actions，以及用于检索购物车中项目数量的 getters。创建此模块后，可以使用以下模块属性将其导入并添加到 Vuex store 中：

```
import { createApp } from 'vue';
import { createStore } from 'vuex';
import cartModule from './mutationExample1';

const app = createApp(/* 根组件 */);

const store = createStore({
    modules: {
        cart: cartModule
    }
});

app.use(store);

app.mount('#app');
```

createStore()函数中的模块选项允许开发者在 Vue store 中注册模块。在以上代码中，cartModule 被注册为购物车模块。拥有程序和 Vue store 实例后，可以使用 app.use()方法将 Vue store 插件安装到程序中。最后，使用 app.mount()方法将程序安装到 DOM 的指定元素上。

以上代码导入购物车模块并将其添加到名为 cart 的模块中。创建 store 后，可以在 Vue.js 组件中使用它来访问模块中定义的状态和操作。

10.3 Vue.js 与 TypeScript

10.3.1 TypeScript 概述

1. 什么是 JavaScript

JavaScript 最初是一种简单的脚本语言。在它被发明时，它被期望用于嵌入网页的简短代码片段中——编写冗长代码并不常见。因此，早期的网络浏览器执行此类代码的速度相当缓慢。但随着时间的推移，JavaScript 变得越来越流行，Web 开发者开始使用它来创建交互式体验。

Web 浏览器开发者通过优化执行引擎（动态编译）并扩展其功能（添加 API）来应对 JavaScript 使用量的增加，这反过来又使 Web 开发者更多地使用它。在现代网站上，浏览器经常运行数十万行代码的程序。这是“网络”长期而逐步发展的结果——从一个简单的静态页面，逐渐发展成为承载多个丰富程序的平台。

另外，JavaScript 已经变得足够流行，可以在浏览器上下文之外使用，例如使用 Node.js 实现 JavaScript 服务器。JavaScript 的“随处运行”特性使其成为跨平台开发的强有力选择。如今，有许多开发者仅使用 JavaScript 来实现整个堆栈。

当程序出现问题时，大多数编程语言会抛出错误，有些甚至会在编译期间（在代码运行之前）抛出错误。在编写小程序时，遇到这种问题虽然很烦人，但至少可以管理；而当编写具有数百行甚至数千行代码的程序时，如果不断出现类似的意外，则会是一个严重的问题。

2. 什么是 TypeScript

（1）TypeScript 简介。

TypeScript 是 JavaScript 的超集，构建在 JavaScript 之上。TypeScript 编程的实现思路是：首先编写 TypeScript 代码；然后使用 TypeScript 编译器将 TypeScript 代码编译为纯 JavaScript 代码；一旦获得纯 JavaScript 代码，就可以将其部署到任何 JavaScript 运行环境中了。TypeScript 使用.ts 而不是.js 作为文件的扩展名。

（2）TypeScript 与 JavaScript 的关系。

TypeScript 是一种 JavaScript 超集语言，因此 JavaScript 语法对于 TypeScript 来说也是合法的。语法是指编写文本以形成程序的方式。例如，以下代码有语法错误，因为语句末尾缺少“)”：

```
let a = (4
')' expected.
```

由于语法兼容，因此 TypeScript 不会将任何 JavaScript 代码视为错误代码。这意味着可以将任何有效的 JavaScript 代码放入 TypeScript 文件，而不必担心它的具体编写方式。

10.3.2　第一个 TypeScript 示例

（1）安装 TypeScript。

打开命令行或终端，运行以下命令在系统上全局安装 TypeScript：

```
$ npm install -g typescript
```

（2）新建文件。

新建一个名为 firstTypeScript.ts 的文件，编写 TypeScript 代码，示例如下：

```
// 定义一个接收字符串参数并返回 void 的函数
function sayHello(message: string): void {
   console.log(`Hi, ${message}!`);
}

// 使用字符串参数调用函数
sayHello("First TypeScript");
```

（3）编译 TypeScript 代码。

打开命令行或终端，导航到保存 firstTypeScript.ts 文件的目录，然后运行以下命令将 TypeScript 代码编译为 JavaScript 代码：

```
$ tsc firstTypeScript.ts
```

以上命令运行成功后，将在同一目录下生成一个 firstTypeScript.js 文件。

（4）运行 JavaScript 代码。

成功编译 TypeScript 代码后，可以使 Node.js 执行生成的 JavaScript 代码。在命令提示符或终端中运行以下命令：

```
$ node firstTypeScript.js
```

10.3.3　TypeScript 基本类型

在 TypeScript 中，可以使用几种基本类型来定义变量，具体如下。

（1）boolean 类型。

boolean 类型表示逻辑值 true 或 false。示例如下：

```
let bool: boolean = false;
```

（2）number 类型。

number 类型表示数值，包括整数和浮点数。示例如下：

```
let age: number = 18;
```

（3）string 类型。

string 类型表示字符序列。示例如下：

```
let username: string = "ShirDon Liao";
```

（4）数组类型。

数组类型表示特定类型元素的有序集合。可以使用数组类型表示法或通用数组类型来声明数组。使用数组类型表示法的示例如下：

```
let numbers: number[] = [1, 6, 8];
```

使用通用数组类型的示例如下：

```
let usernames: Array<string> = ["ShirDon", "Jack", "Barry"];
```

（5）tuple 类型。

tuple 类型表示具有固定数量元素的数组，其中的每个元素都可能是不同类型的。示例如下：

```
let customer: [string, number] = ["ShirDon", 18];
```

（6）enum 类型。

enum 类型表示一组命名常量。示例如下：

```
enum Direction {
   East,
   West,
   South,
   North
}
let myDirect: Direction = Direction.East;
```

（7）any 类型。

any 类型表示可以保存任何类型值的动态类型。使用 any 类型会抵消 TypeScript 的一些类型安全性风险。示例如下：

```
let num: number = 188;
```

（8）void 类型。

void 类型表示不存在任何类型。它通常用作不返回值的函数的返回类型。示例如下：

```
function logInfo(): void { console.log("void 类型!"); }
```

10.3.4　TypeScript 控制流语句

TypeScript 中包含多个控制流语句，可以让开发者控制代码的执行流程。

（1）if...else 语句。

在 TypeScript 中，if...else 语句用于根据特定条件执行代码。它允许开发者根据条件评估为 true 还是为 false 来执行不同的代码块，以控制程序的流程。if...else 语句的语法如下：

```
if (condition) {
   // ...条件为 true 时执行的代码
} else {
   // ...条件为 false 时执行的代码
}
```

在以上代码中，condition 是要计算的表达式或条件。condition 应该是一个布尔值或是一个可以被强制转换为布尔值的表达式。同时，if...else 语句允许开发者根据条件执行代码块。示例如下：

```
let score: number = 88;
if (score >= 80) {
   console.log("优秀");
} else {
   console.log("不优秀");
}
```

（2）switch 语句。

在 TypeScript 中，switch 语句用于根据不同的条件或值执行不同的操作。它允许开发者根据表达式的值提供要执行的多个代码分支。switch 语句的语法如下：

```
switch (expression) {
   case value1:
      // ... 如果表达式匹配 value1，则执行的代码
      break;
   case value2:
      // ... 如果表达式匹配 value2，则执行的代码
      break;
   // ... 根据需要添加更多 case 语句
   default:
   // ... 如果表达式不匹配任何条件，则执行的代码
}
```

下面介绍 switch 语句语法的不同部分：

- expression：开发者要计算的值或表达式，可以是变量、常量或解析为值的表达式。
- case valueX：每个 case 语句均代表开发者要与表达式匹配的一个特定值。如果表达式与

特定的 case 值（valueX）匹配，则将执行相应的代码，它可以包含一条或多条语句。

- break：break 语句用于在执行特定语句后退出 switch 语句。它确保只执行条件匹配的语句，并且将执行流程移出 switch 语句。
- default：default 是可选的，表示当表达式与任何指定的条件都不匹配时将执行的代码。当其他情况都不适用时，它充当默认操作。

switch 语句的示例如下：

```
let orderStatus: number = 2;
switch (orderStatus) {
    case 1:
        console.log("待支付");
        break;
    case 2:
        console.log("已支付");
        break;
    case 3:
        console.log("已发货");
        break;
    default:
        console.log("已完成");
}
```

（3）for 语句。

在 TypeScript 中，for 语句用于重复执行代码。它提供了一种迭代数组、字符串、对象或根据给定条件执行固定次数的方法。TypeScript 中循环结构的不同变体如下。

①for 循环。

当开发者知道确切的迭代次数时，可以使用基本的 for 循环。格式如下：

```
for (initialization; condition; increment) {
  // ...每次循环中执行的代码
}
```

对以上代码的说明如下：

- initialization：设置循环的初始值或表达式。它在循环开始之前仅执行一次。
- condition：每次循环之前的评估条件。如果条件计算结果为 true，则执行循环体。如果条件计算结果为 false，则终止循环。
- increment：每次循环后执行的表达式。它更新循环变量或执行任何必要的递增/递减操作。

for 循环的示例如下：

```
for (let i: number = 0; i < 3; i++) {
   console.log(i);
}
// $ tsc TypeScriptExample3.ts
// $ node TypeScriptExample3.js
// 0
// 1
// 2
```

②for...of 循环。

for...of 循环用于迭代数组、字符串或其他可迭代的对象。格式如下：

```
for (const element of iterable) {
   // ...为每个元素执行的代码
}
```

对以上代码的说明如下：

- element：每次循环中可迭代对象的每个元素的变量。
- iterable：开发者想要迭代的可迭代对象，例如数组或字符串。

for...of 循环的示例如下：

```
// 定义一个数字数组
const numbers: number[] = [1, 6, 8];

// 使用 for...of 循环遍历数组
for (const num of numbers) {
   console.log(num);
}
```

③for...in 循环。

for...in 循环用于迭代对象的可枚举属性。格式如下：

```
for (const key in object) {
   // ...为每个属性执行的代码
}
```

对以上代码的说明如下：

- key：每次循环中每个属性键的变量。
- object：开发者想要迭代其可枚举属性的对象。

for...in 循环的示例如下：

```
// 用键值对定义对象
const Programmer = {
```

```
    name: "ShirDon",
    age: 18,
    goodAt: "Programming"
};

// 使用 for...in 循环遍历对象
for (const key in Programmer) {
    console.log(`${key}: ${Programmer[key]}`);
}
// $ tsc TypeScriptExample3.ts
// $ node TypeScriptExample3.js
// name: ShirDon
// age: 18
// goodAt: Programming
```

（4）while 语句。

在 TypeScript 中，while 语句用于在指定条件为 true 时重复执行代码。它提供了一种基于条件评估执行循环体的方法。while 循环语句的语法如下：

```
while (condition) {
  // ...条件为 true 时执行的代码
}
```

在以上代码中，condition 是开发者要计算的表达式或条件。只要条件计算结果为 true，循环体就会持续执行。它应该是一个布尔值或是一个可以强制被转换为布尔值的表达式。

示例如下：

```
let count: number = 0;
while (count < 3) {
    console.log(count);
    count++;
}
// $ tsc TypeScriptExample4.ts
// $ node TypeScriptExample4.js
// 0
// 1
// 2
```

（5）do...while 语句。

在 TypeScript 中，do...while 语句用于重复执行一段代码至少一次，然后进行条件判断，只要指定条件为 true 就继续执行它。它提供了一种迭代方法，保证代码在进行条件判断之前至少被执行一次。do...while 循环语句的语法如下：

```
do {
  // ...要执行的代码
} while (condition);
```

示例如下：

```
let count: number = 0;
do {
   console.log(count);
   count++;
} while (count < 3);
```

10.3.5　TypeScript 函数

在 TypeScript 中，定义函数的语法与 JavaScript 类似，但是增加了显式声明函数参数和返回值类型的功能。TypeScript 函数的语法如下：

```
function functionName(参数 1: 类型 1, 参数 2: 类型 2): returnType {
  // ...函数体
}
```

对以上函数语法的说明如下：

- function：关键字，用于定义 TypeScript 函数。
- functionName：函数的名称。为开发者的函数选择一个有意义且具有描述性的名称。
- 参数 1、参数 2：函数参数。每个参数都用一个名称声明，后跟一个冒号（:）和参数类型。可以有多个参数，并用逗号分隔。
- 类型 1、类型 2：函数参数的类型。为每个参数指定适当的类型。TypeScript 提供内置类型（例如数字、字符串、布尔值等），以及自定义类型的能力。
- returnType：函数返回值的类型。使用冒号（:）语法在参数列表的右括号后指定返回类型。
- 函数体：花括号（{}）内的代码是函数体。它包含定义函数行为的逻辑和语句。可以使用 return 关键字来指定函数的返回值。函数体中返回值的类型必须与声明的返回值类型匹配。

将两个数字相加的 TypeScript 函数示例如下：

```
function add(a: number, b: number): number {
   return a + b;
}
let sum: number = add(3, 5);
console.log(sum);
// 8
```

在以上代码中，函数 add()接收两个 number 类型的参数并返回一个 number 类型的值。函数体将两个数字相加并返回结果。

通过显式定义参数类型和返回值类型，TypeScript 提供了静态类型检查，有助于避免常见的编程错误，从而增强代码的可靠性和可维护性。

10.3.6 TypeScript 类

在 TypeScript 中，可以使用类似于 JavaScript 的语法来定义类，这种定义方法能够显式声明类的属性和方法的类型。TypeScript 类的语法如下：

```
class ClassName {
  property1: type1;
  property2: type2;

  constructor(parameter1: type1, parameter2: type2) {
    this.property1 = parameter1;
    this.property2 = parameter2;
  }

  method1(): returnType {
    // 方法体
    // ...
    return value;
  }

  method2(parameter: type): void {
    // 方法体
    // ...
  }
}
```

以上代码的说明如下：

- class：用于在 TypeScript 中定义类。
- ClassName：类的名称。这里为开发者的班级定义了一个有意义且具有描述性的名称。
- property1、property2：类属性。使用名称后跟冒号（:）和属性类型的方式来声明每个属性。如果需要，可以使用默认值初始化属性。
- constructor：构造函数，创建类的实例时调用的特殊方法。它初始化类属性并执行任何必要的设置。构造函数参数的声明方式与函数参数类似。
- method1、method2：类方法。使用名称后跟括号的方式来声明每个方法。该方法中可以使用在括号后指定类型和返回值类型的参数。如果不返回值，则可以使用 void 类型方法。
- 方法体：花括号（{}）内的代码是方法体。它包含定义方法行为的逻辑和语句。
- 返回值：如果方法指定了返回值类型，则可以使用 return 关键字指定该方法的返回值。

表示一个 Programmer 的 TypeScript 类的示例如下：

```
class Programmer {
    name: string;
    goodAt: string;

    constructor(name: string, goodAt: string) {
        this.name = name;
        this.goodAt = goodAt;
    }

    info(): string {
        return `姓名：${this.name}，擅长：${this.goodAt}`;
    }
}
```

在以上代码中，Programmer 类具有字符串类型的属性 name 和 goodAt。构造函数初始化这些属性。info()方法返回一个问候语字符串，其中包含此人的姓名和他擅长的事。

通过使用 TypeScript 类语法，可以创建定义良好的类型化类，以提供更好的代码组织、可维护性和类型安全性。

要创建类的实例，可以使用关键字 new，示例如下：

```
let programmer = new Programmer("ShirDon", "Programming");
let res = programmer.info();
console.log(res)
// $ tsc TypeScriptExample6.ts
// $ node TypeScriptExample6.js
// 姓名：ShirDon，擅长：Programming
```

除了属性和方法，TypeScript 类还可以通过访问修饰符（public、private 和 protected）来控制类成员的可见性和可访问性。带有访问修饰符的示例如下：

```
class Programmer {
    name: string;
    goodAt: string;

    constructor(name: string, goodAt: string) {
        this.name = name;
        this.goodAt = goodAt;
    }

    info(): string {
        return `姓名：${this.name}，擅长：${this.goodAt}`;
    }
```

```
}

class Staff extends Programmer {
    private staffId: number;

    constructor(name: string, goodAt: string, staffId: number) {
        super(name, goodAt);
        this.staffId = staffId;
    }

    public getEmployeeId(): number {
        return this.staffId;
    }
}
```

在以上示例中，类 Staff 扩展了类 Programmer 并添加了一个附加私有属性 staffId。关键字 super 用于 Staff 构造函数，调用父类构造函数并初始化继承的属性。代码如下：

```
let staff1 = new Staff("ShirDon", "Programming", 888);
let res = staff1.info();
console.log(res);
console.log(staff1.getEmployeeId());
// $ tsc TypeScriptExample7.ts
// $ node TypeScriptExample7.js
// 姓名：ShirDon，擅长：Programming
// 888
```

10.3.7 TypeScript 接口

在 TypeScript 中，接口用于定义对象的结构和形状。它们提供了一种方法来强制执行类或对象的特定契约或一组要求。TypeScript 接口的语法如下：

```
interface InterfaceName {
  property1: type1;
  property2: type2;
  method1(parameter: type): returnType;
  method2(): void;
}
```

对以上代码的说明如下：

- interface：用于在 TypeScript 中定义接口。
- InterfaceName：接口的名称。代表对象或类结构的描述性名称。
- property1、property2：接口的属性。使用名称后跟冒号（:）和属性类型来声明每个属性。
- method1、method2：接口的方法。使用名称后跟括号来声明每个方法。在括号后指定参数的类型和返回值类型。如果方法不返回值，则可以使用 void 类型。

以下是一个简单的 TypeScript 接口示例：

```
interface Programmer {
   name: string;
   goodAt: string;
   writingCodes(): void;
}
```

在以上代码中，Programmer 接口有属性 name 和 goodAt，它们都是字符串类型的。它还有一个 writingCodes()方法，不带任何参数，也不返回值。

接口对于定义类或对象必须遵守的契约很有用。可以使用 implements 关键字在类中实现接口，以确保类满足接口的要求。接口还支持继承，允许开发者扩展或继承其他接口。

在 TypeScript 中使用接口有助于强制实现一致的结构，提供类型检查，并实现更好的代码可重用性和可维护性。要使用接口，可以在类中实现它：

```
class Staff implements Programmer {
   name: string;
   goodAt: string;

   constructor(name: string, goodAt: string) {
      this.name = name;
      this.goodAt = goodAt;
   }

   writingCodes(): void {
      console.log(`姓名：${this.name}，擅长：${this.goodAt}，正在写代码~`);
   }
}

let staff1: Staff = new Staff("ShirDon", "Programming");
staff1.writingCodes();
// $ tsc TypeScriptExample8.ts
// $ node TypeScriptExample8.js
// 姓名：ShirDon，擅长：Programming，正在写代码~
```

在以上代码中，类 Staff 实现了 Programmer 接口。

还可以使用接口来定义函数类型：

```
interface AddFunction {
   (x: number, y: number): number;
}
```

```
let add: AddFunction = (x, y) => x + y;
let result: number = add(8, 8);
console.log(result);
// 16
```

在以上代码中，定义了一个接口 AddFunction 来描述函数，该函数以两个数字作为参数并返回一个数字。然后声明一个 add 类型的变量 AddFunction 并为其分配一个函数实现。

10.3.8 TypeScript 泛型

在 TypeScript 中，泛型允许开发者创建可以使用多种类型的可重用组件或函数。TypeScript 泛型的语法如下：

```
function functionName<T>(arg: T): T {
  // ...函数体
 return arg;
}
```

对以上代码的说明如下：

- functionName：函数或组件的名称。应该选择一个有意义且具有描述性的名称。
- <T>：泛型类型参数。T 是一个占位符，表示使用泛型函数或组件时将指定的实际类型。可以使用任何有效的标识符作为类型参数名称。
- arg: T：使用泛型类型 T 的函数参数示例。参数 arg 的类型为 T，这意味着它可以接收使用函数时指定的任何类型。
- :T：将函数的返回值类型指定为 T，表示函数将返回与输入参数类型相同的值。
- return arg：函数体可以对泛型类型 T 进行操作，并返回类型为 T 的值。

TypeScript 泛型的示例如下：

```
function Print<T>(arg: T): T {
  return arg;
}

const result1 = Print("This is a string");
const result2 = Print(8888);
console.log(result1);
console.log(result2);
// This is a string
// 8888
```

在以上代码中，Print()函数使用泛型类型 T 作为参数类型和返回值类型。该函数接收 T 类型的参数并返回 T 类型的值。

在调用 Print()函数时，可以显式指定实际泛型类型，也可以让 TypeScript 根据提供的参数推断类型。在本例中，由于使用字符串参数调用该函数，因此 TypeScript 将泛型类型 T 推断为字符串。

泛型还可以与类、接口和更复杂的场景一起使用。它们在编写类型安全代码时提供了灵活性和可重用性，可以在不牺牲类型检查环节的情况下处理各种数据类型。

（1）通用数组泛型的示例如下：

```
function printArray<T>(arr: T[]): void {
    for (let val of arr) {
        console.log(val);
    }
}

printArray<number>([1, 6, 8]);
printArray<string>(["Go", "Vue", "Gin"]);
// 1
// 6
// 8
// Go
// Vue
// Gin
```

在以上代码中，printArray()函数接收类型数组 T 并打印数组中的每个元素。类型参数 T 是根据传递给函数的数组的类型推断出来的。

（2）通用类泛型的示例如下：

```
class GeneralClass<T> {
    private attr: T;

    constructor(value: T) {
        this.attr = value;
    }

    func(): T {
        return this.attr;
    }
}

let gc1 = new GeneralClass<number>(88);
let gc2 = new GeneralClass<string>("Pending");
console.log(gc1.func());
console.log(gc2.func());
```

```
// 88
// Pending
```

在以上代码中，类 GeneralClass 是使用泛型类型参数定义的。它有一个私有属性 attr 和一个返回类型值为 T 的方法。类型参数 T 是在创建 GeneralClass 类的实例时指定的。

10.3.9 TypeScript 高级类型

在 TypeScript 中，有多种高级类型和功能可以帮助开发者表达更复杂的类型关系并创建更复杂的类型映射。以下是 TypeScript 中高级类型的一些示例。

1. 联合类型

在 TypeScript 中，联合类型允许开发者将一个值指定为多个类型。它允许变量或参数通过保存不同类型的值来提供灵活性。TypeScript 联合类型的语法如下：

```
type UnionType = Type1 | Type2 | Type3;
```

对以上代码的说明如下：

- type：用于在 TypeScript 中定义类型别名。
- UnionType：为联合类型指定的名称，它可以是任何有效的标识符。
- Type1、Type2、Type3：联合的各个类型。不同类型由管道符号（|）分隔。

联合类型允许一个变量具有多种可能的类型。可以使用“|”符号来组合类型。示例如下：

```
let val: number | string;
val = "Test Val";
val = 88;
console.log(val);
// 88
```

2. 交集类型

在 TypeScript 中，交集类型允许开发者将多种类型组合为单一类型。它表示所有组成类型的属性和方法的类型。TypeScript 交集类型的语法如下：

```
type IntersectionType = Type1 & Type2 & Type3;
```

对以上代码的说明如下：

- type：用于在 TypeScript 中定义类型别名。
- IntersectionType：为交集类型指定的名称。它可以是任何有效的标识符。
- Type1、Type2、Type3：交集的各个类型。不同类型由“&”符号分隔。

交集类型允许开发者将多个类型组合成一个具有每种类型的所有属性的类型。示例如下：

```
interface InterNumber {
   numberValue: number;
}

interface InterString {
   stringValue: string;
}

let obj: InterNumber & InterString;
obj = { numberValue: 888, stringValue: "I love TypeScript~" };
console.log(obj.stringValue)
// I love TypeScript~
```

3. 类型保护

在 TypeScript 中，类型保护是一种缩小条件代码块中变量或参数类型范围的方法。它允许开发者对值的类型做出更具体的断言，使 TypeScript 能够推断代码中的类型并确保其正确性。有多种技术可以在 TypeScript 中实现类型保护。常见的类型保护如下。

（1）typeof 类型保护。

typeof 运算符可用于根据值的类型执行类型保护。示例如下：

```
function getLength(value: string | number) {
   if (typeof value === 'string') {
      console.log(value.length);
   }
}
```

在以上代码中，typeof value === 'string'条件充当类型保护，并允许开发者在确定 value 为字符串类型时安全地访问 length 属性。

（2）instanceof 类型保护。

instanceof 运算符用于基于对象的构造函数执行类型保护。示例如下：

```
class Square {
   sideLength: number;

   constructor(sideLength: number) {
      this.sideLength = sideLength;
   }
}

class Circle {
   radius: number;
```

```
    constructor(radius: number) {
        this.radius = radius;
    }
}

function printPerimeter(shape: Square | Circle) {
    if (shape instanceof Square) {
        console.log(4 * shape.sideLength);
    } else {
        console.log(2 * Math.PI * shape.radius);
    }
}

let circle = new Circle(6);
let square = new Square(2);
printPerimeter(circle)
printPerimeter(square)
// 37.69911184307752
// 8
```

在以上代码中，instanceof Square 条件充当类型保护，并允许开发者在确定 shape 是 Square 类的实例时访问 sideLength 属性。

（3）自定义类型保护。

可以使用类型谓词创建自己的自定义类型保护。类型谓词是一个用户定义的函数，它返回一个布尔值，指示类型断言的值是 true 还是 false。示例如下：

```
// 自定义类型保护函数
function isString(value: any): value is string {
    return typeof value === "string";
}

// 自定义类型保护的使用
function printValue(value: any): void {
    if (isString(value)) {
        console.log("处理字符串: ", value.toUpperCase());
    } else {
        console.log("无法处理值: ", value);
    }
}

// 测试自定义类型保护
printValue("I love TypeScript~");
```

```
printValue(888);
// 处理字符串： I LOVE TYPESCRIPT~
// 无法处理值： 888
```

在以上代码中，定义了一个名为 isString()的自定义类型保护函数。类型保护函数将 any 类型的值作为输入，并返回类型谓词 value is string。该函数通过使用 typeof 运算符并将其与“string”进行比较来检查输入值是否为字符串类型。如果条件为真，则返回 true，表明该值为字符串。然后，在 printValue()函数中使用自定义类型保护 isString。printValue()函数采用 any 类型的参数值，并使用 isString()类型保护函数执行运行时类型检查。如果 isString()返回 true，则可以假设该值是一个字符串并对其执行相应的操作。否则，将处理该值不是字符串的情况。

4. 类型别名

在 TypeScript 中，类型别名允许开发者为现有类型创建新名称。它提供了一种可在整个代码库中使用的自定义类型的方法，使代码更具可读性、可重用性，并更易于维护。TypeScript 类型别名的语法如下：

```
type AliasName = ExistingType;
```

对以上代码的说明如下：

- type：用于在 TypeScript 中定义类型别名。
- AliasName：为类型别名定义的名称。它可以是任何有效的标识符。
- ExistingType：指代原有类型，开发者为其创建别名。它可以是内置类型、联合类型、交集类型、函数类型、对象类型或任何其他有效的 TypeScript 类型。

类型别名的用法示例如下：

```
type Point = {
   x: number;
   y: number;
};

function distance(point1: Point, point2: Point): number {
   const dx = point2.x - point1.x;
   const dy = point2.y - point1.y;
   return Math.sqrt(dx ** 2 + dy ** 2);
}

const p1: Point = { x: 0, y: 0 };
const p2: Point = { x: 6, y: 8 };
const d = distance(p1, p2);
console.log(d);
// 10
```

在以上代码中，为表示具有 x 和 y 坐标的点的对象类型定义类型别名 Point。然后，使用 Point 类型别名作为距离函数的参数和返回值类型，允许指定参数和返回值的预期结果。

当程序中具有复杂类型，或开发者想要为现有类型提供更具描述性的名称以提高代码的可读性和可维护性时，类型别名特别有用。它允许开发者创建自定义抽象并为代码中的类型提供更多语义。

提示 使用类型别名不会创建新类型，它们只是现有类型的替代名称。

通过使用类型别名，可以在 TypeScript 中创建更多自描述和可重用的类型，使开发者的代码更具表现力且更易于理解。

5. 条件类型

在 TypeScript 中，使用条件类型允许开发者创建依赖于某些条件的类型。条件类型提供了一种基于类型检查或类型推断的评估手段。条件类型使用 extends 关键字和“?” “:”有条件地选择类型的语法。TypeScript 条件类型的语法如下：

```
type ConditionalType = Type extends Condition ? TrueType : FalseType;
```

使用条件类型的示例如下：

```
type ValueType<T> = T extends boolean | number ? T : string;

const val1: ValueType<boolean> = true;
const val2: ValueType<number> = 888;
const val3: ValueType<string> = "I love TypeScript~";
```

在以上代码中，定义了一个条件类型 ValueType，它采用类型参数 T。如果 T 的类型扩展为 boolean 或 number，则条件类型选择 T 作为真实类型。否则，它选择 string 作为类型。当给 val1、val2 和 val3 赋值时，TypeScript 会根据条件推断出正确的类型。

当开发者想要创建依赖于某些条件的灵活类型时，条件类型特别有用。它们允许开发者根据所涉及类型的属性或特征定义不同的行为和类型。条件类型通常用于泛型编程和类型推断等场景。

6. keyof 运算符

在 TypeScript 中，keyof 运算符用于创建给定类型的所有键的联合类型。它允许开发者访问和操作对象类型的键，提供一种动态引用方法，以及约束在代码中使用键的方法。keyof 运算符的语法如下：

```
type KeysOfType = keyof ObjectType;
```

keyof 运算符的示例如下：

```
type Customer = {
   username: string;
```

```
    userId: number;
    email: string;
};

type CustomerKeys = keyof Customer;

// 创建一个 customer 对象
const customer: Customer = {
    username: "ShirDon",
    userId: 18,
    email: "shirdon@example.com"
};

// 访问和使用 customer 对象的键
const keys: CustomerKeys[] = ["username", "userId", "email"];
keys.forEach((key: CustomerKeys) => {
    console.log(`Key: ${key}, Value: ${customer[key]}`);
});
// Key: username, Value: ShirDon
// Key: userId, Value: 18
// Key: email, Value: shirdon@example.com
```

在以上代码中，定义了一个具有姓名、用户 ID 和电子邮件属性的对象类型 Customer。CustomerKeys 类型别名使用 keyof 运算符来检索 Customer 对象类型的键，从而产生联合类型 "username"| "userId"| "email"。这允许在代码中引用和约束 Customer 对象类型的键。

当开发者想要操作或约束对象类型的键时，keyof 运算符特别有用。它允许开发者创建更通用的、可重用性更强的代码，可以动态地使用不同的键集。

10.3.10　在 Vue.js 中使用 TypeScript

将 TypeScript 与 Vue.js 结合使用可提供类型检查操作并提升开发者构建 Vue.js 程序的体验。以下是使用 TypeScript 设置 Vue.js 项目的步骤。

（1）创建一个新的 Vue.js 项目。

首先使用 Vue CLI 创建一个新的 Vue.js 项目。打开终端并运行以下命令：

```
$ vue create my-project
```

按照提示为项目选择所需的功能和配置。

（2）选择 TypeScript。

当提示选择预设选项时，应选择“手动选择功能”。然后，选择“TypeScript”选项。

（3）安装 TypeScript 依赖项。

创建项目后，导航到项目目录并安装 TypeScript 依赖项：

```
$ cd my-project
$ npm install --save-dev typescript @typescript-eslint/parser
@typescript-eslint/eslint-plugin
```

执行以上命令会安装 TypeScript，并检查 TypeScript 程序所需的包。

（4）重命名文件。

默认情况下，Vue CLI 会创建扩展名为.js 的文件。这里重命名开发者的 Vue.js 文件以具有.tsx 扩展名。这是因为 TypeScript 文件使用.tsx 扩展名来支持 JSX 语法。

（5）配置 TypeScript。

使用以下配置在项目的根目录下创建 tsconfig.json 文件：

```
{
  "compilerOptions": {
    "target": "esnext",
    "module": "esnext",
    "strict": true,
    "jsx": "preserve",
    "moduleResolution": "node",
    "resolveJsonModule": true,
    "esModuleInterop": true,
    "sourceMap": true,
    "skipLibCheck": true,
    "noImplicitAny": false
  },
  "include": ["src/**/*.ts", "src/**/*.tsx", "src/**/*.vue", "tests/**/*.ts",
"tests/**/*.tsx"]
}
```

以上配置指定 ECMAScript 的目标版本，启用严格的类型检查，保留 JSX 语法，并包含用于编译的相关文件。

（6）为 TypeScript 配置 ESLint。

在项目的根目录下创建.eslintrc.js 文件并添加以下配置：

```
module.exports = {
    root: true,
    env: {
        node: true
    },
```

```
    extends: [
        'plugin:vue/vue3-essential',
        '@vue/typescript'
    ],
    parserOptions: {
        parser: '@typescript-eslint/parser',
        ecmaVersion: 2020
    },
    rules: {
        // ...附加规则
    }
}
```

以上代码将 ESLint 配置为使用 TypeScript 解析器并扩展默认的 Vue.js ESLint 配置。

（7）使用 TypeScript 进行编码。

做好上述准备后，可以定义属性、数据、方法等的类型。当开发者编写代码时，TypeScript 将提供类型检查和自动完成等功能。

TypeScript 与 Vue.js 可以通过尽早捕获类型错误、提高代码的可维护性，以及促进团队协作来提升开发体验。

提示 请确保开发者的代码编辑器中安装了与 TypeScript 相关的扩展（例如“Vetur”、“TypeScript 和 JavaScript 语言功能”），以获得更好的 TypeScript 支持。

第 4 篇

Gin+Vue.js 综合项目实战——博客系统

第 11 章 【实战】博客系统后端 API 开发

11.1 后端 API 设计与架构

11.1.1 需求分析

博客系统是一种基于网络的程序或软件，使用户能够在互联网上创建、发布和管理博客帖子。它提供了一个用户友好的页面，允许博主编写和格式化他们的帖子，添加多媒体内容（例如图像和视频），并通过评论和社交媒体集成与其他用户互动。

一般来说，一个博客系统的基本需求如下：

- 用户身份验证：用户能够注册、登录和注销系统。身份验证可确保只有授权用户才能执行创建和编辑文章等操作。
- 帖子管理：具有适当权限的用户应该能够创建、编辑和删除博客中的帖子。每个帖子都应该有标题、内容、发布日期，以及可能的其他元数据，例如标签或分类。
- 帖子列表：博客系统应在主页或专有页面上显示博客帖子列表。帖子可以按照发布日期、受欢迎程度或任何其他标准进行排序。
- 帖子查看：用户应该能够点击博客帖子来查看其完整内容，包括任何相关的图像或视频。
- 评论：用户（读者）应该能够对帖子的内容发表评论。具有审核权限的用户应该能够在公开显示评论之前对其进行审查和批准。
- 搜索：用户应该能够根据关键字或标签搜索特定的帖子。搜索功能应返回相关结果，并在需要时提供对结果进行过滤或排序的方法。

本章通过从零开始搭建博客系统，帮助读者学习 Go 语言+Vue.js 3 的实战项目，从而使读者能够独立地进行实战开发。

11.1.2 架构设计

基于 11.1.1 节的需求分析，本节将进行架构设计。

1. 架构技术栈选择

架构技术栈的选择要根据所在团队的实际情况进行，本书前端使用 Vue.js 3，后端使用 Gin 框架，数据库选择 MySQL，如图 11-1 所示。

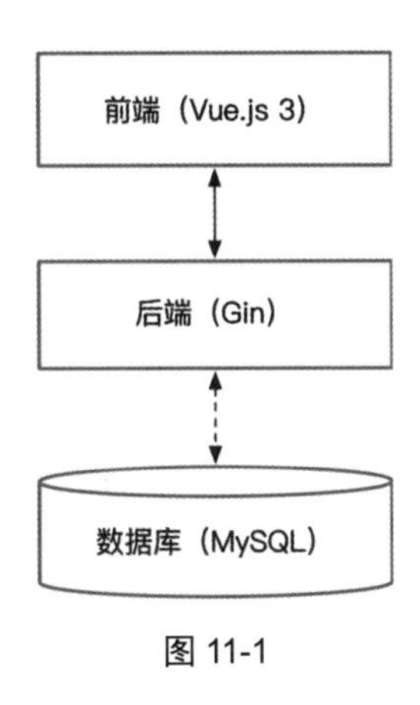

图 11-1

2. 项目目录

根据需求进行架构设计，将目录分为两部分，分别是后端架构目录 gin_backend 和前端架构目录 vue_frontend。后端架构目录 gin_backend 的结构如下：

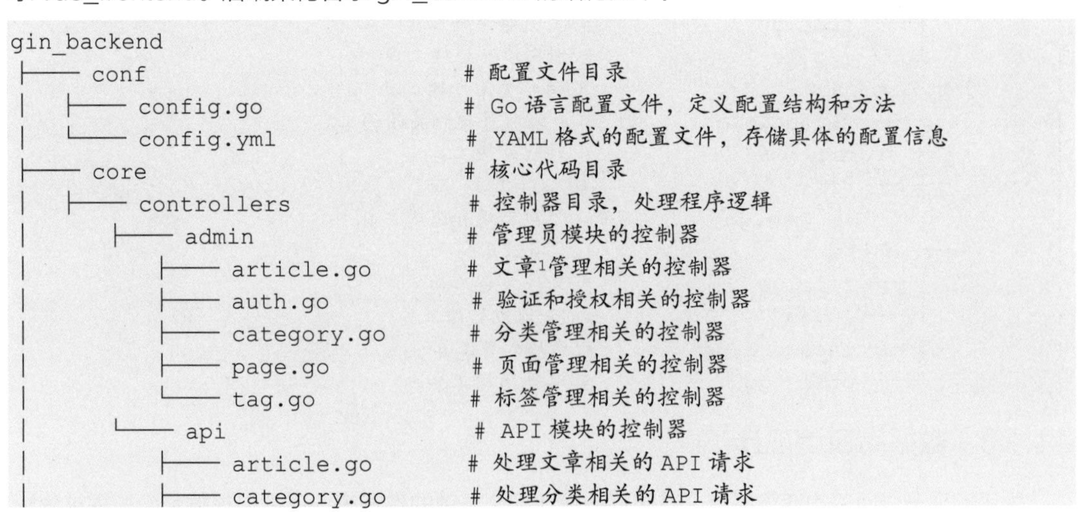

```
gin_backend
├── conf                          # 配置文件目录
│   ├── config.go                 # Go 语言配置文件，定义配置结构和方法
│   └── config.yml                # YAML 格式的配置文件，存储具体的配置信息
├── core                          # 核心代码目录
│   ├── controllers               # 控制器目录，处理程序逻辑
│       ├── admin                 # 管理员模块的控制器
│           ├── article.go        # 文章[1]管理相关的控制器
│           ├── auth.go           # 验证和授权相关的控制器
│           ├── category.go       # 分类管理相关的控制器
│           ├── page.go           # 页面管理相关的控制器
│           └── tag.go            # 标签管理相关的控制器
│       └── api                   # API 模块的控制器
│           ├── article.go        # 处理文章相关的 API 请求
│           ├── category.go       # 处理分类相关的 API 请求
```

1 为了表意直观，本例后面将用“文章”表达“博客帖子”。

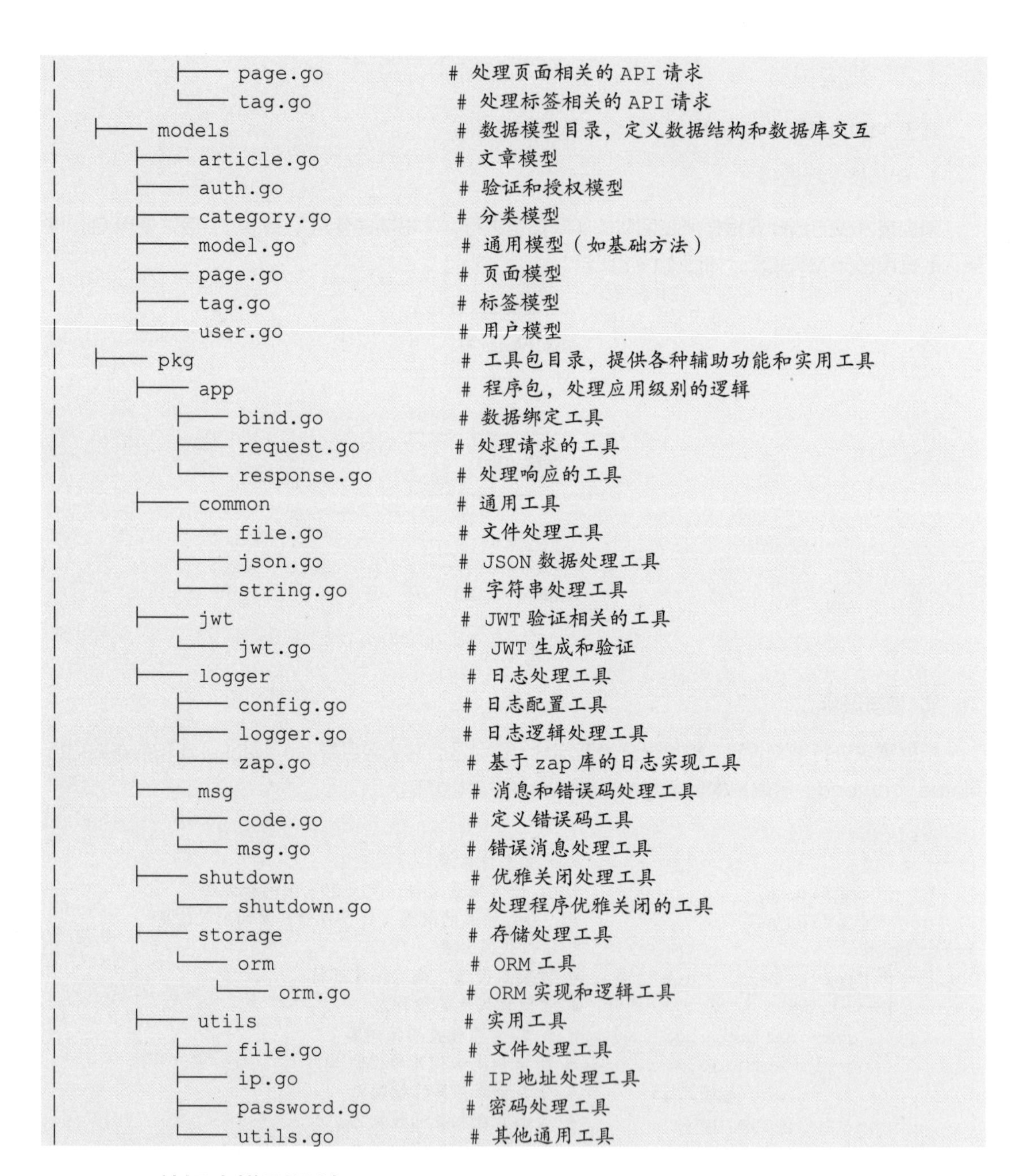

```
|          ├── page.go              # 处理页面相关的 API 请求
|          └── tag.go               # 处理标签相关的 API 请求
|  ├── models                       # 数据模型目录，定义数据结构和数据库交互
|      ├── article.go               # 文章模型
|      ├── auth.go                  # 验证和授权模型
|      ├── category.go              # 分类模型
|      ├── model.go                 # 通用模型（如基础方法）
|      ├── page.go                  # 页面模型
|      ├── tag.go                   # 标签模型
|      └── user.go                  # 用户模型
|  ├── pkg                          # 工具包目录，提供各种辅助功能和实用工具
|      ├── app                      # 程序包，处理应用级别的逻辑
|          ├── bind.go              # 数据绑定工具
|          ├── request.go           # 处理请求的工具
|          └── response.go          # 处理响应的工具
|      ├── common                   # 通用工具
|          ├── file.go              # 文件处理工具
|          ├── json.go              # JSON 数据处理工具
|          └── string.go            # 字符串处理工具
|      ├── jwt                      # JWT 验证相关的工具
|          └── jwt.go               # JWT 生成和验证
|      ├── logger                   # 日志处理工具
|          ├── config.go            # 日志配置工具
|          ├── logger.go            # 日志逻辑处理工具
|          └── zap.go               # 基于 zap 库的日志实现工具
|      ├── msg                      # 消息和错误码处理工具
|          ├── code.go              # 定义错误码工具
|          └── msg.go               # 错误消息处理工具
|      ├── shutdown                 # 优雅关闭处理工具
|          └── shutdown.go          # 处理程序优雅关闭的工具
|      ├── storage                  # 存储处理工具
|          └── orm                  # ORM 工具
|              └── orm.go           # ORM 实现和逻辑工具
|      ├── utils                    # 实用工具
|          ├── file.go              # 文件处理工具
|          ├── ip.go                # IP 地址处理工具
|          ├── password.go          # 密码处理工具
|          └── utils.go             # 其他通用工具
```

11.1.3 数据库模型设计

为了实现一个简单的博客系统，首先需要设计几个关键的数据表。以下是根据前面的需求分析所设计的各个表，它们涵盖了博客系统的基本组成部分，例如文章、标签、分类、页面、用户等。

1. 创建文章数据表

创建文章数据表 article，用于存储文章的基本信息，如标题、状态、浏览量、描述、内容等。每篇文章都包含了创建时间和更新时间等字段，方便记录其发布和更新历史。SQL 语句如下：

```
CREATE TABLE `article` (
  `id` int(11) unsigned NOT NULL AUTO_INCREMENT,
  `title` varchar(200) NOT NULL DEFAULT '',
  `status` tinyint(1) NOT NULL DEFAULT '0',
  `image_url` varchar(2000) NOT NULL DEFAULT '',
  `cate_id` int(11) NOT NULL DEFAULT '0',
  `is_top` tinyint(1) NOT NULL DEFAULT '0',
  `views` int(11) NOT NULL DEFAULT '0',
  `desc` varchar(2000) NOT NULL DEFAULT '',
  `content` longtext,
  `created_at` timestamp NOT NULL DEFAULT CURRENT_TIMESTAMP,
  `updated_at` timestamp NULL DEFAULT CURRENT_TIMESTAMP,
  `deleted_at` timestamp NULL DEFAULT NULL,
  PRIMARY KEY (`id`)
);
```

2. 创建文章和标签关联表

创建文章和标签关联表 article_tag，用于存储文章和标签之间的多对多关系，即一篇文章可以有多个标签，一个标签也可以关联多篇文章。SQL 语句如下：

```
CREATE TABLE `article_tag` (
  `id` int(10) unsigned NOT NULL AUTO_INCREMENT,
  `article_id` int(11) NOT NULL COMMENT '文章 ID',
  `tag_id` int(10) unsigned NOT NULL DEFAULT '0' COMMENT '标签 ID',
  PRIMARY KEY (`id`)
);
```

3. 创建分类数据表

创建分类数据表 category，用于存储文章的分类信息。每个分类有一个唯一的 ID 和分类名称（id 字段和 name 字段），并记录其创建和更新时间。SQL 语句如下：

```
CREATE TABLE `category` (
  `id` int(11) unsigned NOT NULL AUTO_INCREMENT,
  `name` varchar(100) NOT NULL DEFAULT '',
  `created_at` timestamp NOT NULL DEFAULT CURRENT_TIMESTAMP,
  `updated_at` timestamp NOT NULL DEFAULT CURRENT_TIMESTAMP ON UPDATE
CURRENT_TIMESTAMP,
  `deleted_at` timestamp NULL DEFAULT NULL,
  PRIMARY KEY (`id`)
);
```

4. 创建页面数据表

创建页面数据表 page，用于存储博客系统的静态页面，例如“关于我们”页面。每个页面都有标识符、标题和内容。SQL 语句如下：

```
CREATE TABLE `page` (
  `id` int(11) unsigned NOT NULL AUTO_INCREMENT,
  `ident` varchar(20) NOT NULL DEFAULT '',
  `title` varchar(100) NOT NULL DEFAULT '',
  `content` longtext,
  `created_at` timestamp NOT NULL DEFAULT CURRENT_TIMESTAMP,
  `updated_at` timestamp NOT NULL DEFAULT CURRENT_TIMESTAMP ON UPDATE
CURRENT_TIMESTAMP,
  `deleted_at` timestamp NULL DEFAULT NULL,
  PRIMARY KEY (`id`)
);
```

5. 创建标签数据表

创建标签数据表 tag，用于存储标签信息，博客系统中的每篇文章都可以通过标签进行分类和筛选。SQL 语句如下：

```
CREATE TABLE `tag` (
  `id` int(11) unsigned NOT NULL AUTO_INCREMENT,
  `name` varchar(100) NOT NULL DEFAULT '',
  `created_at` timestamp NOT NULL DEFAULT CURRENT_TIMESTAMP,
  `updated_at` timestamp NOT NULL DEFAULT CURRENT_TIMESTAMP ON UPDATE
CURRENT_TIMESTAMP,
  `deleted_at` timestamp NULL DEFAULT NULL,
  PRIMARY KEY (`id`)
);
```

6. 创建用户数据表

创建用户数据表 user，用于存储博客系统的用户信息，包括用户的 ID、电子邮件、密码等，每个用户的创建和更新时间也将被记录。SQL 语句如下：

```
CREATE TABLE `user` (
  `id` int(11) unsigned NOT NULL AUTO_INCREMENT,
  `email` varchar(50) NOT NULL DEFAULT '',
  `password` varchar(128) NOT NULL DEFAULT '',
  `created_at` timestamp NOT NULL DEFAULT CURRENT_TIMESTAMP,
  `updated_at` timestamp NOT NULL DEFAULT CURRENT_TIMESTAMP ON UPDATE
CURRENT_TIMESTAMP,
  `deleted_at` timestamp NULL DEFAULT NULL,
  `username` varchar(50) DEFAULT NULL,
```

```
  PRIMARY KEY (`id`)
);
```

11.2 后端 API 开发

11.2.1 项目全局配置

为了更好地管理 Web 程序的配置，可以在 gin_backend 目录中创建一个名为 conf 的包。这个包利用了外部包，如 jwt、logger 和 orm，以实现特定的功能。通过组合使用文件处理和配置管理的外部包，能够实现加载、管理、更新 Web 程序的配置等功能。

其中，viper 包被用于读取和管理配置文件。它具备自动监视配置文件的更新并相应地更新配置的功能，使程序可以在运行时动态地响应配置的修改。以下是具体的代码实现：

```
package conf

import (
    "gitee.com/shirdonl/ginVueBlog/core/pkg/jwt"
    "gitee.com/shirdonl/ginVueBlog/core/pkg/logger"
    "gitee.com/shirdonl/ginVueBlog/core/pkg/storage/orm"
    "github.com/fsnotify/fsnotify"
    "github.com/spf13/viper"
)

// Config 定义了全局配置项
type Config struct {
    App    AppConfig        // 程序配置
    Logger logger.Config   // 日志配置
    ORM    orm.Config      // 数据库配置
    JWT    jwt.Config      // JWT 配置
}

// AppConfig 定义了程序相关的配置项
type AppConfig struct {
    Name         string
    Version      string
    Mode         string
    Addr         string
    Host         string
    Resource     string
    FfprobePath  string
```

```
    Env           string
    MpHost         string
    AdOctopusHost string
}

var (
    // Conf 是全局配置实例
    Conf = &Config{}
)

// Init 初始化配置，从指定的配置文件路径加载配置
func Init(configPath string) *Config {
    viper.SetConfigType("yml")              // 设置配置文件的格式为 YAML
    viper.SetConfigFile(configPath)     // 设置配置文件的路径
    if err := viper.ReadInConfig(); err != nil {
        panic(err) // 如果读取配置出错，则程序直接崩溃
    }
    if err := viper.Unmarshal(&Conf); err != nil {
        panic(err) // 如果解析配置出错，则程序直接崩溃
    }
    // 监控配置文件的变化并热加载
    viper.WatchConfig()
    viper.OnConfigChange(func(e fsnotify.Event) {
        if err := viper.Unmarshal(&Conf); err != nil {
            panic(err)
        }
    })
    return Conf
}
```

11.2.2 初始化项目

编写 Go 程序的主要入口，该程序使用 Gin 框架设置 HTTP 服务器，具有正常的关闭功能，并能使用配置文件处理配置。该程序遵循程序初始化的最佳实践，并确保服务器可以正常停止，而不会丢失任何正在进行的连接或请求。代码如下：

```
package main

import (
    "context"
    "gitee.com/shirdonl/ginVueBlog/core/pkg/logger"
    "gitee.com/shirdonl/ginVueBlog/core/pkg/shutdown"
    "gitee.com/shirdonl/ginVueBlog/core/repository"
    "log"
```

```
    "net/http"
    "time"

    "gitee.com/shirdonl/ginVueBlog/conf"
    "gitee.com/shirdonl/ginVueBlog/core/routers"
    "github.com/gin-gonic/gin"
    "github.com/spf13/pflag"
)

var (
    cfgFile = pflag.StringP("config", "c", "./conf/config.yml", "config file
path.")
    version = pflag.BoolP("version", "v", false, "show version info.")
)

func main() {
    pflag.Parse()
    if *version {
        log.Println("version:", "v2.0")
    }
    // 初始化配置
    cfg := conf.Init(*cfgFile)
    // 初始化记录器
    logger.Init(&cfg.Logger)
    // 初始化 MySQL
    repository.Init(&cfg.ORM)

    gin.SetMode(cfg.App.Mode)

    log.Println("HTTP 服务器启动", cfg.App.Addr)
    logger.Info("HTTP 服务器启动")

    srv := &http.Server{
        Addr:    cfg.App.Addr,
        Handler: routers.InitRouter(),
    }
    go func() {
        // 服务连接
        if err := srv.ListenAndServe(); err != nil && err != http.ErrServerClosed
{
            log.Fatalf("listen: %s\n", err)
        }
    }()
```

```
    // 优雅关闭
    shutdown.NewHook().Close(
        // HTTP 服务器关闭
        func() {
            ctx, cancel := context.WithTimeout(context.Background(),
time.Second*10)
            defer cancel()

            if err := srv.Shutdown(ctx); err != nil {
                log.Println("HTTP 服务器关闭错误", err)
            } else {
                log.Println("HTTP 服务器关闭")
            }
        },
    )
}
```

11.2.3 编写公共对象

1. 创建通用工具对象

创建一个 common.go 文件，编写一些常用的类型和方法，用于在 Go 程序中处理 JSON 格式的数据，以及操作时间和数字列表。common.go 文件提供的功能如下：

- 格式化和解析与 JSON 兼容的时间字符串。
- 处理 JSON 格式的数字数组。
- 对数字列表进行排序。
- 支持数据库交互。

通过将上述常用功能封装在一致的且有组织的结构中，可以增强代码的可重用性和可读性。common.go 的完整代码如下：

```
package common

import (
    "database/sql/driver"
    "encoding/json"
    "fmt"
    "sort"
    "strconv"
    "strings"
    "time"
)
```

```
// JSONFormatTime 用于格式化 JSON 时间字段
type JSONFormatTime struct {
    time.Time
}

// MarshalJSON 用于将 JSONFormatTime 的 Time 字段格式化为时间字符串
func (t JSONFormatTime) MarshalJSON() ([]byte, error) {
    if t.Time.IsZero() {
        return []byte(`""`), nil
    }
    formatted := fmt.Sprintf("\"%s\"", t.Format("2006-01-02 15:04:05"))
    return []byte(formatted), nil
}

// UnmarshalJSON 用于将 JSON 中的时间字符串解析到 JSONFormatTime 中
func (t *JSONFormatTime) UnmarshalJSON(b []byte) error {
    value := strings.Trim(string(b), `"`)
    if value == "" || value == "null" {
        return nil
    }

    ti, err := time.Parse("2006-01-02 15:04:05", value)
    if err != nil {
        return err
    }
    *t = JSONFormatTime{Time: ti}
    return nil
}

// Value 用于将 Time 字段的值转换为数据库可识别的格式
func (t JSONFormatTime) Value() (driver.Value, error) {
    if t.Time.IsZero() {
        return nil, nil
    }
    return t.Time, nil
}

// Scan 用于从数据库中扫描 Time 字段的值
func (t *JSONFormatTime) Scan(v interface{}) error {
    value, ok := v.(time.Time)
    if ok {
        *t = JSONFormatTime{Time: value}
        return nil
    }
```

```
    return fmt.Errorf("cannot convert %v to timestamp", v)
}

// JsonNumberList 用于表示一个数字列表
type JsonNumberList []uint64

// Value 用于将数字列表转换为 JSON 格式的字符串，便于数据库存储
func (c *JsonNumberList) Value() (driver.Value, error) {
    b, err := json.Marshal(*c)
    return string(b), err
}

// Sort 用于对数字列表进行排序
func (c JsonNumberList) Sort() JsonNumberList {
    sort.Slice(c, func(i, j int) bool {
        return c[i] < c[j]
    })
    return c
}

// Scan 用于从数据库中扫描并解析数字列表
func (c *JsonNumberList) Scan(input interface{}) error {
    bytes := input.([]byte)
    if len(bytes) == 0 {
        return nil
    }
    if bytes[0] != '[' {
        for _, a := range strings.Split(string(bytes), ",") {
            v, _ := strconv.ParseUint(a, 10, 64)
            *c = append(*c, v)
        }
        return nil
    }
    return json.Unmarshal(bytes, c)
}
```

2. 创建 Response 对象

创建一个 Response 对象及其方法，其中包含一些实用函数，用于在基于 Gin 框架的 Web 程序中处理响应。这些函数旨在简化响应生成和错误处理。Response 对象封装了常见的响应模式，例如成功响应和错误响应，简化了生成一致的 JSON 响应的过程。通过使用 Response 对象，可以提高代码的可重用性，并在整个程序中维护标准化的响应格式。其完整代码如下：

```
package app

import (
	"net/http"

	"gitee.com/shirdonl/ginVueBlog/core/pkg/msg"
	"github.com/gin-gonic/gin"
)

type Gin struct {
	C *gin.Context
}

type Response struct {
	Code int         `json:"code"`
	Msg  string      `json:"msg"`
	Data interface{} `json:"data"`
}

// Response 用于设置 Gin 的 JSON 响应
func (g *Gin) Response(httpCode, errCode int, data interface{}) {
	g.C.JSON(httpCode, Response{
		Code: errCode,
		Msg:  msg.GetMsg(errCode),
		Data: data,
	})
}

// Success 用于返回成功的响应
func (g *Gin) Success(data interface{}) {
	g.C.JSON(http.StatusOK, Response{
		Code: msg.SUCCESS,
		Msg:  msg.GetMsg(msg.SUCCESS),
		Data: data,
	})
}

// Error 用于返回错误的响应
func (g *Gin) Error(errCode int, message string, data interface{}) {
	if message == "" {
		message = msg.GetMsg(errCode)
	}
	g.C.JSON(http.StatusOK, Response{
		Code: errCode,
```

```
        Msg:  message,
        Data: data,
    })
}
```

3. 创建 Shutdown 对象

创建一个 shutdown 对象及其方法，用于在 Go 程序中实现优雅关闭。Shutdown 对象引入了 Hook 接口及其实现，允许用户自定义在程序正常关闭过程中需要执行的操作，例如指定附加的系统信号和定义在程序关闭前需要执行的函数。该对象通过确保关键任务在关闭前正确完成，增强了程序的可靠性和稳定性，帮助实现了更顺畅、更受控的程序退出过程。其完整代码如下：

```
package shutdown

import (
    "os"
    "os/signal"
    "syscall"
)

// Hook 接口用于优雅地关闭钩子
type Hook interface {
    // WithSignals 用于将更多的系统信号添加到钩子中
    WithSignals(signals ...syscall.Signal) Hook

    // Close 用于定义在程序关闭前需要执行的函数
    Close(funcs ...func())
}

type hook struct {
    ctx chan os.Signal
}

// NewHook 用于创建一个 Hook 实例
func NewHook() Hook {
    h := &hook{
        ctx: make(chan os.Signal, 1),
    }
    return h.WithSignals(syscall.SIGINT, syscall.SIGTERM)
}

func (h *hook) WithSignals(signals ...syscall.Signal) Hook {
    for _, s := range signals {
        signal.Notify(h.ctx, s)
```

```
    }
    return h
}

func (h *hook) Close(funcs ...func()) {
    <-h.ctx
    signal.Stop(h.ctx)

    for _, f := range funcs {
        f()
    }
}
```

4. 创建 ORM 对象

创建一个 ORM 对象及其方法，提供一种方便且可定制的方式来使用 GORM 库管理数据库连接和交互。它允许开发者微调连接池设置、启用或禁用日志记录，以及配置其他数据库相关参数，以确保能够在 Go 程序中高效可靠地进行数据库操作。其完整代码如下：

```
package orm

import (
    "database/sql"
    "fmt"
    "log"
    "os"
    "time"

    "gorm.io/driver/mysql"
    "gorm.io/gorm"
    "gorm.io/gorm/logger"
    "gorm.io/gorm/schema"
)

// Config 用于保存 MySQL 数据库的配置
type Config struct {
    Name            string
    Addr            string
    UserName        string
    Password        string
    ShowLog         bool
    MaxIdleConn     int
    MaxOpenConn     int
    ConnMaxLifeTime time.Duration
```

```
    SlowThreshold   time.Duration // 慢查询阈值，默认为 500ms
}

// NewMySQL 用于连接数据库，返回数据库实例
func NewMySQL(c *Config) (db *gorm.DB) {
    dsn :=
fmt.Sprintf("%s:%s@tcp(%s)/%s?charset=utf8mb4&parseTime=True&loc=Local",
        c.UserName,
        c.Password,
        c.Addr,
        c.Name)

    sqlDB, err := sql.Open("mysql", dsn)
    if err != nil {
        log.Panicf("打开 MySQL 失败。数据库名：%s，错误：%+v", c.Name, err)
    }
    // 设置最大打开连接数
    sqlDB.SetMaxOpenConns(c.MaxOpenConn)
    // 设置最大空闲连接数
    sqlDB.SetMaxIdleConns(c.MaxIdleConn)
    // 设置最大连接存活时间
    sqlDB.SetConnMaxLifetime(c.ConnMaxLifeTime)

    db, err = gorm.Open(mysql.New(mysql.Config{Conn: sqlDB}), gormConfig(c))
    if err != nil {
        log.Panicf("数据库连接失败。数据库名：%s，错误：%+v", c.Name, err)
    }
    db.Set("gorm:table_options", "CHARSET=utf8mb4")

    return db
}

// gormConfig 用于根据配置决定是否开启日志
func gormConfig(c *Config) *gorm.Config {
    config := &gorm.Config{
        DisableForeignKeyConstraintWhenMigrating: true, // 禁用外键约束
        NamingStrategy: schema.NamingStrategy{
            SingularTable: true, // 表名不加复数
        },
    }
    // 配置日志级别
    if c.ShowLog {
        config.Logger = logger.Default.LogMode(logger.Info)
    } else {
```

```
        config.Logger = logger.Default.LogMode(logger.Silent)
    }
    // 配置慢查询日志
    if c.SlowThreshold > 0 {
        config.Logger = logger.New(
            log.New(os.Stdout, "\r\n", log.LstdFlags),
            logger.Config{
                SlowThreshold: c.SlowThreshold,
                LogLevel:      logger.Warn,
                Colorful:      true,
            },
        )
    }
    return config
}
```

5. 创建 utils 对象

创建一个 utils 对象，提供一系列实用方法，帮助开发者处理常见的任务，例如生成 ID、对字符串进行 MD5 散列处理、生成随机数据，以及处理时间戳。这些方法利用了标准库和第三方包，如 crypto/md5、fmt、io、math/rand、os、time 及 github.com/teris-io/shortid。这些实用方法可以在 Go 程序的不同部分使用，通过将它们集中起来，可以简化代码库，提高代码的可重用性，并提升程序的效率。其完整代码如下：

```
package utils

import (
    "crypto/md5"
    "fmt"
    "io"
    "math/rand"
    "os"
    "time"

    "github.com/teris-io/shortid"
)

// GenShortID 用于生成一个唯一的短 ID
func GenShortID() (string, error) {
    return shortid.Generate()
}

// Md5 用于对字符串进行 MD5 散列处理
func Md5(str string) (string, error) {
```

```
    h := md5.New()
    _, err := io.WriteString(h, str)
    if err != nil {
        return "", err
    }
    return fmt.Sprintf("%x", h.Sum(nil)), nil
}

// RandomStr 用于生成指定长度的随机字符串
func RandomStr(n int) string {
    var r = rand.New(rand.NewSource(time.Now().UnixNano()))
    const pattern =
"ABCDEFGHIJKLMNOPQRSTUVWXYZ0123456789abcdefghijklmnopqrstuvwxyz"

    salt := make([]byte, n)
    for i := range salt {
        salt[i] = pattern[r.Intn(len(pattern))]
    }
    return string(salt)
}

// GetHostname 用于获取主机名
func GetHostname() string {
    name, err := os.Hostname()
    if err != nil {
        return "unknown"
    }
    return name
}

// GetLastTenDaysTimestamp 用于获取最近 10 天的起始时间戳
func GetLastTenDaysTimestamp() string {
    currentTime := time.Now()
    startTime := time.Date(
        currentTime.Year(),
        currentTime.Month(),
        currentTime.Day(),
        0, 0, 0, 0,
        currentTime.Location(),
    ).AddDate(0, 0, -10)
    return startTime.Format("2006-01-02 15:04:05")
}
```

11.2.4 定义路由

创建一个路由文件 router.go，该文件定义了 API 组中用于健康检查，以及文章、标签、分类和自定义页面处理的路由，而管理组则处理文章、分类、页面和标签的身份验证及各种 CRUD 操作。中间件的使用确保了管理路由能够正确进行请求处理、日志记录、错误恢复和访问控制。

以下是在代码中需要实现的关键组件和功能：

（1）导入语句：代码导入程序所需的几个包和模块，包括管理和 API 控制器、实用方法、中间件、与 Gin 框架相关的包。

（2）健康检查端点：健康检查功能负责处理健康检查路由（“/health”）。访问时，它会返回一个 JSON 响应，指示服务器已启动并正在运行，并显示运行服务器的计算机的主机名。

（3）路由器初始化：InitRouter()函数用于初始化 Gin 路由器。它注册各种中间件，包括使用 pprof 包进行性能分析、日志记录、panic 恢复，以及跨域资源共享（CORS）处理。

定义路由的详细代码如下：

```
package routers

import (
   "gitee.com/shirdonl/ginVueBlog/core/controllers/admin"
   "gitee.com/shirdonl/ginVueBlog/core/controllers/api"
   "gitee.com/shirdonl/ginVueBlog/core/pkg/utils"
   "gitee.com/shirdonl/ginVueBlog/core/routers/middleware"
   "github.com/gin-contrib/pprof"
   "github.com/gin-gonic/gin"
   "net/http"
)

type healthCheckResponse struct {
   Status   string `json:"status"`
   Hostname string `json:"hostname"`
}

// 健康检查
func HealthCheck(c *gin.Context) {
   c.JSON(http.StatusOK, healthCheckResponse{Status: "UP", Hostname:
utils.GetHostname()})
}

// InitRouter 用于初始化路由信息
func InitRouter() *gin.Engine {
```

```
r := gin.New()

// pprof router 用于路由性能分析
pprof.Register(r)
//r.Use(middleware.RequestID())
r.Use(middleware.Logging())
r.Use(gin.Logger())
r.Use(gin.Recovery())
r.Use(middleware.Cors())
// HealthCheck 用于路由健康检查
r.GET("/health", HealthCheck)
articleHandler := api.NewArticleController()
tagHandler := api.NewTagController()
pageHandler := api.NewPageController()
categoryHandler := api.NewCategoryController()

authHandler := admin.NewAuthController()
backendArticleController := admin.NewArticleController()
backendCategoryController := admin.NewCategoryController()
backendPageController := admin.NewPageController()
backendTagController := admin.NewTagController()

// 前台接口
apiGroup := r.Group("/api")
// 文章列表
apiGroup.GET("/article/list", articleHandler.List)
// 文章详情
apiGroup.GET("/article/:id", articleHandler.Detail)
// 标签
apiGroup.GET("/tag/list", tagHandler.List)
// 分类
apiGroup.GET("/category/list", categoryHandler.List)
// 自定义页面
apiGroup.GET("/page/:id", pageHandler.Detail)

backendGroup := r.Group("/admin")
backendGroup.POST("/auth/login", authHandler.Login)

backendGroup.Use(middleware.JWT())
{
    backendGroup.GET("/article/stat", backendArticleController.Stat)
    backendGroup.GET("/article/list", backendArticleController.List)
    backendGroup.GET("/article/detail", backendArticleController.Detail)
    backendGroup.POST("/article/add", backendArticleController.Add)
```

```
        backendGroup.POST("/article/update", backendArticleController.Update)
        backendGroup.POST("/article/delete", backendArticleController.Delete)
        backendGroup.GET("/category/list", backendCategoryController.List)
        backendGroup.GET("/category/detail", backendCategoryController.Detail)
        backendGroup.POST("/category/add", backendCategoryController.Add)
        backendGroup.POST("/category/update",
backendCategoryController.Update)
        backendGroup.POST("/category/delete",
backendCategoryController.Delete)
        backendGroup.GET("/page/list", backendPageController.List)
        backendGroup.GET("/page/detail", backendPageController.Detail)
        backendGroup.POST("/page/add", backendPageController.Add)
        backendGroup.POST("/page/update", backendPageController.Update)
        backendGroup.POST("/page/delete", backendPageController.Delete)
        backendGroup.GET("/tag/list", backendTagController.List)
    }
    return r
}
```

11.2.5 添加中间件

1. 添加授权登录权限

创建一个 auth_jwt.go 文件，该文件基于 Gin 框架实现 JSON Web Token（JWT）的身份验证和授权。该中间件负责验证传入 HTTP 请求的 Authorization 头携带的 JWT，确保 API 的安全。其代码如下：

```
package middleware

import (
    "net/http"
    "strings"
    "time"

    "github.com/gin-gonic/gin"
    "go.uber.org/zap"
    "gitee.com/shirdonl/ginVueBlog/core/models"
    "gitee.com/shirdonl/ginVueBlog/core/pkg/app"
    "gitee.com/shirdonl/ginVueBlog/core/pkg/jwt"
    "gitee.com/shirdonl/ginVueBlog/core/pkg/logger"
    "gitee.com/shirdonl/ginVueBlog/core/pkg/msg"
)

// JWTHeader 定义了请求头中需要的字段
```

```
type JWTHeader struct {
    Authorization string `header:"Authorization" validate:"required"`
}

// JWT 是一个 Gin 中间件，用于验证令牌
func JWT() gin.HandlerFunc {
    return func(c *gin.Context) {
        var ag = app.Gin{C: c}

        // 绑定并验证请求头
        var headers JWTHeader
        if validateErr := app.BindHeader(c, &headers); len(validateErr) > 0 {
            ag.Error(msg.INVALID_PARAMS, "请求头错误", validateErr)
            c.Abort()
            return
        }

        // 提取并处理令牌
        token := strings.TrimPrefix(headers.Authorization, "Bearer ")
        if token == "" {
            ag.Response(http.StatusUnauthorized, msg.INVALID_PARAMS, "令牌不能为
空")
            c.Abort()
            return
        }

        // 解析并验证令牌
        claims, err := jwt.ParseToken(token)
        if err != nil {
            logger.Error("令牌解析错误", zap.String("token", token),
zap.Error(err))
            ag.Response(http.StatusUnauthorized, msg.TOKEN_INVALID, "无效的令牌
")
            c.Abort()
            return
        }

        // 检查令牌是否过期
        if time.Now().Unix() > claims.ExpiresAt {
            logger.Error("令牌已过期", zap.String("token", token))
            ag.Response(http.StatusUnauthorized, msg.TOKEN_INVALID, "令牌已过期
")
            c.Abort()
            return
```

```
        }

        // 将认证信息保存到上下文中
        authInfo := &models.AuthInfo{
            Username: claims.Subject,
        }
        c.Set("auth", authInfo)

        // 继续处理请求
        c.Next()
    }
}
```

2. 添加跨域权限

创建一个 cors.go 文件，定义一个 Gin 中间件，用于处理跨域资源共享（CORS）。 CORS 是一种安全功能，允许或限制网页向与提供该网页的域不同的域发出请求。其代码如下：

```
package middleware

import (
    "net/http"

    "github.com/gin-gonic/gin"
)

// Cors 是一个 Gin 中间件，用于处理跨域资源共享
func Cors() gin.HandlerFunc {
    return func(c *gin.Context) {
        // 获取当前请求的 HTTP 方法
        method := c.Request.Method

        // 获取请求头中的 Origin 字段
        origin := c.Request.Header.Get("Origin")

        // 如果存在 Origin，则设置相关的跨域头
        if origin != "" {
            // 允许的访问源（* 代表允许所有域名访问，可根据需求修改）
            c.Header("Access-Control-Allow-Origin", "*")

            // 允许的 HTTP 方法
            c.Header("Access-Control-Allow-Methods", "POST, GET, OPTIONS, PUT,
DELETE, UPDATE")

            // 允许的请求头
```

```
            c.Header("Access-Control-Allow-Headers", "Origin, X-Requested-With,
Content-Type, Accept, Authorization")

            // 暴露给客户端的响应头
            c.Header("Access-Control-Expose-Headers", "Content-Length,
Access-Control-Allow-Origin, Access-Control-Allow-Headers, Cache-Control,
Content-Language, Content-Type")

            // 是否允许客户端发送 Cookie 等凭证信息
            c.Header("Access-Control-Allow-Credentials", "true")
        }

        // 如果是预检请求，则直接返回 204 状态码
        if method == "OPTIONS" {
            c.AbortWithStatus(http.StatusNoContent)
            return
        }

        // 处理请求
        c.Next()
    }
}
```

11.2.6 创建模型

在本项目中，models 包用于定义和管理各种与数据表对应的数据模型（结构体）。这些结构体不仅用于与数据库进行交互，还定义了数据在程序中的表示方式。models 包中的每个结构体都对应数据库中的一个表，并使用 GORM 作为 ORM 框架进行数据库操作。以下是具体的创建方法。

1. 创建 Article 结构体及其方法

在 models 包中创建 Article 结构体，表示博客中的一篇文章。该结构体包含文章的所有主要字段，如 ID、标题、状态、图片 URL、分类 ID、置顶状态、浏览次数、描述和内容等。每个字段都带有 GORM 标签，用于指定数据库中的列类型和特性，同时还带有 JSON 标签，用于指定序列化时的键名。Article 结构体还包含 TableName()方法，用于指定模型与数据库表的映射关系。以下是 Article 结构体及其方法的具体实现：

```
package models

// Article 定义博客文章的数据结构
type Article struct {
    Id        uint    `gorm:"column:id;type:int(11)
unsigned;primary_key;AUTO_INCREMENT" json:"id"`
```

```
    Title    string `gorm:"column:title;type:varchar(200);NOT NULL"
json:"title"`
    Status   int    `gorm:"column:status;type:tinyint(1);default:0;NOT NULL"
json:"status"`
    ImageUrl string `gorm:"column:image_url;type:varchar(2000);NOT NULL"
json:"imageUrl"`
    CateId   int    `gorm:"column:cate_id;type:int(11);default:0;NOT NULL"
json:"cateId"`
    IsTop    int    `gorm:"column:is_top;type:tinyint(1);default:0;NOT NULL"
json:"isTop"`
    Views    int    `gorm:"column:views;type:int(11);default:0;NOT NULL"
json:"views"`
    Desc     string `gorm:"column:desc;type:varchar(2000);NOT NULL"
json:"desc"`
    Content  string `gorm:"column:content;type:longtext" json:"content"`
    Model
}

// TableName 指定 Article 映射的数据库表名
func (m *Article) TableName() string {
    return "article"
}

// StatRes 定义文章统计结果响应的数据结构
type StatRes struct {
    ArticleCount  int64 `json:"articleCount"`
    CategoryCount int64 `json:"categoryCount"`
    PageCount     int64 `json:"pageCount"`
    TagCount      int64 `json:"tagCount"`
}

// ArticleListReq 定义获取文章列表请求参数的数据结构
type ArticleListReq struct {
    PageInfo
    Keyword   string `json:"keyword"`
    ArticleId int    `json:"cateId"`
}

// ArticleListRes 定义获取文章列表响应的数据结构
type ArticleListRes struct {
    PageInfo
    Data []Article `json:"data"`
}
```

```
// ArticleAddReq 定义文章其他相关请求的数据结构
type ArticleAddReq struct {
    Title string `json:"title" validate:"required"`
}

type ArticleUpdateReq struct {
    Id    uint   `json:"id" validate:"required"`
    Title string `json:"title" validate:"required"`
}

type ArticleDelReq struct {
    Id uint `json:"id" validate:"required"`
}
```

2. 创建权限和登录相关的结构体

在 models 包中创建权限和登录相关的结构体，用于表示和处理用户登录及身份验证数据。AuthInfo 用于存储用户的基本身份信息，TokenInfo 用于表示生成的身份验证令牌及其关联信息，LoginReq 用于接收登录请求数据。以下是具体的实现：

```
package models

// AuthInfo 定义用户的身份验证信息
type AuthInfo struct {
    Username string `json:"username"`
}

// TokenInfo 定义身份验证令牌的相关数据结构
type TokenInfo struct {
    Token    string `json:"token"`
    Username string `json:"username"`
    Id       uint   `json:"id"`
}

// LoginReq 定义用户登录请求的数据结构
type LoginReq struct {
    Username string `json:"username" validate:"required"`
    Password string `json:"password" validate:"required"`
}
```

3. 创建 Category 结构体及其方法

Category 结构体用于表示博客文章的分类。每个类都有一个唯一的 ID 和名称，并与数据库中的 category 表进行映射。以下是 Category 结构体及其方法的实现：

```
package models

// Category 定义博客文章分类的数据结构
type Category struct {
   Id   uint   `gorm:"column:id;type:int(11)
unsigned;primary_key;AUTO_INCREMENT" json:"id"`
   Name string `gorm:"column:name;type:varchar(100);NOT NULL" json:"name"`
   Model
}

// TableName 指定 Category 模型映射的数据库表名
func (m *Category) TableName() string {
   return "category"
}

// CategoryListReq 定义获取分类列表请求参数的数据结构
type CategoryListReq struct {
   PageInfo
   Keyword string `json:"keyword"`
}

// CategoryListRes 定义获取分类列表响应的数据结构
type CategoryListRes struct {
   PageInfo
   Data []Category `json:"data"`
}

// CategoryAddReq 定义新增、更新和删除分类的数据结构
type CategoryAddReq struct {
   Name string `json:"name" validate:"required"`
}

type CategoryUpdateReq struct {
   Id   uint   `json:"id" validate:"required"`
   Name string `json:"name" validate:"required"`
}

type CategoryDelReq struct {
   Id uint `json:"id" validate:"required"`
}
```

11.2.7 编写服务相关代码

1. 创建文章服务

在 service 包中创建 article.go 文件，实现文章服务（ArticleService）。ArticleService 是一个专门用于管理博客文章的服务层，用于处理文章的增、删、查、改等操作。该服务层与数据库交互时使用 GORM 作为 ORM 工具，并通过 Gin 框架处理 HTTP 请求上下文（ctx）和输入数据的校验。主要功能包括统计文章、获取文章列表、获取文章详情等。以下是核心实现代码：

```
// ArticleService 用于管理博客文章的数据操作
type ArticleService struct {
   dao *repository.Dao
}

// NewArticleService 用于创建并返回 ArticleService 实例
func NewArticleService() *ArticleService {
   return &ArticleService{
      dao: repository.NewDao(),
   }
}

// Stat 用于统计博客系统的文章、标签、分类和页面数量
func (s *ArticleService) Stat(ctx *gin.Context) models.StatRes {
   var (
      articleCount  int64
      tagCount      int64
      categoryCount int64
      pageCount     int64
   )
   s.dao.DB.Model(models.Article{}).Count(&articleCount)
   s.dao.DB.Model(models.Tag{}).Count(&tagCount)
   s.dao.DB.Model(models.Category{}).Count(&categoryCount)
   s.dao.DB.Model(models.Page{}).Count(&pageCount)
   return models.StatRes{
      ArticleCount:  articleCount,
      CategoryCount: categoryCount,
      PageCount:     pageCount,
      TagCount:      tagCount,
   }
}

// List 用于获取文章列表，根据关键词或文章 ID 进行查询
func (s *ArticleService) List(ctx *gin.Context, req models.ArticleListReq)
(interface{}, error) {
```

```
    var (
        articles []models.Article
        total    int64
        whereMap = make(map[string]interface{})
    )
    db := s.dao.DB

    // 根据关键词进行模糊查询
    if len(req.Keyword) > 0 {
        db = db.Where("title like ?", "%"+req.Keyword+"%")
    }

    // 根据文章 ID 进行精确查询
    if req.ArticleId > 0 {
        whereMap["article_id"] = req.ArticleId
        db = db.Where("article_id = ?", req.ArticleId)
    }

    // 分页查询，并获取总数
    _ = db.Limit(req.GetPageSize()).Offset(req.GetOffset()).Find(&articles).
Count(&total)

    return models.ArticleListRes{
        PageInfo: models.PageInfo{
            Page:      req.GetPage(),
            Total:     total,
            PageSize:  req.GetPageSize(),
            TotalPage: req.GetTotalPage(total),
        },
        Data: articles,
    }, nil
}

// Detail 用于获取指定 ID 的文章详情
func (s *ArticleService) Detail(ctx *gin.Context, id string) (interface{}, error)
{
    var article models.Article
    err := s.dao.DB.Where("id = ?", id).First(&article).Error
    if err != nil {
        return nil, err
    }
    return article, nil
}
```

2. 创建分类服务

在 service 包中创建 category.go 文件，实现分类服务（CategoryService）。CategoryService 专门用于处理博客分类的管理操作，包括列出所有分类、获取分类详情、添加分类、更新分类和删除分类。该服务同样使用 GORM 与数据库交互，并利用 Gin 框架处理 HTTP 请求上下文和请求数据的验证。以下是核心实现代码：

```
// CategoryService 是用于管理博客分类的服务
type CategoryService struct {
    dao *repository.Dao
}

// NewCategoryService 用于创建并返回 CategoryService 实例
func NewCategoryService() *CategoryService {
    return &CategoryService{
        dao: repository.NewDao(),
    }
}

// List 用于获取分类列表，并支持分页
func (s *CategoryService) List(ctx *gin.Context, req models.CategoryListReq)
(interface{}, error) {
    var (
        categories []models.Category
        total      int64
    )
    // 执行分页查询，获取总记录数
    _ = s.dao.DB.Limit(req.GetPageSize()).Offset(req.GetOffset()).
Find(&categories).Count(&total)
    return models.CategoryListRes{
        PageInfo: models.PageInfo{
            Page:      req.GetPage(),
            Total:     total,
            PageSize:  req.GetPageSize(),
            TotalPage: req.GetTotalPage(total),
        },
        Data: categories,
    }, nil
}

// Detail 用于获取指定 ID 的分类详情
func (s *CategoryService) Detail(ctx *gin.Context, id string) (interface{},
error) {
    var category models.Category
```

```
    err := s.dao.DB.Where("id = ?", id).First(&category).Error
    if err != nil {
        return nil, err
    }
    return category, nil
}

// GetAll 用于获取所有分类，不做分页处理
func (s *CategoryService) GetAll(ctx *gin.Context) (interface{}, error) {
    var categories []models.Category
    _ = s.dao.DB.Find(&categories)
    return categories, nil
}

// Add 用于添加新的分类
func (s *CategoryService) Add(ctx *gin.Context, req models.CategoryAddReq)
(interface{}, error) {
    var category models.Category
    s.dao.DB.Where("name = ?", req.Name).First(&category)
    if category.Id > 0 {
        return nil, errors.New("分类名称已存在")
    }
    category.Name = req.Name
    err := s.dao.DB.Create(&category).Error
    if err != nil {
        return nil, err
    }
    return category, nil
}

// Update 用于更新指定 ID 的分类
func (s *CategoryService) Update(ctx *gin.Context, req models.CategoryUpdateReq)
(interface{}, error) {
    var category models.Category
    s.dao.DB.Where("id = ?", req.Id).First(&category)
    if category.Id <= 0 {
        return nil, errors.New("分类记录不存在")
    }

    // 检查更新的分类名称是否重复
    var count int64
    s.dao.DB.Model(&models.Category{}).Where("id != ? AND name = ?", req.Id,
req.Name).Count(&count)
    if count > 0 {
```

```
        return nil, errors.New("分类名称已存在")
    }

    category.Name = req.Name
    err := s.dao.DB.Save(&category).Error
    if err != nil {
        return nil, err
    }
    return category, nil
}

// Delete 用于删除指定 ID 的分类
func (s *CategoryService) Delete(ctx *gin.Context, req models.CategoryDelReq)
(interface{}, error) {
    var category models.Category
    s.dao.DB.Where("id = ?", req.Id).First(&category)
    if category.Id <= 0 {
        return nil, errors.New("分类记录不存在")
    }
    err := s.dao.DB.Delete(&category).Error
    if err != nil {
        return nil, err
    }
    return category, nil
}
```

限于篇幅，其他服务的详细代码请自行查看项目代码。

11.2.8 编写 API 相关代码

1. 创建文章控制器

文章控制器（ArticleController）负责处理与文章相关的 API 请求，包括获取文章列表和获取单篇文章的详细信息。控制器通过 ArticleService 与底层数据交互，并使用自定义的 app.Gin 结构提供一致且规范的响应格式。具体实现如下：

```
package api

import (
    "gitee.com/shirdonl/ginVueBlog/core/models"
    "gitee.com/shirdonl/ginVueBlog/core/pkg/app"
    "gitee.com/shirdonl/ginVueBlog/core/pkg/msg"
    "gitee.com/shirdonl/ginVueBlog/core/service"
    "github.com/gin-gonic/gin"
```

```
)

// ArticleController 用于处理文章相关的 API 请求
type ArticleController struct {
    s *service.ArticleService
}

// NewArticleController 用于创建并返回一个新的 ArticleController 实例
func NewArticleController() *ArticleController {
    return &ArticleController{
        s: service.NewArticleService(),
    }
}

// List 用于处理获取文章列表的请求
func (c *ArticleController) List(ctx *gin.Context) {
    var (
        ag  = app.Gin{C: ctx}       // 使用自定义的 app.Gin 结构来处理响应
        req models.ArticleListReq // 定义请求参数结构体
    )

    // 解析查询参数并进行绑定校验
    validateErr := app.BindQuery(ctx, &req)
    if len(validateErr) > 0 {
        ag.Error(msg.INVALID_PARAMS, validateErr[0], nil)
        return
    }

    // 调用服务层方法获取文章列表
    list, err := c.s.List(ctx, req)
    if err != nil {
        ag.Error(msg.ERROR, err.Error(), nil)
        return
    }

    // 响应成功的结果
    ag.Success(list)
}

// Detail 用于处理获取文章详情的请求
func (c *ArticleController) Detail(ctx *gin.Context) {
    var ag = app.Gin{C: ctx}

    // 获取请求路径中的文章 ID
```

```
    id := ctx.Param("id")

    // 调用服务层方法获取文章详情
    detail, err := c.s.Detail(ctx, id)
    if err != nil {
        ag.Error(msg.ERROR, err.Error(), nil)
        return
    }

    // 响应成功的结果
    ag.Success(detail)
}
```

2. 创建分类控制器

分类控制器（CategoryController）主要用于处理与文章分类相关的 API 请求，例如获取所有分类。通过调用 CategoryService 可以实现对分类数据的操作，并使用 app.Gin 提供统一的响应格式。具体实现如下：

```
package api

import (
    "gitee.com/shirdonl/ginVueBlog/core/pkg/app"
    "gitee.com/shirdonl/ginVueBlog/core/pkg/msg"
    "gitee.com/shirdonl/ginVueBlog/core/service"
    "github.com/gin-gonic/gin"
)

// CategoryController 用于处理分类相关的 API 请求
type CategoryController struct {
    s *service.CategoryService
}

// NewCategoryController 用于创建并返回一个新的 CategoryController 实例
func NewCategoryController() *CategoryController {
    return &CategoryController{
        s: service.NewCategoryService(),
    }
}

// List 用于处理获取所有分类的请求
func (c *CategoryController) List(ctx *gin.Context) {
    var ag = app.Gin{C: ctx}
```

```
    // 调用服务层方法获取所有分类
    all, err := c.s.GetAll(ctx)
    if err != nil {
        ag.Error(msg.ERROR, err.Error(), nil)
        return
    }

    // 响应成功的结果
    ag.Success(all)
}
```

3. 创建标签控制器

标签控制器（TagController）用于处理与标签相关的 API 请求，例如获取所有标签。它通过 TagService 访问底层标签数据，并使用 app.Gin 结构进行统一的响应管理。具体实现如下：

```
package api

import (
    "gitee.com/shirdonl/ginVueBlog/core/pkg/app"
    "gitee.com/shirdonl/ginVueBlog/core/pkg/msg"
    "gitee.com/shirdonl/ginVueBlog/core/service"
    "github.com/gin-gonic/gin"
)

// TagController 用于处理标签相关的API请求
type TagController struct {
    s *service.TagService
}

// NewTagController 用于创建并返回一个新的 TagController 实例
func NewTagController() *TagController {
    return &TagController{
        s: service.NewTagService(),
    }
}

// List 用于处理获取所有标签的请求
func (c *TagController) List(ctx *gin.Context) {
    var ag = app.Gin{C: ctx}

    // 调用服务层方法获取所有标签
    all, err := c.s.GetAll(ctx)
    if err != nil {
        ag.Error(msg.ERROR, err.Error(), nil)
```

```
        return
    }

    // 响应成功的结果
    ag.Success(all)
}
```

11.2.9 后台 API 代码编写

1. 创建文章控制器

在 admin 包中创建文章控制器（ArticleController），该控制器主要用于管理 Web 程序的文章操作，包括新增（Add）、读取（List/Detail）、更新（Update）和删除（Delete）。ArticleController 通过调用 ArticleService 处理业务逻辑，同时利用 Gin 框架的输入验证和响应处理功能来完成数据校验和接口响应。整个控制器基于 app.Gin 工具进行统一的请求和响应管理，提升了代码的可维护性和规范性。具体实现如下：

```
package admin

import (
    "gitee.com/shirdonl/ginVueBlog/core/models"
    "gitee.com/shirdonl/ginVueBlog/core/pkg/app"
    "gitee.com/shirdonl/ginVueBlog/core/pkg/msg"
    "gitee.com/shirdonl/ginVueBlog/core/service"
    "github.com/gin-gonic/gin"
)

// ArticleController 用于处理文章相关的操作
type ArticleController struct {
    s *service.ArticleService
}

// NewArticleController 用于创建并返回 ArticleController 实例
func NewArticleController() *ArticleController {
    return &ArticleController{
        s: service.NewArticleService(),
    }
}

// Stat 用于获取文章统计信息
func (c *ArticleController) Stat(ctx *gin.Context) {
    var ag = app.Gin{C: ctx}
    ag.Success(c.s.Stat(ctx))
```

```
}

// List 用于获取文章列表
func (c *ArticleController) List(ctx *gin.Context) {
    var (
        ag  = app.Gin{C: ctx}
        req models.ArticleListReq
    )
    // 解析查询参数并进行绑定校验
    validateErr := app.BindQuery(ctx, &req)
    if len(validateErr) > 0 {
        ag.Error(msg.INVALID_PARAMS, validateErr[0], nil)
        return
    }
    // 获取文章列表
    list, err := c.s.List(ctx, req)
    if err != nil {
        ag.Error(msg.ERROR, err.Error(), nil)
        return
    }
    ag.Success(list)
}

// Detail 用于获取指定 ID 的文章详情
func (c *ArticleController) Detail(ctx *gin.Context) {
    var ag = app.Gin{C: ctx}
    id := ctx.Query("id")
    detail, err := c.s.Detail(ctx, id)
    if err != nil {
        ag.Error(msg.ERROR, err.Error(), nil)
        return
    }
    ag.Success(detail)
}

// Add 用于新增文章
func (c *ArticleController) Add(ctx *gin.Context) {
    var (
        ag  = app.Gin{C: ctx}
        req models.ArticleAddReq
    )
    validateErr := app.BindJson(ctx, &req)
    if len(validateErr) > 0 {
        ag.Error(msg.INVALID_PARAMS, validateErr[0], nil)
```

```
        return
    }
    detail, err := c.s.Add(ctx, req)
    if err != nil {
        ag.Error(msg.ERROR, err.Error(), nil)
        return
    }
    ag.Success(detail)
}

// Update 用于更新文章
func (c *ArticleController) Update(ctx *gin.Context) {
    var (
        ag  = app.Gin{C: ctx}
        req models.ArticleUpdateReq
    )
    validateErr := app.BindJson(ctx, &req)
    if len(validateErr) > 0 {
        ag.Error(msg.INVALID_PARAMS, validateErr[0], nil)
        return
    }
    detail, err := c.s.Update(ctx, req)
    if err != nil {
        ag.Error(msg.ERROR, err.Error(), nil)
        return
    }
    ag.Success(detail)
}

// Delete 用于删除文章
func (c *ArticleController) Delete(ctx *gin.Context) {
    var (
        ag  = app.Gin{C: ctx}
        req models.ArticleDelReq
    )
    validateErr := app.BindJson(ctx, &req)
    if len(validateErr) > 0 {
        ag.Error(msg.INVALID_PARAMS, validateErr[0], nil)
        return
    }
    detail, err := c.s.Delete(ctx, req)
    if err != nil {
        ag.Error(msg.ERROR, err.Error(), nil)
        return
```

```
    }
    ag.Success(detail)
}
```

2. 创建权限控制器

在 admin 包中创建权限控制器（AuthController），该控制器用于处理用户的登录和身份验证操作。AuthController 通过 AuthService 实现用户认证和令牌生成，并通过 Gin 的上下文管理请求响应。该控制器确保了程序管理端的安全性，并使用 app.Gin 提供统一的接口格式和输入验证。具体实现如下：

```
package admin

import (
    "gitee.com/shirdonl/ginVueBlog/core/models"
    "gitee.com/shirdonl/ginVueBlog/core/pkg/app"
    "gitee.com/shirdonl/ginVueBlog/core/pkg/msg"
    "gitee.com/shirdonl/ginVueBlog/core/service"
    "github.com/gin-gonic/gin"
)

// AuthController 用于处理用户身份验证相关的操作
type AuthController struct {
    s *service.AuthService
}

// NewAuthController 用于创建并返回 AuthController 实例
func NewAuthController() *AuthController {
    return &AuthController{
        s: service.NewAuthService(),
    }
}

// Login 用于用户登录并生成令牌
func (c *AuthController) Login(ctx *gin.Context) {
    var (
        ag  = app.Gin{C: ctx}
        req models.LoginReq
    )
    // 解析和校验登录请求数据
    validateErr := app.BindJson(ctx, &req)
    if len(validateErr) > 0 {
        ag.Error(msg.INVALID_PARAMS, validateErr[0], nil)
        return
```

```
    }

    // 调用服务层方法进行身份验证并生成令牌
    token, err := c.s.AuthCheck(ctx, req)
    if err != nil {
        ag.Error(msg.ERROR, err.Error(), nil)
        return
    }
    ag.Success(token)
}
```

3. 创建分类控制器

在 admin 包中创建分类控制器（CategoryController），该控制器用于处理与文章分类相关的操作。该控制器通过 CategoryService 完成对分类的增、删、改、查，并使用 Gin 框架进行输入验证和响应管理。CategoryController 通过 app.Gin 提供统一的响应格式，确保了分类数据的规范操作。具体实现如下：

```
package admin

import (
    "gitee.com/shirdonl/ginVueBlog/core/models"
    "gitee.com/shirdonl/ginVueBlog/core/pkg/app"
    "gitee.com/shirdonl/ginVueBlog/core/pkg/msg"
    "gitee.com/shirdonl/ginVueBlog/core/service"
    "github.com/gin-gonic/gin"
)

// CategoryController 用于处理文章分类相关的操作
type CategoryController struct {
    s *service.CategoryService
}

// NewCategoryController 用于创建并返回 CategoryController 实例
func NewCategoryController() *CategoryController {
    return &CategoryController{
        s: service.NewCategoryService(),
    }
}

// List 用于获取分类列表
func (c *CategoryController) List(ctx *gin.Context) {
    var (
        ag  = app.Gin{C: ctx}
```

```
        req models.CategoryListReq
    )
    validateErr := app.BindQuery(ctx, &req)
    if len(validateErr) > 0 {
        ag.Error(msg.INVALID_PARAMS, validateErr[0], nil)
        return
    }
    list, err := c.s.List(ctx, req)
    if err != nil {
        ag.Error(msg.ERROR, err.Error(), nil)
        return
    }
    ag.Success(list)
}
// 其他操作方法（Detail、Add、Update、Delete）与文章控制器的实现类似
```

限于篇幅，其他服务的详细代码本章将不再赘述，请读者查看本书配套的项目代码。

12

第 12 章 【实战】博客系统前端开发

12.1 Vue.js 3 前端架构

第 11 章使用 Go 语言创建后端架构，本章主要使用 Vue.js 3 创建前端架构。为了更好地进行后期维护，本项目将组件、视图和存储分开，使其模块化且可维护。Vue Router（router.js）用于定义程序路由，Vuex（可能在 stores/UserStore.js 中）用于进行状态管理。该项目中包含一个管理部分和一个博客部分，每个部分都有一组视图。main.js 文件是 Vue.js 的入口，App.vue 组件是程序开始渲染的地方。

根据需求进行前端架构设计，前端架物目录 vue_frontend 的结构如下:

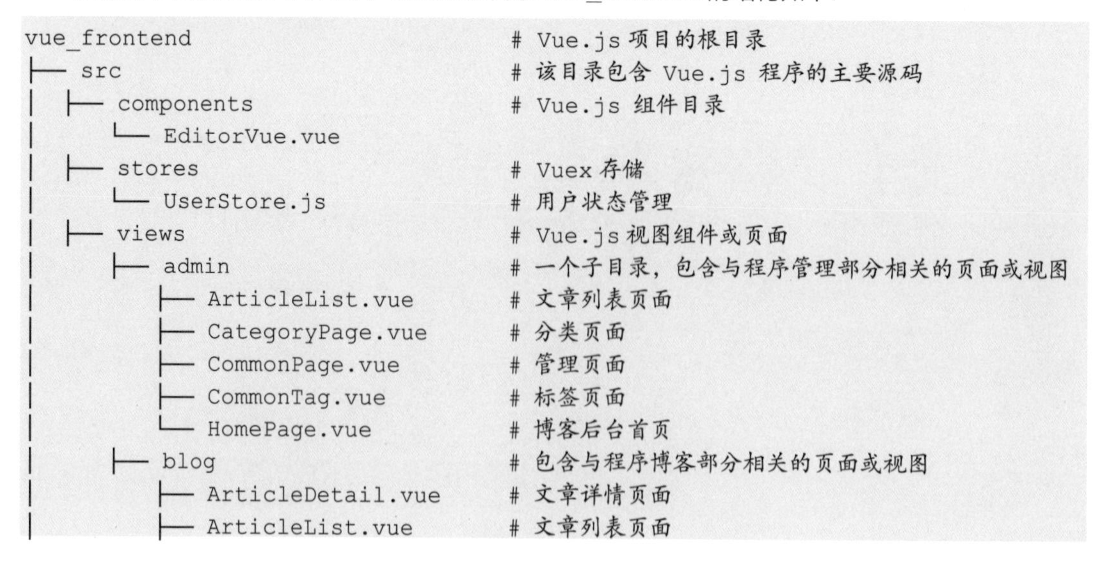

```
vue_frontend                        # Vue.js 项目的根目录
├── src                             # 该目录包含 Vue.js 程序的主要源码
│   ├── components                  # Vue.js 组件目录
│   │   └── EditorVue.vue
│   ├── stores                      # Vuex 存储
│   │   └── UserStore.js            # 用户状态管理
│   ├── views                       # Vue.js 视图组件或页面
│   │   ├── admin                   # 一个子目录，包含与程序管理部分相关的页面或视图
│   │   │   ├── ArticleList.vue     # 文章列表页面
│   │   │   ├── CategoryPage.vue    # 分类页面
│   │   │   ├── CommonPage.vue      # 管理页面
│   │   │   ├── CommonTag.vue       # 标签页面
│   │   │   └── HomePage.vue        # 博客后台首页
│   │   ├── blog                    # 包含与程序博客部分相关的页面或视图
│   │   │   ├── ArticleDetail.vue   # 文章详情页面
│   │   │   ├── ArticleList.vue     # 文章列表页面
```

```
│           ├── HomePage.vue          # 博客主页
│       └── UserLogin.vue             # 博客部分中的用户登录页面
│   ├── App.vue                       # 作为程序入口的主要 Vue.js 组件
│   ├── main.js                       # Vue.js 程序初始化和安装的主 JavaScript 文件
│   ├── router.js                     # 用于定义程序路由的路由器配置文件
│   └── style.css                     # 包含程序全局样式的样式表文件
├── babel.config.js                   # Babel 配置文件，用于 JavaScript 转译
├── jsconfig.json                     # JavaScript 开发的配置文件（可选）
├── package.json                      # 包含项目依赖项和脚本的文件
├── vue.config.js                     # Vue CLI 和 webpack 的配置文件
└── yarn.lock                         # 用于记录使用 Yarn 安装的包的特定版本
```

12.2 创建项目并初始化项目

在项目的根目录下运行以下命令创建一个新的 Vue.js 项目，命令如下：

```
$ vue create vue_frontend
```

在命令行的交互中选择 Vue.js 3，直到项目创建完成。项目创建完成后，通过修改 main.js 文件来导入基础模块，代码如下：

```
import { createApp } from "vue";

import App from "./App.vue";
import naive from "naive-ui";
import { createDiscreteApi } from "naive-ui";
import { createPinia } from "pinia";
import axios from "axios";
import { router } from "./router.js";
import { UserStore } from "./stores/UserStore";
import "./style.css";

// 服务器端地址
axios.defaults.baseURL = "http://127.0.0.1:8000";
// 独立的 API
const { message, notification, dialog } = createDiscreteApi([
  "message",
  "dialog",
  "notification",
]);
// 创建并挂载根实例
const app = createApp(App);
```

```
// 定义全局属性
// 注册网络库
app.provide("axios", axios);
app.provide("message", message);
app.provide("notification", notification);
app.provide("dialog", dialog);
app.provide("server_url", axios.defaults.baseURL);
// 注册 naive
app.use(naive);
// 注册使用 pinia
app.use(createPinia());
// 注册路由
app.use(router);

const userStore = UserStore();
// axios 拦截器
axios.interceptors.request.use((config) => {
  // 授权
  config.headers.Authorization = "Bearer " + userStore.token;
  return config;
});
// 挂载到 app 上
app.mount("#app");
```

安装 yarn 后，返回项目目录 vue_frontend，然后使用 yarn 来安装依赖并启动开发服务器：

```
$ yarn install
$ yarn serve
```

12.3 定义路由

定义路由的方式有很多,其中十分常用的方式是使用 vue-router 包,本书直接使用 vue-router 包来定义路由。在项目目录 vue_frontend/src 下创建一个 router.js 文件来定义路由，代码如下：

```
// 引入路由
import { createRouter, createWebHistory } from "vue-router";

// 路由配置
let routes = [
  { path: "/", component: () => import("@/views/blog/HomePage.vue") },
  { path: "/login", component: () => import("./views/UserLogin.vue") },
```

```
  { path: "/detail", component: () =>
import("@/views/blog/ArticleDetail.vue") },
  // 嵌套路由
  {
   path: "/admin", component: () => import("./views/admin/IndexPage.vue"),
children: [
     { path: "/admin/home", component: () =>
import("./views/admin/HomePage.vue") },
     { path: "/admin/category", component: () =>
import("./views/admin/CategoryPage.vue") },
     { path: "/admin/article", component: () =>
import("./views/admin/ArticleList.vue") },
     { path: "/admin/tag", component: () =>
import("./views/admin/CommonTag.vue") },
     { path: "/admin/page", component: () =>
import("./views/admin/CommonPage.vue") },
    ]
  },
];
const router = createRouter({
  history: createWebHistory(),
  routes,
});

export { router, routes };
```

使用以上代码为程序设置具有定义路由的 Vue Router，包括管理部分的嵌套路由。可以导入并使用路由器实例在 Vue.js 程序的不同页面或组件之间进行导航。

12.4 页面开发

12.4.1 用户登录页面开发

在 vue_frontend/src/views 目录下创建一个 UserLogin.vue 文件，该文件创建了一个带有表单验证、用户身份验证和路由逻辑的 Vue.js 登录组件。该文件还使用 Vuex 的状态管理和 Axios 来发出 API 请求。该组件的设计遵循结构化的、有组织的模式，利用 Vue.js 的组合 API 进行状态管理和逻辑管理。代码如下：

```
<template>
  <div class="login-panel">
   <n-card title="后台登录">
```

```
    <n-form :rules="rules" v-model="admin">
      <n-form-item path="username" label="account">
        <n-input v-model="admin.username" placeholder="请输入用户名..." />
      </n-form-item>
      <n-form-item path="password" label="password">
        <n-input v-model="admin.password" type="password" placeholder="请输入
密码..." />
      </n-form-item>
    </n-form>
    <template #footer>
      <n-checkbox v-model="admin.remember" label="记住密码" />
      <n-button @click="login">Login</n-button>
    </template>
  </n-card>
 </div>
</template>

<script setup>
import { inject, reactive } from 'vue'
import { UserStore } from '@/stores/UserStore'
import { useRouter } from 'vue-router'

const router = useRouter()

const message = inject("message")
const axios = inject("axios")
const userStore = UserStore()

// 验证表单规则
const rules = {
  username: [
    { required: true, message: "请输入用户名", trigger: "blur" },
    { min: 3, max: 12, message: "用户名长度介于 3 到 12 个字符之间", trigger: "blur" },
  ],
  password: [
    { required: true, message: "请输入密码", trigger: "blur" },
    { min: 6, max: 18, message: "密码长度介于 6 到 18 个字符之间", trigger: "blur" },
  ],
};

// 后台登录
const admin = reactive({
  username: localStorage.getItem("username") || "",
```

```
  password: localStorage.getItem("password") || "",
  remember: localStorage.getItem("remember") === "1" || "0"
})

// 登录
const login = async () => {
  const result = await axios.post("/admin/auth/login", {
    username: admin.username,
    password: admin.password
  });
  if (result.data.code === 0) {
    userStore.token = result.data.data.token
    userStore.username = result.data.data.username
    userStore.id = result.data.data.id

    // 将数据存储到本地
    if (admin.remember) {
      localStorage.setItem("username", admin.username)
      localStorage.setItem("password", admin.password)
      localStorage.setItem("remember", admin.remember ? "1" : "0")
    }
    await router.push("/admin/home")
  } else {
    message.error("登录失败")
  }
}

</script>

<style lang="scss" scoped>
.login-panel {
  width: 500px;
  margin: 130px auto 0;
}
</style>
```

运行程序后，在 Web 浏览器中访问 http://localhost:8080/login，返回结果如图 12-1 所示。

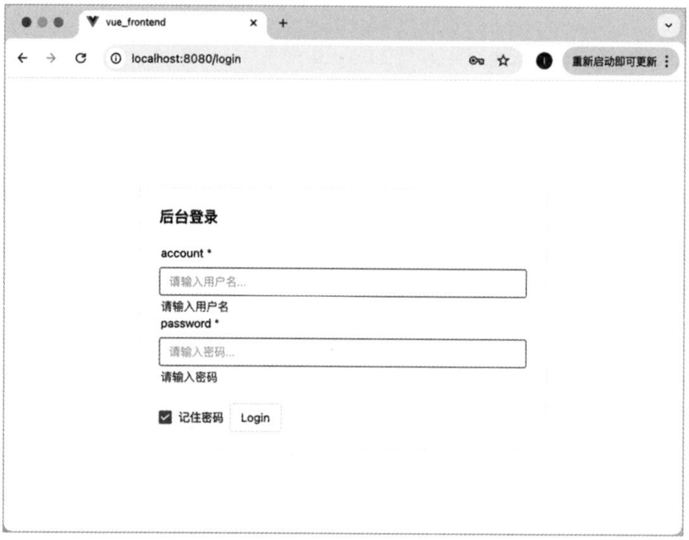

图 12-1

12.4.2 博客主页开发

在 vue_frontend/src/views/blog 目录下创建一个 HomePage.vue 文件，用于显示文章、按分类和关键字进行过滤并支持分页。它使用 Axios 与 API 进行交互，以获取文章和分类数据。该组件遵循结构化组织方式，并集成了博客不同部分之间导航的路由。核心代码如下：

```
<template>
  <div class="container">
    <div class="nav">
      <div @click="homePage">首页</div>
      <div>
        <n-popselect @update:value="searchByCategory"
v-model:value="selectedCategory" :options="categoryOptions"
                     trigger="click">
          <div>分类<span>{{ categoryName }}</span></div>
        </n-popselect>
      </div>
      <div @click="about">关于</div>
    </div>
    <n-divider/>

    <div>
      <n-space class="search">
        <n-input v-model:value="pageInfo.keyword" :style="{ width: '300px'}"
placeholder="Please enter a keyword"/>
```

```
      <n-button type="primary" ghost @click="loadArticles(0)">
Search</n-button>
     </n-space>
   </div>
   <div v-for="article in articleListInfo" :key="article.id"
style="margin-bottom:15px; cursor: pointer;">
     <n-card :title="article.title" @click="toDetail(article)">
       {{ article.content }}
       <template #footer>
         <n-space align="center">
           <div>Publish time: {{ article.create_time }}</div>
         </n-space>
       </template>
     </n-card>
   </div>

   <n-pagination @update:page="loadArticles"
v-model:page="pageInfo.page" :page-count="pageInfo.totalPage"/>
   <n-divider/>
   <div class="footer">
     <div>Copyright ©2023 goVueBlog All rights reserved</div>
   </div>
  </div>
</template>

<script setup>
import {computed, inject, onMounted, reactive, ref} from 'vue'
import {useRouter} from 'vue-router'

// 路由
const router = useRouter()

const axios = inject("axios")

// 选中的分类
const selectedCategory = ref(0)
// 分类选项
const categoryOptions = ref([])
// 文章列表
const articleListInfo = ref([])

// 查询和分页数据
const pageInfo = reactive({
  page: 1,
```

```
  pageSize: 10,
  totalPage: 0,
  total: 0,
  keyword: "",
  cateId: 0,
})

onMounted(() => {
  loadCategories();
  loadArticles()
})

// 获取文章列表
const loadArticles = async (page = 0) => {
  if (page !== 0) {
    pageInfo.page = page;
  }
  let res = await
axios.get(`/api/article/list?keyword=${pageInfo.keyword}&page=${pageInfo.pag
e}&pageSize=${pageInfo.pageSize}&cateId=${pageInfo.cateId}`)
  console.log(res)
  let temp_rows = res.data.data.data;
  // 处理获取的文章列表数据
  for (let row of temp_rows) {
    row.content += "..."
    // 把时间戳转换为年月日
    let d = new Date(row.createdAt)
    row.create_time = `${d.getFullYear()}年${d.getMonth() + 1}月${d.getDate()}
日`
  }
  articleListInfo.value = temp_rows;
  pageInfo.total = res.data.data.total;
  // 计算分页大小
  pageInfo.totalPage = res.data.data.totalPage
  console.log(res)
}

const categoryName = computed(() => {
  // 获取选中的分类
  let selectedOption = categoryOptions.value.find((option) => {
    return option.value === selectedCategory.value
  })
  // 返回分类的名称
  return selectedOption ? selectedOption.label : ""
```

```
})

// 获取分类列表
const loadCategories = async () => {
  let res = await axios.get("/api/category/list")
  console.log(res)
  categoryOptions.value = res.data.data.map((item) => {
    return {
      label: item.name,
      value: item.id
    }
  })
  console.log(categoryOptions.value)
}

// 选中分类
const searchByCategory = (cateId) => {
  pageInfo.cateId = cateId;
  loadArticles()
}

// 页面跳转
const toDetail = (article) => {
  router.push({path: "/detail", query: {id: article.id}})
}

const homePage = () => {
  router.push("/")
}

const tags = () => {
  router.push("/tags")
}

const about = () => {
  router.push("/about")
}

</script>
```

运行以上代码，在 Web 浏览器中访问 http://localhost:8080，返回结果如图 12-2 所示。

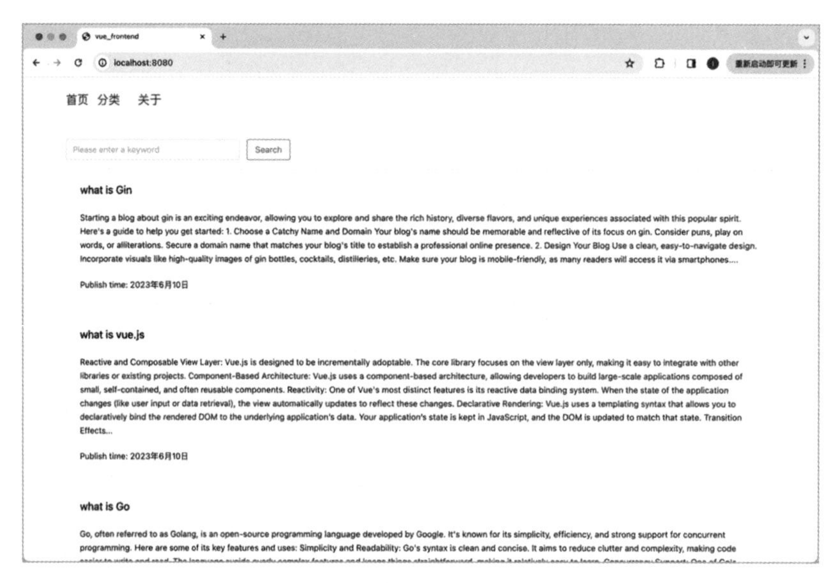

图 12-2

12.4.3 文章列表页面开发

在 vue_frontend/src/views/blog 目录下创建一个 ArticleList.vue 文件，用于显示文章、允许按分类和关键字过滤并支持分页。该文件使用 Axios 与 API 进行交互，以获取文章和分类数据。该组件遵循结构化组织方式，并集成了博客不同部分之间导航的路由。模板和逻辑一起提供了功能齐全且用户友好的博客页面。核心代码如下：

```
<template>
  <div class="container">
    <div class="nav">
      <div @click="homePage">首页</div>
      <div>
        <n-popselect @update:value="searchByCategory"
v-model:value="selectedCategory" :options="categoryOptions"
                trigger="click">
          <div>分类<span>{{ categoryName }}</span></div>
        </n-popselect>
      </div>
      <div @click="about">关于</div>
    </div>
    <n-divider/>

    <div>
      <n-space class="search">
```

```
      <n-input v-model:value="pageInfo.keyword" :style="{ width: '300px'}"
placeholder="Please enter a keyword"/>
      <n-button type="primary" ghost @click="loadArticles(0)">
Search</n-button>
     </n-space>
   </div>
   <div v-for="article in articleListInfo" :key="article.id"
style="margin-bottom:15px; cursor: pointer;">
     <n-card :title="article.title" @click="toDetail(article)">
       {{ article.content }}
       <template #footer>
         <n-space align="center">
           <div>Publish time: {{ article.create_time }}</div>
         </n-space>
       </template>
     </n-card>
   </div>
   <n-pagination @update:page="loadArticles"
v-model:page="pageInfo.page" :page-count="pageInfo.totalPage"/>
   <n-divider/>
   <div class="footer">
     <div>Copyright © 2023 goVueBlog All rights reserved</div>
   </div>
  </div>
</template>

<script setup>
import {computed, inject, onMounted, reactive, ref} from 'vue'
import {useRouter} from 'vue-router'

// 路由
const router = useRouter()

const axios = inject("axios")

// 选中的分类
const selectedCategory = ref(0)
// 分类选项
const categoryOptions = ref([])
// 文章列表
const articleListInfo = ref([])

// 查询和分页数据
const pageInfo = reactive({
```

```
  page: 1,
  pageSize: 10,
  totalPage: 0,
  total: 0,
  keyword: "",
  cateId: 0,
})

onMounted(() => {
  loadCategories();
  loadArticles()
})

// 获取文章列表
const loadArticles = async (page = 0) => {
  if (page !== 0) {
    pageInfo.page = page;
  }
  let res = await
axios.get(`/api/article/list?keyword=${pageInfo.keyword}&page=${pageInfo.pag
e}&pageSize=${pageInfo.pageSize}&cateId=${pageInfo.cateId}`)
  console.log(res)
  let temp_rows = res.data.data.data;
  // 处理获取的文章列表数据
  for (let row of temp_rows) {
    row.content += "..."
    // 把时间戳转换为年月日
    let d = new Date(row.createdAt)
    row.create_time = `${d.getFullYear()}年${d.getMonth() + 1}月${d.getDate()}
日`
  }
  articleListInfo.value = temp_rows;
  pageInfo.total = res.data.data.total;
  // 计算分页大小
  pageInfo.totalPage = res.data.data.totalPage
  console.log(res)
}

const categoryName = computed(() => {
  // 获取选中的分类
  let selectedOption = categoryOptions.value.find((option) => {
    return option.value === selectedCategory.value
  })
  // 返回分类的名称
```

```
  return selectedOption ? selectedOption.label : ""
})

// 获取分类列表
const loadCategories = async () => {
  let res = await axios.get("/api/category/list")
  console.log(res)
  categoryOptions.value = res.data.data.map((item) => {
    return {
      label: item.name,
      value: item.id
    }
  })
  console.log(categoryOptions.value)
}

// 选中分类
const searchByCategory = (cateId) => {
  pageInfo.cateId = cateId;
  loadArticles()
}

// 页面跳转
const toDetail = (article) => {
  router.push({path: "/detail", query: {id: article.id}})
}

const homePage = () => {
  router.push("/")
}

const tags = () => {
  router.push("/tags")
}

const about = () => {
  router.push("/about")
}
</script>
```

运行以上代码，在 Web 浏览器中访问 http://localhost:8080，返回结果如图 12-3 所示。

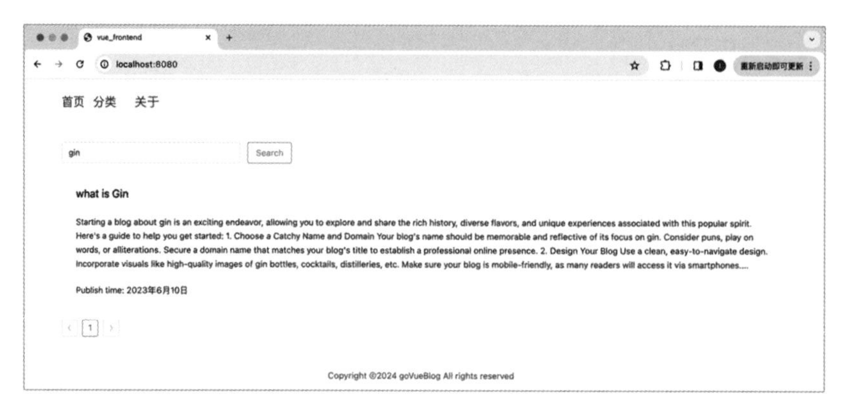

图 12-3

12.4.4 文章详情页面开发

在 vue_frontend/src/views/blog 目录下创建一个 ArticleDetail.vue 文件，用于获取并显示博客文章的详细信息。该文件利用 Vue Router 访问路由参数，并利用 Axios 发出 API 请求。使用 v-html 指令允许在博客文章中呈现原始 HTML 内容。onMounted 钩子可确保在安装组件后加载博客文章的详细信息。模板和逻辑共同创建了一个简单且实用的博客详细信息页面。核心代码如下：

```
<template>
    <div class="container">
        <n-button @click="back">返回</n-button>
        <n-h1>{{ blogInfo.title }}</n-h1>
        <div class="blog-content">
            <div v-html="blogInfo.content"></div>
        </div>
    </div>
</template>

<script setup>
import { ref, inject, onMounted } from 'vue'
import { useRouter, useRoute } from 'vue-router'

const router = useRouter()
const route = useRoute()
const blogInfo = ref({})
const axios = inject("axios")

onMounted(() => {
    loadBlog()
})
```

```
// 获读取文章详情
const loadBlog = async () => {
    let res = await axios.get("/api/article/" + route.query.id)
    console.log(res)
    blogInfo.value = res.data.data;
}

const back = () => {
    router.push("/")
}

</script>

<style>
.blog-content img {
    max-width: 100% !important;
}
</style>

<style lang="scss" scoped>
.container {
    width: 1200px;
    margin: 0 auto;
}
</style>
```

运行以上代码，在 Web 浏览器中访问 http://localhost:8080/detail?id=2，返回结果如图 12-4 所示。

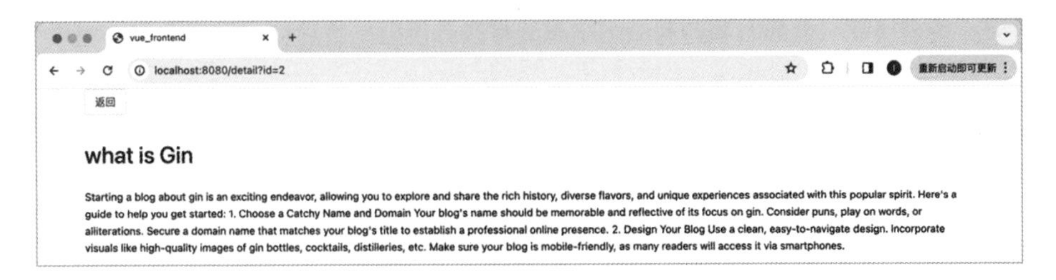

图 12-4

12.4.5 博客后台首页开发

在 vue_frontend/src/views/ admin 目录下创建一个 HomePage.vue 文件。

博客后台首页主要用于获取并显示有关博客系统不同方面的统计信息，例如文章、分类、标签和页面的数量。该模板使用网格布局显示统计信息。模板和逻辑协同工作，为博客系统创建了信息丰富且具有视觉吸引力的仪表板视图。核心代码如下：

```
<template>
  <div>
    <n-page-header subtitle="" @back="handleBack">
      <n-grid :cols="5">
        <n-gi>
          <n-statistic label="文章" v-model:value="statsCount.articleCount" />
        </n-gi>
        <n-gi>
          <n-statistic label="分类" v-model:value="statsCount.categoryCount" />
        </n-gi>
        <n-gi>
          <n-statistic label="标签" v-model:value="statsCount.tagCount" />
        </n-gi>
        <n-gi>
          <n-statistic label="页面"  v-model:value="statsCount.pageCount" />
        </n-gi>
      </n-grid>
      <template #title>
        <a href="https://sh**don.com/" style="text-decoration: none; color:
inherit">Gin Vue Blog System</a>
      </template>
    </n-page-header>
  </div>
</template>

<script setup>

import {inject, onMounted, reactive} from 'vue'
const axios = inject("axios")

const statsCount = reactive({
  articleCount:0,
  tagCount:0,
  categoryCount:0,
  pageCount:0
})

onMounted(() => {
  loadStats()
})
```

```
const loadStats = async () => {
  let res = await axios.get("/admin/article/stat")
  console.log(res)
  statsCount.articleCount = res.data.data.articleCount
  statsCount.tagCount = res.data.data.tagCount
  statsCount.categoryCount = res.data.data.categoryCount
  statsCount.pageCount = res.data.data.pageCount
}

</script>

<style lang="scss" scoped>
</style>
```

运行以上代码,在Web浏览器中访问http://localhost:8080/admin/home,返回结果如图12-5所示。

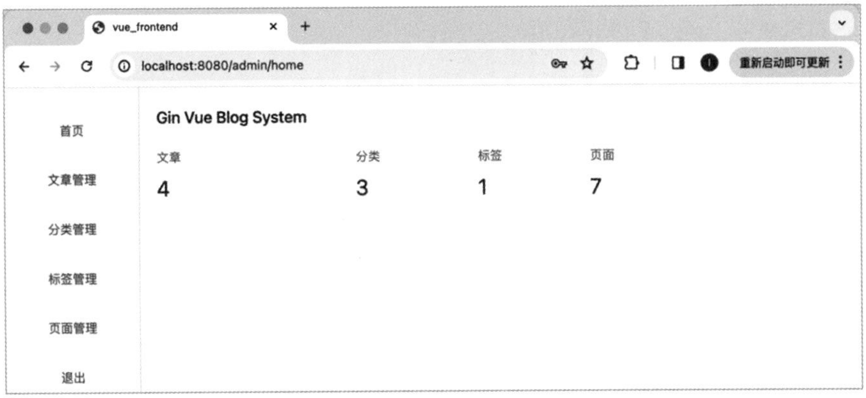

图 12-5

12.4.6　博客后台文章列表页面开发

在 vue_frontend/src/views/ admin 目录下创建一个 ArticleList.vue 文件。

博客后台文章列表页面主要用作管理文章的管理面板。它提供了一个用户友好的页面，用于添加、更新和删除文章，以及使用分页控件查看文章列表。使用选项卡在页面中整齐地组织了不同的功能。模板和逻辑协同工作，为博客系统创建了一个实用且高效的管理页面。核心代码如下：

```
<template>
  <n-tabs v-model:value="tabValue" justify-content="start" type="line">
    <n-tab-pane name="list" tab="文章列表">
      <div v-for="article in articleList"
style="margin-bottom:15px" :key="article.id">
```

```
        <n-card :title="article.title">
          {{ article.content }}
          <template #footer>
            <n-space align="center">
              <div>发布时间：{{ article.createdAt }}</div>
              <n-button @click="toUpdate(article)">修改</n-button>
              <n-button @click="toDelete(article)">删除</n-button>
            </n-space>
          </template>
        </n-card>
      </div>

      <n-space>
        <n-pagination @update:page="loadArticles"
v-model:page="pageInfo.page" :page-count="pageInfo.totalPage"/>
      </n-space>

    </n-tab-pane>
    <n-tab-pane name="add" tab="添加文章">
      <n-form>
        <n-form-item label="标题">
          <n-input v-model:value="addArticle.title" placeholder="请输入标题"/>
        </n-form-item>
        <n-form-item label="分类">
          <n-select v-model:value="value" :options="categoriesOptions"
placeholder="请选择分类"/>
        </n-form-item>
        <n-form-item label="内容">
          <editor-vue v-model="addArticle.content"></editor-vue>
        </n-form-item>
        <n-form-item label="">
          <n-button @click="add">提交</n-button>
        </n-form-item>
      </n-form>
    </n-tab-pane>
    <n-tab-pane name="update" tab="修改">
      <n-form>
        <n-form-item label="标题">
          <n-input v-model:value="updateArticle.title" placeholder="请输入标题
"/>
        </n-form-item>
        <n-form-item label="分类">
          <n-select
v-model:value="updateArticle.cateId" :options="categoriesOptions"/>
```

```
      </n-form-item>
      <n-form-item label="内容">
        <editor-vue v-model="updateArticle.content"></editor-vue>
      </n-form-item>
      <n-form-item label="">
        <n-button @click="update">提交</n-button>
      </n-form-item>
    </n-form>
  </n-tab-pane>
 </n-tabs>
</template>
```

运行以上代码，在 Web 浏览器中访问 http://localhost:8080/admin/article，返回结果如图 12-6 所示。

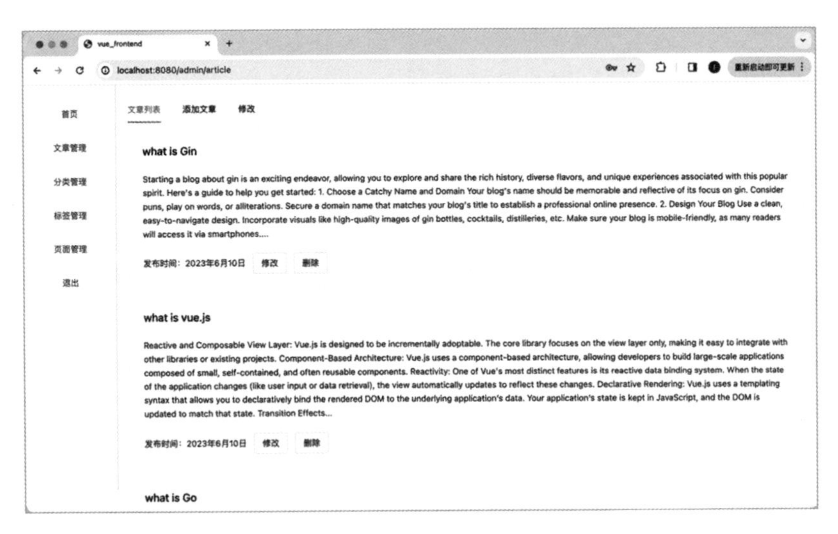

图 12-6

12.4.7 博客后台分类页面开发

在 vue_frontend/src/views/ admin 目录下创建一个 CategoryPage.vue 文件。

博客后台分类页面主要用作管理分类的管理面板。它提供了一个用户友好的页面，用于添加、更新和删除分类，以及以表格的格式查看分类列表。模式和对话框通过提供清晰且受控的交互来帮助增强用户体验。模板和逻辑共同创建了一个功能强大且高效的管理页面，用于管理博客系统中的分类。核心代码如下：

```
<template>
  <div>
```

```
    <n-button @click="showAddModel = true">添加</n-button>
    <n-table :bordered="false" :single-line="false">
      <thead>
      <tr>
        <th>编号</th>
        <th>名称</th>
        <th>操作</th>
      </tr>
      </thead>
      <tbody>
      <tr v-for="category in categoryList" :key="category.id">
        <td>{{ category.id }}</td>
        <td>{{ category.name }}</td>
        <td>
          <n-space>
            <n-button @click="toUpdate(category)">修改</n-button>
            <n-button @click="deleteCategory(category)">删除</n-button>
          </n-space>
        </td>
      </tr>
      </tbody>
    </n-table>
    <n-modal v-model:show="showAddModel" preset="dialog" title="Dialog">
      <template #header>
        <div>添加分类</div>
      </template>
      <div>
        <n-input v-model:value="addCategory.name" type="text" placeholder="请
输入名称"/>
      </div>
      <template #action>
        <div>
          <n-button @click="add">提交</n-button>
        </div>
      </template>
    </n-modal>
    <n-modal v-model:show="showUpdateModel" preset="dialog" title="Dialog">
      <template #header>
        <div>修改分类</div>
      </template>
      <div>
        <n-input v-model:value="updateCategory.name" type="text" placeholder="
请输入名称"/>
      </div>
```

```
      <template #action>
        <div>
          <n-button @click="update">提交</n-button>
        </div>
      </template>
    </n-modal>
  </div>
</template>

<script setup>
import {inject, onMounted, reactive, ref} from 'vue'

const message = inject("message")
const dialog = inject("dialog")
const axios = inject("axios")

const showAddModel = ref(false)
const showUpdateModel = ref(false)

const categoryList = ref([])
const addCategory = reactive({
  name: ""
})

const updateCategory = reactive({
  id: 0,
  name: ""
})

onMounted(() => {
  loadCategories()
})

const loadCategories = async () => {
  let res = await axios.get("/admin/category/list?page=1&pageSize=1000")
  categoryList.value = res.data.data.data
}

const add = async () => {
  let res = await axios.post("/admin/category/add", {name: addCategory.name})
  if (res.data.code === 0) {
    await loadCategories()
    message.info(res.data.msg)
  } else {
```

```
    message.error(res.data.msg)
  }
  showAddModel.value = false;
}

const toUpdate = async (category) => {
  showUpdateModel.value = true
  updateCategory.id = category.id
  updateCategory.name = category.name
}

const update = async () => {
  let res = await axios.post("/admin/category/update", {id: updateCategory.id,
name: updateCategory.name})
  if (res.data.code === 0) {
    await loadCategories()
    message.info(res.data.msg)
  } else {
    message.error(res.data.msg)
  }
  showUpdateModel.value = false;
}

const deleteCategory = async (category) => {
  dialog.warning({
    title: '警告',
    content: '是否要删除',
    positiveText: '确定',
    negativeText: '取消',
    onPositiveClick: async () => {
      let res = await axios.post("/admin/category/delete", {id: category.id})
      if (res.data.code === 0) {
        await loadCategories()
        message.info(res.data.msg)
      } else {
        message.error(res.data.msg)
      }
    },
    onNegativeClick: () => {
    }
  })
}
</script>
```

运行以上代码，在 Web 浏览器中访问 http://localhost:8080/admin/category，返回结果如图 12-7 所示。

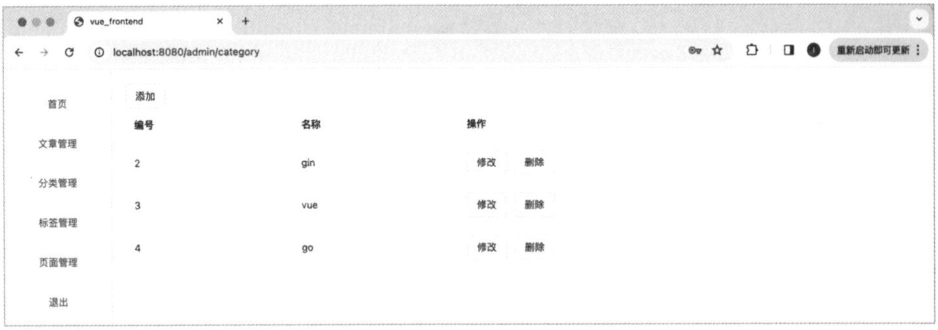

图 12-7

在 Web 浏览器中访问 http://localhost:8080/admin/category，点击“修改”按钮，返回结果如图 12-8 所示。

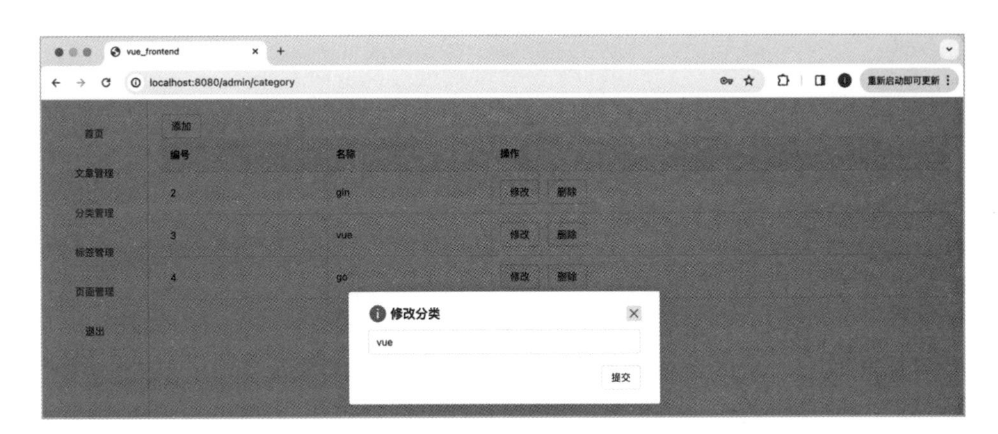

图 12-8

项目其他页面的实现方法类似，限于篇幅，本书不再讲解，读者可以自行查看项目代码学习。